DIE MASSANALYSE

VON

Dr. I. M. KOLTHOFF

O. PROFESSOR FÜR ANALYTISCHE CHEMIE AN DER UNIVERSITÄT
VON MINNESOTA IN MINNEAPOLIS · U. S. A.

UNTER MITWIRKUNG VON

DR.-ING. H. MENZEL

A. O. PROFESSOR A. D. TECHN. HOCHSCHULE DRESDEN

ERSTER TEIL

DIE THEORETISCHEN GRUNDLAGEN DER MASSANALYSE

ZWEITE AUFLAGE

MIT 20 ABBILDUNGEN

BERLIN

VERLAG VON JULIUS SPRINGER

1930

COPYRIGHT 1927 BY JULIUS SPRINGER IN BERLIN.
ISBN 978-3-642-47219-0   ISBN 978-3-642-47580-1 (eBook)
DOI 10.1007/978-3-642-47580-1

MEINEM LEHRER

HERRN PROFESSOR DR. N. SCHOORL

IN UTRECHT·

UNTER DEM MOTTO:
„DIE THEORIE LEITET — DAS EXPERIMENT ENTSCHEIDET“

IN DANKBARKEIT UND FREUNDSCHAFT
ZUGEEIGNET

Einleitung
und Vorwort zur ersten Auflage.

Die Gründung der analytischen Chemie auf wissenschaftlicher Basis verdanken wir WILHELM OSTWALD. Bei der Herausgabe seines bekannten Büchleins: Die wissenschaftlichen Grundlagen der analytischen Chemie (1894) schrieb er u. a. im Vorwort: „In auffallendem Gegensatz zu der Ausbildung, welche die Technik der analytischen Chemie erfahren hat, steht aber ihre wissenschaftliche Bearbeitung. Diese beschränkt sich auch bei den besseren Werken fast völlig auf die Darlegungen der Formelgleichungen, nach denen die beabsichtigten chemischen Reaktionen im idealen Grenzfalle erfolgen sollen . . .“

OSTWALDS Buch und die mächtigen Fortschritte der physikalischen Chemie haben dazu beigetragen, daß die analytische Chemie nicht länger mehr ihre Methoden rein empirisch entwickelte. Bald nach dem Erscheinen von OSTWALDS „Grundlagen“ erschien von seinem Schüler WILHELM BÖTTGER ein Lehrbuch der qualitativen Analyse, worin vor allem die Bedeutung der Theorie in den Vordergrund gestellt wurde. Auch in der quantitativen Analyse und besonders wohl in der Maßanalyse hat man die Theorie schon in vielen Fällen eingehend und mit Erfolg berücksichtigt. Dennoch besitzen wir bis heute noch kein zusammenfassendes Werk über die Theorie der analytischen Chemie. Zu gewissem Grade ist dies nicht verwunderlich, hat doch die analytische Chemie zunächst einen rein praktischen Zweck — nämlich die Stoffe und ihre Bestandteile zu erkennen bzw. zu bestimmen. Alle Methoden, die zu diesem Ziele führen können, sind brauchbar, gleichviel, ob die Wissenschaft schon über die erforderlichen allgemeinen Anschauungen und Gesetze verfügt, diese Methoden auch theoretisch zu erklären.

Es ist wohl möglich, ein zusammenfassendes Buch über den modernen Stand der theoretischen Chemie zu schreiben; bei der exakten Begründung und Erläuterung der voneinander so weitgehend verschiedenen analytischen Verfahren gerät man aber allzu leicht, den einzig sicheren Boden der Erfahrung verlassend, in Spekulationen und ist geneigt, für jeden Einzelfall eine Theorie aufzustellen, ohne daß sich die Vielheit solcher ad hoc-Annahmen immer unter einem Gesichtspunkt vereinigen läßt.

Daß ich es dennoch wage, in der vorliegenden Schrift die wissenschaftlichen Grundlagen der Maßanalyse zusammenzustellen, sei damit gerechtfertigt, daß man mit unseren theoretischen Kenntnissen nicht nur Methoden verbessern kann, sondern sogar imstande ist, neue Methoden aufzufinden.

Dazu ist es erforderlich, sowohl die stattfindenden Reaktionen wie die Indikatorwirkung vom Standpunkt des Massenwirkungsgesetzes aus eingehend zu betrachten. Wenn sich ein System in einem beweglichen Gleichgewicht befindet, gestaltet sich die mathematische Diskussion der Möglichkeit einer Titration, das Aufsuchen der optimalen Arbeitsbedingungen wie die Berechnung des Titrierfehlers verhältnismäßig einfach. Kennen wir die Gleichgewichtskonstanten der verschiedenen reagierenden Systeme, so haben wir im allgemeinen einen Anhalt dafür, ob eine Titration auf einer bestimmten Reaktion aufgebaut werden kann. Auch kann man sich rein theoretisch schon eine Vorstellung von der Genauigkeit der Titration machen. Eine neue Methode braucht nicht rein empirisch gefunden zu werden, sie läßt sich zumeist schon theoretisch ableiten.

Daß es allerdings notwendig ist, die theoretischen Schlußfolgerungen auch praktisch zu prüfen, muß für jeden Chemiker selbstverständlich sein. Bekanntlich treten in praxi oft Komplikationen auf, so daß man sich nicht allein auf die Theorie verlassen darf. Andererseits soll man sich nie mit den praktischen Ergebnissen allein zufrieden geben; für die Beurteilung des allgemeinen Anwendungsbereiches einer Methode ist die Kenntnis ihrer theoretischen Grundlagen notwendig. Auf wissenschaftlicher Basis hat man systematisch alle Faktoren aufzusuchen, die auf das Resultat der Bestimmung Einfluß haben.

Leider ist die allgemeine Chemie noch nicht weit genug fortgeschritten, um alle Erscheinungen in der Maßanalyse theoretisch erklären zu können. Betreffs der Methoden der Fällungs-, Komplexbildungs- und Neutralisationsanalyse können wir ganz zufrieden sein. Theorie und Praxis gehen hier Hand in Hand; alle Erscheinungen sind uns nicht nur eindeutig verständlich, wir können auch theoretisch Schlüsse von großer praktischer Bedeutung ziehen. Die Lehre von der Genauigkeit der Titrationen läßt sich streng wissenschaftlich durchführen.

Die Grundlagen der Fällungs-, Komplexbildungs- und Neutralisationsanalyse werden in den ersten Kapiteln dieses Buches eingehend behandelt. Unsere Betrachtungen und Ableitungen sind nicht nur wichtig für die gewöhnliche Maßanalyse, wo der Endpunkt mit Hilfe von Indikatoren wahrgenommen wird, sondern auch für die physikalisch-chemischen Titrationsmethoden, insbesondere für die potentiometrischen Titrationen. Ein Teil der Ausführungen konnte daher dem Buche des Verfassers (in Gemeinschaft mit N. H. Furman, New York 1926): „Potentiometric Titrations" entnommen werden. In der vorliegenden Schrift wird jedoch die Indikatorenmethode stark in den Vordergrund gerückt, weil sich ja diese wegen ihrer Einfachheit so allgemeiner Anwendung erfreut; in einem besonderen Kapitel werden auch unter vielfachen Literaturhinweisen die physiko-chemischen Methoden kurz berührt.

Während wir in den genannten Zweigen der Maßanalyse alle Erscheinungen theoretisch leicht fassen können, fehlen uns die theoretischen Kenntnisse, um die Oxydations- und Reduktionsreaktionen vollständig aufzuklären. Nur wenn Oxydans und Reduktor nach der Einstellung eines reversiblen Gleichgewichtes hin reagieren, lassen sich an Hand des Massenwirkungsgesetzes wichtige Schlüsse auf den Reaktionsverlauf ziehen. Dabei sei bemerkt, daß es auch Indikatoren auf oxydierende bzw. reduzierende Substanzen gibt, welche nicht spezifisch für die einzelnen Stoffe sind, sondern deren Farbänderung von der Intensität der Oxydations- bezüglich Reduktionswirkung abhängt: Indikatoren also für ein bestimmtes Oxydations- bzw. Reduktionspotential. Leider steht uns erst eine geringe Anzahl solcher Indikatoren zur Verfügung; und daher mag es kommen, daß die Theorie ihrer Anwendung bisher kaum behandelt worden ist. Im Kapitel „Indikatoren" bin ich darum etwas ausführlicher darauf eingegangen. Bei der geringen praktischen Anwendung dieser Indikatoren erscheint immerhin eine erschöpfende theoretische Darlegung in diesem Buch noch nicht empfehlenswert; sie wäre erst am Platze, wenn sich einmal unsere Kenntnis von diesen Stoffen erweitert und vertieft haben wird. Dankbar wollen wir erwähnen, daß in den letzten Jahren der bekannte amerikanische Forscher W. Mansfield Clark mit seinen Mitarbeitern eine Reihe schöner Untersuchungen auf diesem Gebiete veröffentlicht hat, welche wir in dem betreffenden Kapitel etwas näher beleuchten werden.

In vielen Fällen treten bei den Oxydations- oder Reduktionsvorgängen Komplikationen auf, u. a. schon dadurch, daß sie nicht glatt vonstatten gehen. Oft muß ein Katalysator zur Beschleunigung der Prozesse zugesetzt werden. Auch kommt es häufig vor, daß „induzierte Reaktionen" einen störenden Einfluß auf das Resultat einer Bestimmung haben (Störung durch Luftsauerstoff, Salzsäureeinfluß bei Permanganattitrationen). Daher hielt ich es für erwünscht, den Theorien der Katalyse und induzierten Reaktionen ein besonderes Kapitel zu widmen. So hoch auch die Anschauungen der modernen Chemie über diese Fragen zu bewerten sind, muß doch hervorgehoben werden, daß wir mit den derzeitigen Theorien praktisch nur sehr wenig erreichen können. Ich habe sie darum auch nur so weit berücksichtigt, als sie für unsere Zwecke von Interesse sind. Die moderne Strahlungstheorie der Reaktionsgeschwindigkeit und Katalyse ist noch zu wenig entwickelt, als daß wir uns mit ihrer Hilfe schon allgemeingültige Vorstellungen bilden könnten, weshalb sie auch nur kurz erwähnt wird. Hoffentlich lehrt uns die Zukunft, unsere vorerst noch mangelhaften Kenntnisse von Oxydations- und Reduktionsvorgängen zu vervollständigen. Wo überall der Stand unseres Wissens eine Erklärung der Erscheinungen noch versagt, glaube ich eben auf diese Lücken hinweisen zu sollen, in der Erwartung, andere Forscher dadurch zur Mitarbeit an diesen Problemen anzuregen.

Eine weitere wichtige Begleiterscheinung, oftmals auch eine nicht zu unterschätzende Störung unserer maßanalytischen Bestimmungen sind die Adsorptionsvorgänge. Durch die fruchtbare Entwicklung der Kolloidchemie, an Hand der modernen Anschauungen über den Atombau, die Gitterstruktur der Materie und die elektrische Natur der chemischen Bindung, nicht zum wenigsten durch die aufschlußreichen Untersuchungen von K. Fajans und seiner Schule, haben wir aber bereits gelernt, diesen ganzen Komplex von Erscheinungen qualitativ zu deuten, teilweise auch schon quantitativ zu beherrschen. Ja, die Adsorptionsreaktionen haben uns sogar zu neuartigen Titrationsmethoden geführt, zur Benutzung von „Adsorptionsindikatoren" in der Argentometrie. Deshalb beschäftigt sich ein Kapitel auch eingehend mit diesen außerordentlich interessanten Dingen.

Besonders die maßanalytischen Methoden der organischen Chemie, die nicht auf Ionenreaktionen beruhen, lassen sich sehr oft nicht streng deuten. Im achten Kapitel sind diese Verfahren knapp zusammengefaßt worden, dabei habe ich immer mit Fleiß hervorgehoben, wo eine theoretische Untersuchung die praktischen Bestimmungsweisen verbessern könnte. Gegenwärtig ist eine exaktere Behandlung aller organischen Titrationen noch nicht möglich.

Mit Nachdruck sei noch einmal betont, daß das theoretische Studium einer Titrationsmethode stets notwendig ist, sofern sie fruchtbare Anwendung finden soll. Jedoch muß die Theorie immer auf ihre praktische Richtigkeit nachgeprüft werden. Erst dann kann die Maßanalyse in der analytischen Chemie den hohen Rang einnehmen, welcher ihr in vielen Fällen gebührt.

Ich habe versucht, in diesem Büchlein die theoretischen Grundlagen der Maßanalyse darzustellen, und bin dabei doch überzeugt, daß meine Ausführungen zum Teil unvollständig oder unbefriedigend sein werden. Ich bitte darum meine Fachgenossen, mich ihre wohlwollende Kritik und ihre Verbesserungsvorschläge wissen zu lassen. Später beabsichtige ich, in einem zweiten Teile des Buches die Praxis der Maßanalyse zu behandeln und bei der Mitteilung bewährter Arbeitsvorschriften, soweit es erwünscht erscheint, weiter auf die große Bedeutung der grundlegenden Theorie hinzuweisen. —

Meinem Freunde, Dr.-Ing. Heinrich Menzel in Dresden, bin ich sehr dankbar für die Mühen, die er mit der kritischen und ergänzenden sachlichen Durchsicht und mit der sprachlichen Überarbeitung meines Manuskriptes auf sich genommen hat.

Utrecht, im September 1926.

I. M. Kolthoff.

Vorwort zur zweiten Auflage.

Im wesentlichen ist das Buch unverändert geblieben. Nur wo es nötig erschien, sind einige Ergänzungen hinzugekommen, von denen in erster Linie eine erweiterte Behandlung der Eigenschaften von Oxy-Reduktionsindikatoren hervorgehoben sei. Im Kapitel VI sind wir etwas näher auf die Katalyse eingegangen und haben die Dislokationstheorie von BOESEKEN und die viel versprechenden Anschauungen von CHRISTIANSEN über die Reaktionsverzögerung bei Kettenreaktionen kurz erwähnt. Im Rahmen des VIII. Kapitels (Organische Methoden) sind die wichtigen Untersuchungen von VAN DER STEUR bzw. GELBER und BOESEKEN über die Halogenaddition besprochen worden. Auch in den übrigen Kapiteln wurden auf Grund neuer Literatur seit Erscheinen der ersten Auflage Änderungen oder Zusätze vorgenommen, um das Büchlein „zeitgemäß" zu erhalten.

Auch diesmal bitte ich wieder die Fachgenossen um fördernde Kritik und um Verbesserungsvorschläge.

Meinem Freunde, Professor Dr.-Ing. HEINRICH MENZEL in Dresden, der wie bei der ersten Auflage, so auch diesmal wieder an der Abfassung mitgewirkt hat, spreche ich für alle seine Bemühungen meinen herzlichsten Dank aus.

Minneapolis, im April 1930.   I. M. KOLTHOFF.

Inhaltsverzeichnis.

Erstes Kapitel.

Die Grundlagen der Fällungs- und Neutralisationsanalyse. Ionenkombinationsreaktionen.

Zweites Kapitel.

Die Titrationskurven bei der Fällungs-, Neutralisations- und Komplexbildungsanalyse.

Drittes Kapitel.

Die Oxydations- und Reduktionsreaktionen. Die Titrationskurven bei Oxydations- und Reduktionstitrationen.

Viertes Kapitel.

Die Indikatoren.

Fünftes Kapitel.

Der Titrierfehler.

Sechstes Kapitel.

Reaktionsgeschwindigkeit; Katalyse und induzierte Reaktionen.

Siebentes Kapitel.

Die Adsorptionserscheinungen bei der Fällungsanalyse.

Achtes Kapitel.

Die maßanalytischen Methoden der organischen Chemie.

Neuntes Kapitel.

Die Haltbarkeit der Lösungen.

Zehntes Kapitel.

Übersicht über die Methoden der Maßanalyse. Die Bestimmung des Äquivalenzpunktes.

Anhang.

Erstes Kapitel

Die Grundlagen
der Fällungs- und Neutralisationsanalyse; Ionenkombinationsreaktionen.

§ 1. Ionen und Ionenreaktionen. Elektrolyte nennt man Stoffe, welche in Lösung mehr oder weniger in Ionen aufgespalten werden. Das Maß dieses Zerfalls ist für die einzelnen Stoffe verschieden. Praktisch machen wir einen Unterschied zwischen den starken und schwachen Elektrolyten.

Nach der Theorie von ARRHENIUS sind die starken Elektrolyte in wässeriger Lösung weitgehend zerfallen: der Dissoziationsgrad, d. i. der Teil eines Grammoleküls, der in die Ionen aufgeteilt ist, nimmt mit zunehmender Verdünnung zu. Nach den modernen Anschauungen von BJERRUM, DEBYE und HÜCKEL, A. A. NOYES sind die starken Elektrolyte in wässeriger Lösung vollständig aufgespalten, jedoch nimmt der Aktivitätskoeffizient der Ionen mit steigender Konzentration ab.

Der Aktivitätskoeffizient bezeichnet den Bruchteil der Bruttokonzentration einer Ionenart, der, ungehindert durch interionische Anziehungskräfte, als aktive Masse frei wirken kann. Ebenso wie der Dissoziationsgrad nach ARRHENIUS in sehr verdünnten Lösungen sich eins nähert, erreicht auch der Aktivitätskoeffizient der Ionen seinen Grenzwert 1 bei großen Verdünnungen.

Obgleich die moderne Theorie uns eine bessere Einsicht in das Verhalten der Lösungen starker Elektrolyte gibt, wollen wir sie hier nicht näher besprechen. Für unsere Zwecke genügt es, anzunehmen, daß die starken Elektrolyte bei den praktisch vorkommenden Verdünnungen vollständig dissoziiert sind — oder moderner ausgedrückt, daß ihr Aktivitätskoeffizient gleich eins ist, unabhängig von der Verdünnung. Zwar machen wir damit ganz bewußt einen Fehler; doch ist dieser zu klein, um von Einfluß auf die praktische Auslegung der theoretischen Ergebnisse zu sein; und wir haben den Vorteil, daß alle Ableitungen unverhältnismäßig einfacher wiedergegeben werden können.

Wenn wir beispielsweise eine 0,1 molare Lösung eines starken Elektrolyten BA betrachten, dürfen wir setzen:

$$[B^{\cdot}] = [A'] = 0 \cdot 1 = 10^{-1},$$

eckige Klammern bezeichnen molare Konzentrationen, $[B^{\cdot}]$ ist also die Kationen-, $[A']$ die Anionenkonzentration.

Praktisch hat sich bewährt, die Ionenkonzentration nicht nur als solche auszudrücken, sondern auch durch ihren negativen dekadischen Logarithmus, den wir nach Sörensens Vorschlag den Ionenexponenten p_J nennen. Also gilt:

$$p_J = - \log [J]$$

oder

$$[J] = 10^{-p_J}.$$

Für unsere Zwecke ist diese Ausdrucksweise sehr vorteilhaft. Wenn wir z. B. den Gang der Ionenkonzentration während einer Titration verfolgen, dann bemerken wir, daß sich diese von ziemlich großen Werten zu sehr kleinen ändern kann. So sinkt die Silberionenkonzentration bei der Titration von 0,1 n Silbernitrat mit Kaliumjodid zwischen Anfangs- und Äquivalenzpunkt von 10^{-1} auf etwa 10^{-8}, also auf den 10^7 ten Teil. Wollen wir nun diesen Abfall der Silberionenkonzentration während der Titration graphisch darstellen, so ist es unmöglich, eine passende Koordinateneinheit der Konzentration zu wählen, um eine derartige Änderung anschaulich zu machen. Drücken wir die Konzentration jedoch im Ionenexponenten aus, dann haben wir im obengenannten Fall einen Anstieg von p_{Ag} von 1 bis 8, eine Änderung also von 7 Einheiten.

Zunächst mag es sonderbar erscheinen, daß bei zunehmendem Ionenexponenten die entsprechende Ionenkonzentration abnimmt. Fernerhin ist bemerkenswert, daß das p_J ein Exponentialausdruck ist; eine kleine Abweichung im p_J entspricht einer viel größeren Differenz in der Ionenkonzentration, z. B.:

$$p_{\mathrm{H}} = 4{,}0 \qquad [H^{\cdot}] = 1 \cdot 10^{-4}$$
$$p_{\mathrm{H}} = 4{,}1 \qquad [H^{\cdot}] = 0{,}8 \cdot 10^{-4}.$$

Ein Unterschied von 0,1 im p_{H} kommt hier also einer Änderung von 20% in der Wasserstoffionenkonzentration gleich.

Für unsere Betrachtungen wollen wir die Ionenreaktionen in 2 Gruppen teilen:

a) **Ionenkombinationen.** Hierher gehört das Zusammentreten von Kationen und Anionen unter Bildung schwer löslicher — oder wenig dissoziierter — oder komplexer Verbindungen.

$$Ag^{\cdot} + Cl' \leftrightarrows AgCl \text{ (schwer löslich)},$$

$$H^{\cdot} + OH' \leftrightarrows H_2O \text{ (wenig dissoziiert)},$$

$$Ag^{\cdot} + 2\,CN' \leftrightarrows Ag(CN)'_2 \text{ (komplex gebunden)}.$$

b) **Oxydations- und Reduktionsreaktionen.** Ein Ion wird reduziert, wenn es ein oder mehrere Elektronen aufnimmt; es wird oxydiert, wenn es eines oder mehrere solcher abgibt.

$$Fe^{\cdots} + e \rightarrow Fe^{\cdot\cdot} \text{ (Reduktion)}.$$

$$Fe^{\cdot\cdot} \rightarrow Fe^{\cdots} + e \text{ (Oxydation)}.$$

e stellt hier ein negatives Elektron dar.

Wir wollen nun im folgenden die verschiedenen Reaktionen näher besprechen.

§ 2. Fällungsreaktionen und Löslichkeitsprodukt. Wenn zwei univalente Ionen sich unter Bildung eines schwer löslichen Stoffes vereinigen, so können wir die Reaktion durch die Gleichung ausdrücken:

$$B^{\cdot} + A' \leftrightarrows BA.$$

BA ist das schwer lösliche Salz.

Weil die Reaktion umkehrbar ist, d. h. weil BA sich auch in die Ionen $B^{\cdot}$ und A' spaltet, können wir auf den Gleichgewichtszustand das Massenwirkungsgesetz anwenden und finden dann:

$$\frac{[B^{\cdot}]\,[A']}{[BA]} = K. \tag{1}$$

[BA] stellt die Konzentration des ungespaltenen Teils des schwer löslichen Salzes dar und hat bei bestimmter Temperatur einen konstanten Wert[1]. (Den Einfluß gelöster Elektrolyten auf die

---

[1] Nach den modernen Anschauungen über den Dissoziationszustand starker Elektrolyte enthält die gesättigte Lösung des schwer löslichen Salzes BA keine ungespaltenen Moleküle BA.

Daher betrachten wir besser das Gleichgewicht:

$$BA_{fest} \leftrightarrows \underbrace{B^{\cdot} + A^{-}}_{\text{Lösung}}.$$

Die Geschwindigkeit, mit der die Ionen aus dem Bodenkörper in Lösung gehen, ist durch die Anwesentheit der festen Phase festgelegt, daher gilt in der Gleichgewichtslage $[B^{\cdot}]\,[A'] = L_{BA}$.

Aktivität von BA wollen wir hier außer acht lassen.) Wir können daher statt (1) schreiben:

$$[B^\cdot]\,[A'] = K \cdot k' = L_{BA}\,. \tag{2}$$

L_{BA} bedeutet hier das **Löslichkeitsprodukt** oder **Ionenprodukt**. Sobald das Produkt von $[B^\cdot]$ und $[A']$ größer als L wird, so ist die Lösung an BA übersättigt, und ein Bodenkörper wird ausfallen. In einer gesättigten Lösung von BA können wir, ohne einen merkbaren Fehler zu machen, annehmen, daß alles Salz vollständig in die Ionen dissoziiert ist. Weil dabei ebensoviel Kationen als Anionen gebildet werden, so ist in der gesättigten Lösung von BA

$$[B^\cdot] = [A'] = s\,, \tag{3}$$

wobei s die Sättigungskonzentration von BA angibt. Sodann ergibt sich aus den Gleichungen (2) und (3), daß in der gesättigten Lösung:

$$[B^\cdot]^2 = [A']^2 = s^2 = L\,. \tag{4}$$

In der Schreibweise der Ionenexponenten gilt:

$$p_B + p_A = p_L\,. \tag{5}$$

p_L stellt dann den negativen Logarithmus des **Löslichkeitsproduktes** dar, den wir den **Löslichkeitsexponenten** nennen wollen. In einer gesättigten Lösung ist dann:

$$p_B = p_A = {}^1/_2\,p_L\,. \tag{6}$$

Ist BA bei Anwesenheit eines bekannten Überschusses an B- oder A-Ionen als Bodenkörper vorhanden, so ist die Konzentration des anderen Ions sofort zu berechnen. Aus (2) ergibt sich doch, daß:

$$[B^\cdot] = \frac{L}{[A']} \quad (7) \qquad \text{und} \qquad [A'] = \frac{L}{[B^\cdot]} \tag{8}$$

und aus (5) folgt:

$$p_B = p_L - p_A,$$
$$p_A = p_L - p_B\,. \tag{9}$$

Beispiel: $L = 10^{-10}$ oder $p_L = 10$ (gültig etwa für Silberchlorid). In der gesättigten Lösung ist:

$$[Ag^\cdot] = [Cl'] = \sqrt{10^{-10}} = 10^{-5}\,.$$

Die Löslichkeit des Silberchlorids entspricht einer Konzentration von 10^{-5} molar. In der gesättigten Lösung ist

$$p_{Ag} = p_{Cl} = {}^1/_2 \, p_L = 5 \,.$$

Ist Silberchlorid als Bodenkörper in einer Lösung mit einer Silberionenkonzentration von 10^{-3} ($p_{Ag} = 3$) vorhanden, so ist nach Gleichung (8):

$$[Cl'] = \frac{10^{-10}}{10^{-3}} = 10^{-7}$$

oder

$$p_{Cl} = 10 - 3 = 7 \,.$$

Liegt ein Überschuß an Silberionen vor, so ist die Chlorionenkonzentration gleich der Löslichkeit des Silberchlorids, weil letzteres praktisch vollständig in die Ionen dissoziiert ist. Die Löslichkeit nimmt also mit zunehmendem Überschuß eines der beiden Ionen ab; das Maximum ist in der gesättigten Lösung in reinem Wasser erreicht. Indem [B·] z. B. 10 mal größer wird als in der reinen gesättigten Lösung, sinkt [A'] auf den zehnten Teil. Wenn wir nun einen Überschuß eines der beiden Ionen zur gesättigten Lösung fügen, so darf nicht immer die zugefügte Menge des Ions seiner totalen Konzentration gleich erachtet werden. Dann würden wir ja den Anteil vernachlässigen, der vom gelösten BA herrührt. In Wirklichkeit ist dann die gesamte Konzentration des Ions etwas größer als die zugefügte Menge.

Setzen wir den hinzugegebenen Überschuß an B-Ionen gleich einer Konzentration a, so ist die totale Konzentration an B· $a + x$, wobei x die Löslichkeit von BA unter diesen Verhältnissen bedeutet. Dann ist [A'] in diesem Falle also gleich x, und wir haben:

$$(a + x)\, x = L_{BA} \,, \tag{11}$$

$$x^2 + ax - L = 0 \,.$$

$$x = -\frac{a}{2} \underset{(-)}{+} \sqrt{\frac{a^2}{4} + L}\,{}^1) \,. \tag{12}$$

---

[1] Bei diesen und später folgenden quadratischen Gleichungen tritt in der Auflösung eine Quadratwurzel mit doppeltem Vorzeichen auf, von dem freilich nur das positive eine wirkliche Bedeutung hat, andernfalls für x ein negativer Wert resultierte. In allen späteren Fällen werden nur die Wurzeln mit reellem Sinn aufgeführt und die übrigen von bloß arithmetischer Bedeutung kurzerhand beiseite gelassen.

Aus dieser Gleichung ergibt sich, daß x kleiner wird mit zunehmenden Werten von a und abnehmenden Werten von L. In vielen praktischen Fällen können wir wohl den zugefügten Überschuß a an B- oder A-Ionen als gleich der totalen Konzentration betrachten; jedoch ist die Vernachlässigung von x nicht immer gestattet. Die folgende Tabelle gibt eine Zusammenstellung von Werten für x mit den dazu gehörigen Werten von a und L.

Löslichkeit von BA bei einem Überschuß a von [B'] oder [A'].

$L = 10^{-6}$	$p_L = 6$	$L = 10^{-8}$	$p_L = 8$	$L = 10^{-10}$	$p_L = 10$
a	x	a	x	a	x
$1 \cdot 10^{-3}$	$6{,}2 \cdot 10^{-4}$	$1 \cdot 10^{-4}$	$6{,}2 \cdot 10^{-5}$	$1 \cdot 10^{-4}$	$1 \cdot 10^{-6}$
$2 \cdot 10^{-3}$	$4 \cdot 10^{-4}$	$2 \cdot 10^{-4}$	$4 \cdot 10^{-5}$	$2 \cdot 10^{-4}$	$5 \cdot 10^{-7}$
$5 \cdot 10^{-3}$	$2 \cdot 10^{-4}$	$5 \cdot 10^{-4}$	$2 \cdot 10^{-5}$	$5 \cdot 10^{-4}$	$2 \cdot 10^{-7}$
$10 \cdot 10^{-3}$	$1 \cdot 10^{-4}$	$10 \cdot 10^{-4}$	$1 \cdot 10^{-5}$	$10 \cdot 10^{-4}$	$1 \cdot 10^{-7}$

Im folgenden Paragraphen werden wir sehen, daß diese Betrachtungen von Wichtigkeit sind für die Berechnung der Änderung der Ionenkonzentrationen in Nähe des Äquivalenzpunktes und damit für die Bestimmung des Titrierfehlers.

Wie wir später noch erfahren werden (vgl. Kapitel „Titrierfehler"), hängt die Genauigkeit einer Titration außer von der Empfindlichkeit des Indikators gerade von der Größe der Änderung der Ionenkonzentrationen in Nähe des Äquivalenzpunktes ab. Ist das Löslichkeitsprodukt der gebildeten Substanz z. B. gleich 10^{-6}, und wird ein Überschuß an B· zugegeben, entsprechend $1 \, \mathrm{cm^3} \, 0{,}1 \, \mathrm{n}$ auf $100 \, \mathrm{cm^3}$ gesättigte Lösung von BA, so ist a gleich 10^{-3}. In der gesättigten Lösung war [A'] nun gleich 10^{-3}, durch den Zusatz des genannten Überschusses an B· wird sie vermindert auf $6{,}2 \cdot 10^{-4} \, \mathrm{n}$, [A'] wird also $1{,}6$ mal kleiner. Eine gleiche Verringerung von [A'] bewirken wir, indem wir zu $100 \, \mathrm{cm^3}$ einer gesättigten Lösung einer Substanz, deren L gleich 10^{-8} ist, $0{,}1 \, \mathrm{cm^3} \, 0{,}1 \, \mathrm{n}$ B· hinzufügen.

Bis jetzt haben wir den Fall betrachtet, daß die schwer lösliche Substanz aus zwei univalenten Ionen besteht. Komplizierter liegen die Verhältnisse, sobald das eine Ion einwertig, und das andere zweiwertig ist:

$$2\,\mathrm{B}^{\cdot} + \mathrm{A}'' \leftrightarrows \mathrm{B_2A}$$

oder

$$\mathrm{B}^{\cdot\cdot} + 2\,\mathrm{A}' \leftrightarrows \mathrm{BA_2} \, .$$

Hat der schwer lösliche Stoff die Zusammensetzung B_2A, so gilt:

$$[B^{\cdot}]^2\,[A''] = L_{B_2A}\,. \tag{13}$$

In der gesättigten Lösung von B_2A ist $[B^{\cdot}]$ nun doppelt so groß wie $[A'']$

$$[B^{\cdot}] = 2\,[A'']\,;$$

also ist in der gesättigten Lösung:

$${}^1/_2[B^{\cdot}]^3 = 4\,[A'']^3 = L_{B_2A}\,. \tag{14}$$

Wenn die Löslichkeit von B_2A — ausgedrückt in Molen im Liter — gleich s ist, so folgt:

$$s = [A'']\,,$$

$$s = \sqrt[3]{\frac{L}{4}}\,. \tag{15}$$

Drücken wir diese Verhältnisse in Ionenexponenten aus:

$$2\,p_B + p_A = p_L\,. \tag{16}$$

In der gesättigten Lösung von B_2A im Wasser ist

$$p_B = p_A - \log 2 = p_A - 0{,}30 \tag{17}$$

und

$$3\,p_A - 0{,}60 = p_L\,. \tag{18}$$

Falls B_2A als Bodenkörper bei Anwesenheit eines bekannten Überschusses an $B^{\cdot}$ oder A'' vorhanden ist, dann kann die unbekannte Ionenkonzentration mit Hilfe der folgenden Gleichungen berechnet werden:

$$[B^{\cdot}] = \sqrt{\frac{L}{[A'']}}\,. \tag{19}$$

$$[A''] = \frac{L}{[B^{\cdot}]^2}\,. \tag{20}$$

Aus Gleichung (16) ergibt sich dann:

$$p_B = \frac{p_L - p_A}{2}\,. \tag{21}$$

$$p_A = p_L - 2\,p_B\,. \tag{22}$$

Beispiel: $L = 10^{-12}$ oder p_L gleich 12 (etwa Silberchromat).

In der gesättigten Lösung ist:

$$[B^\cdot] = \sqrt[3]{2\,L} = \sqrt[3]{2 \cdot 10^{-12}} = 10^{-3,9} = 1,26 \cdot 10^{-4}$$

und

$$[A''] = {}^1/_2\,[B^\cdot] = 0,63 \cdot 10^{-4}.$$

Durch Anwendung von Gleichung (16—18) finden wir sofort:

$$p_A = \frac{p_L - 0,60}{3} = 4,2$$

und

$$p_B = p_A - 0,30 = 3,9\,.$$

Genau wie bei der Substanz BA ist auch die Löslichkeit von B_2A am größten in der gesättigten Lösung in Wasser; sie nimmt ab mit zunehmendem Überschuß eines der beiden Ionen. Aber hier ist der Einfluß des Überschusses an $B^\cdot$ nicht derselbe wie der eines gleichen Überschusses an A''.

Wenn z. B. $[B^\cdot]$ 10mal größer wird als in der gesättigten Lösung, so ergibt sich aus (13), daß $[A'']$ und also auch die Löslichkeit 100mal kleiner wird.

Wird andererseits $[A'']$ 10mal größer als in der reinen gesättigten wässerigen Lösung, so wird $[B^\cdot]$ nur $\sqrt{10} = 3,2$mal kleiner, und die Löslichkeit sinkt auf den 3,2ten Teil der ursprünglichen.

Wenn man nun zu der gesättigten Lösung von B_2A einen bekannten Überschuß eines der beiden Ionen hinzufügt, dann ist die gesamte Konzentration des im Überschuß vorhandenen Ions etwas größer, als der zugefügten Menge entspricht, weil auch hier wieder ein Teil der Ionen von B_2A geliefert wird.

Ist die Löslichkeit von B_2A unter diesen Verhältnissen gleich x, dann sendet B_2A $2\,x$ B-Ionen in die Lösung, neben x A-Ionen.

Entspricht nun die Zugabe an B-Ionen einer Konzentration a, so ist die totale Konzentration $[B^\cdot] = a + 2x$; während $[A''] = x$. Nach Gleichung (13) gilt dann:

$$(a + 2x)^2\,x = L_{B_2A}$$

oder

$$x^3 + a\,x^2 + \frac{1}{4}\,a^2 x - \frac{L}{4} = 0\,. \tag{23}$$

Diese kubische Gleichung ist nicht bequem zu lösen. Einfacher führt eine graphische Darstellung zum Ziel, bei der die Werte von x gegen bekannte Werte von $[B^\cdot]$ und $[A'']$ aufgetragen werden.

Nach Gleichung (13) können wir sehr einfach die Werte von [A''] (welche gleich x sind), die zu bestimmten Werten von [B˙] gehören, berechnen. Umgekehrt können wir mit derselben Gleichung [B˙] berechnen ($= 2\,x$) für verschiedene Werte von [A''].

In den Abb. 1 und 2 sind in dieser Weise die Werte von x eingezeichnet worden, welche bei einem $L = 10^{-12}$ verschiedenen Konzentrationen an [B˙] (Abb. 1) bzw. an [A''] (Abb. 2) entsprechen.

Die Ordinaten geben die Werte von $x \cdot 10^5$, die Abszissen die von [B˙] $\cdot 10^4$ (Abb. 1) bzw. [A''] $\cdot 10^4$ (Abb. 2) an.

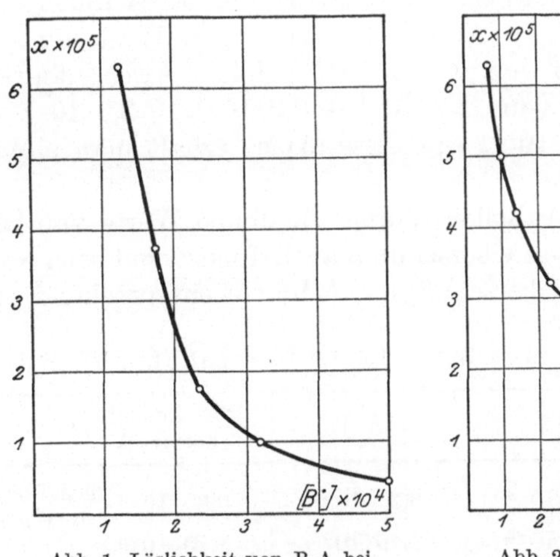

Abb. 1. Löslichkeit von B₂A bei Überschuß von B˙.

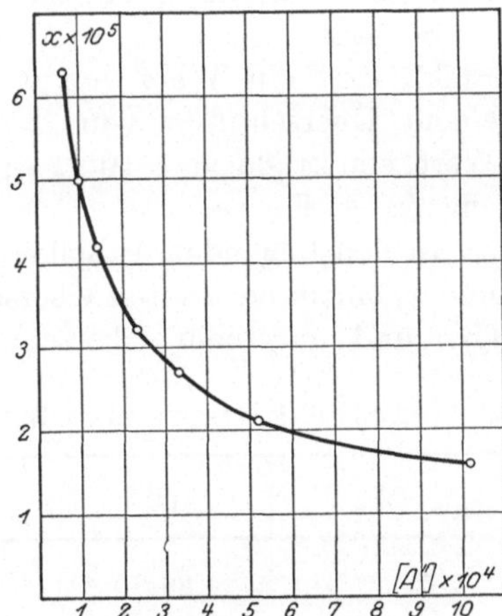

Abb. 2. Löslichkeit von B₂A bei Überschuß von A''.

Wir wollen nun die Größe von x berechnen, wenn man zu einer gesättigten Lösung von B_2A einen bekannten Überschuß a an B-Ionen fügt. (Das Löslichkeitsprodukt von B_2A sei wieder 10^{-12}.)

Der Einfachheit halber nehmen wir zunächst an, daß die totale Konzentration von B˙ gleich $(a + 2\,s)$ ist, wobei s die molare Löslichkeit von B_2A bedeutet. Dann suchen wir aus der Abbildung den entsprechenden Wert von x.

Nun haben wir aber die Zurückdrängung der Löslichkeit von B_2A durch einen Überschuß von B-Ionen vernachlässigt. Wenn unsere Ableitung schon richtig wäre, so müßte [B˙] $= a + 2\,x$ sein.

Aber dieser Wert ist zu groß, weil wir ursprünglich $[B^{\cdot}]$ $= a + 2\,s$ gesetzt und daher einen zu hohen Wert von x abgeleitet haben.

Mit dem neuen Wert von $[B^{\cdot}] = a + 2\,x$ suchen wir nun wieder den entsprechenden Wert von x'; den richtigen findet man dann gewöhnlich mit Hilfe von einer oder zwei Interpolationen.

Noch einfacher ist es, eine neue Kurve aufzustellen, welche direkt aus Abb. 1 (bzw. Abb. 2) abgeleitet werden kann, in der die Werte von $[B^{\cdot}]$ bei bekanntem Überschuß a an B-Ionen angegeben sind (bzw. von $[A'']$ bei bekanntem Überschuß an A-Ionen).

So sehen wir z. B. in Abb. 1, daß zu einem Wert von $[B^{\cdot}]$ $= 3{,}2 \cdot 10^{-4}$ ein Wert von $x = 1 \cdot 10^{-5}$ gehört. Also entspricht einem Überschuß a von $(3{,}2 \cdot 10^{-4} - 0{,}2 \cdot 10^{-4}) = 3{,}0 \cdot 10^{-4}$ ein Wert von x gleich $1 \cdot 10^{-5}$. Auf diese Weise erhält man einfach eine $(a : x)$-Kurve.

In den folgenden Tabellen führen wir einige Werte von $[A'']$ und x, einem bekannten Überschuß a an B-Ionen, und solche von $[B^{\cdot}]$ und x, einem Überschuß an A-Ionen entsprechend, an.

Löslichkeitsprodukt $B_2A = 10^{-12}$. Überschuß a an $B^{\cdot}$.

a	$[B^{\cdot}]$	$[A'']$	$x = $ Löslichkeit B_2A	
0	$1{,}26 \cdot 10^{-4}$	$6{,}3\ \cdot 10^{-5}$	$6{,}3\ \cdot 10^{-5}$	$\begin{cases} \text{ges. Lösung} \\ \text{in Wasser} \end{cases}$
$1 \cdot 10^{-4}$	$1{,}75 \cdot 10^{-4}$	$3{,}75 \cdot 10^{-5}$	$3{,}75 \cdot 10^{-5}$	
$2 \cdot 10^{-4}$	$2{,}35 \cdot 10^{-4}$	$1{,}75 \cdot 10^{-5}$	$1{,}75 \cdot 10^{-5}$	
$3 \cdot 10^{-4}$	$3{,}2\ \cdot 10^{-4}$	$1{,}0\ \cdot 10^{-5}$	$1{,}0\ \cdot 10^{-5}$	
$5 \cdot 10^{-4}$	$5{,}08 \cdot 10^{-4}$	$0{,}4\ \cdot 10^{-5}$	$0{,}4\ \cdot 10^{-5}$	

Überschuß a an A''.

a	$[B^{\cdot}]$	$[A'']$	x
0	$1{,}26 \cdot 10^{-4}$	$6{,}3\ \cdot 10^{-5}$	$6{,}3 \cdot 10^{-5}$
$0{,}5 \cdot 10^{-4}$	$1{,}0\ \cdot 10^{-4}$	$1{,}0\ \cdot 10^{-4}$	$5\ \cdot 10^{-5}$
$1\ \cdot 10^{-4}$	$8{,}4\ \cdot 10^{-5}$	$1{,}42 \cdot 10^{-4}$	$4{,}2 \cdot 10^{-5}$
$2\ \cdot 10^{-4}$	$6{,}4\ \cdot 10^{-5}$	$2{,}32 \cdot 10^{-4}$	$3{,}2 \cdot 10^{-5}$
$3\ \cdot 10^{-4}$	$5{,}4\ \cdot 10^{-5}$	$3{,}27 \cdot 10^{-4}$	$2{,}7 \cdot 10^{-5}$
$5\ \cdot 10^{-4}$	$4{,}2\ \cdot 10^{-5}$	$5{,}21 \cdot 10^{-4}$	$2{,}1 \cdot 10^{-5}$
$10\ \cdot 10^{-4}$	$3{,}2\ \cdot 10^{-5}$	$10{,}2\ \cdot 10^{-4}$	$1{,}6 \cdot 10^{-5}$

Bei der genauen Ableitung des Titrierfehlers wird sich ergeben, daß die Berechnung der Änderungen der Ionenkonzentrationen in Nähe des Äquivalenzpunktes von großer Bedeutung ist. Aus den Kurven und Tabellen sehen wir, daß die Verminderung von [A″] und der Löslichkeit von B_2A durch einen Überschuß an B-Ionen viel größer ist, als die Verminderung von [B˙] und der Löslichkeit durch einen gleichen Überschuß an A-Ionen.

Zudem können wir aus den Abbildungen herleiten:

1. in welchen Fällen die Löslichkeit von B_2A vernachlässigt werden darf, also wann wir die Konzentration des Ions, das im Überschuß zugegen ist, gleich der zugefügten Menge setzen dürfen;

2. wie groß die Löslichkeit von B_2A bei bekanntem Überschuß an [B˙] bzw. [A″] ist. Wo z. B. B_2A eine große Löslichkeit hat, wird eine direkte Titration keine guten Resultate liefern. Wir werden dann besser einen Überschuß des Fällungsmittels zusetzen und diesen im Filtrat zurücktitrieren.

Mit Hilfe oben gegebener Betrachtungen läßt sich auch der Fehler infolge der gelösten Menge von B_2A berechnen.

Hat der Niederschlag die Zusammensetzung BA_2, so gelten genau die entsprechenden Ableitungen wie oben, sofern [B˙˙] und [A′] statt [A″] und [B˙] eingesetzt werden.

Führt der Niederschlag die Zusammensetzung BA, wobei B und A mehrwertige Ionen, aber von gleicher Valenz sind, so behalten die für B und A als univalente Ionen abgeleiteten Gleichungen ihre Gültigkeit. Wenn die Zusammensetzung jedoch allgemein B_xA_y ist, wobei B und A multivalente Ionen verschiedener Wertigkeit darstellen, so werden die Berechnungen sehr kompliziert. Wir erhalten dann Gleichungen von höherer Ordnung, welche nicht oder nur sehr schwer lösbar sind.

In diesen Fällen können wir immer mit Hilfe der graphischen Interpolation den Schwierigkeiten aus dem Weg gehen, falls wir die Änderungen der Ionenkonzentrationen bei Zusatz bekannter Mengen B- oder A-Ionen wissen wollen.

Die Fällung des Salzes B_xA_y kann durch folgende Gleichung ausgedrückt werden:

$$x\,B^{n˙} + y\,A^{m′} \rightleftarrows B_x\,A_y \, .$$

n ist die Wertigkeit des Kations; m die des Anions.

Nach dem Massenwirkungsgesetz ist

$$[B^{n˙}]^x\,[A^{m′}]^y = L_{B_xA_y} \tag{24}$$

und zwischen $[B^{n\cdot}]$ und $[A^{m\prime}]$ gilt die Beziehung:

$$[B^{n\cdot}] = \sqrt[x]{\frac{L_{B_x A_y}}{[A^{m\prime}]^y}} \,. \tag{25}$$

$$[A^{m\prime}] = \sqrt[y]{\frac{L_{B_x A_y}}{[B^{n\cdot}]^x}} \,. \tag{26}$$

Viel einfacher können wir hier wieder mit den Ionenexponenten arbeiten:

$$x\,p_B + y\,p_A = p_L \,. \tag{27}$$

$$p_B = \frac{p_L - y\,p_A}{x} \,. \tag{28}$$

$$p_A = \frac{p_L - x\,p_B}{y} \,. \tag{29}$$

Ist eine der beiden Ionenkonzentrationen bekannt, so läßt sich die andere leicht berechnen und ebenso die entsprechende Löslichkeit.

Wenn wir $[B^{n\cdot}]$ vermindern um die B-Ionenkonzentration, die durch das gelöste $B_x A_y$ geliefert wird, so finden wir den Überschuß a an B-Ionen, der dieser Löslichkeit entspricht.

Die Werte können wieder in einer Kurve vereinigt werden (vgl. S. 9), und man kann sofort ablesen, wie die Löslichkeit und die Ionenkonzentrationen sich bei bekanntem Überschuß an $B^{n\cdot}$ oder $A^{m\prime}$ ändern. In der gesättigten Lösung von $B_x A_y$ in Wasser sind auf x Mole von $B^{n\cdot}$ y Mole von $A^{m\prime}$ vorhanden, also ist

$$[B^{n\cdot}] = \frac{x}{y}\,[A^{m\prime}],$$

$$[A^{m\prime}] = \frac{y}{x}\,[B^{n\cdot}].$$

Wenn wir endlich diese Werte mit den Gleichungen (25) bis (29) kombinieren, so finden wir in der gesättigten Lösung von $B_x A_y$ in Wasser:

$$[B^{n\cdot}] = \sqrt[x+y]{\left(\frac{x}{y}\right)^y L_{B_x A_y}}, \tag{25a}$$

$$[A^{m\prime}] = \sqrt[x+y]{\left(\frac{y}{x}\right)^x L_{B_x A_y}}, \tag{26a}$$

und

$$p_B = \frac{1}{x+y}\left(p_L - y\log\frac{x}{y}\right), \tag{28a}$$

$$p_A = \frac{1}{x+y}\left(p_L - x\log\frac{y}{x}\right). \tag{29a}$$

§ 3. Die Anwesenheit zweier Ionen, welche mit demselben Ion eine schwerlösliche Verbindung ergeben. Wenn zwei Anionen A_1' und A_{II}' mit demselben Kation $B^\cdot$ ein schwerlösliches Salz BA_1 bzw. BA_{II} bilden, so läßt sich berechnen, was geschehen wird, wenn man zu einer Mischung von A_1' und A_{II}'-Ionen eine Lösung von $B^\cdot$-Ionen fügt.

Wir wissen doch, daß:

$$[B^\cdot]\,[A_1'] = L_{BA_1},$$

$$[B^\cdot]\,[A_{II}'] = L_{BA_{II}}.$$

In der Annahme, daß man so viel B-Ionen zugesetzt hat, daß beide Stoffe BA_1 und BA_{II} als Bodenkörper zugegen sind, gilt nach obenstehenden Gleichungen:

$$[B^\cdot] = \frac{L_{BA_1}}{[A_1']} = \frac{L_{BA_{II}}}{[A_{II}']}$$

oder

$$\frac{[A_1']}{[A_{II}']} = \frac{L_{BA_1}}{L_{BA_{II}}}. \tag{30}$$

Bei Anwesenheit beider Salze als Bodenkörper ist also das Verhältnis der Anionen gleich dem Verhältnis der entsprechenden Löslichkeitsprodukte.

Für uns ist es von Interesse zu erfahren, unter welchen Verhältnissen das eine Ion praktisch quantitativ gefällt werden kann, ohne daß das zweite Salz mitfällt: nur in diesem Falle ist es doch prinzipiell möglich, das eine Ion neben dem anderen zu titrieren. Aus Gleichung (30) ergibt sich nun, sofern BA_{II} das schwerer lösliche Salz ist, daß allein BA_{II} so lange aus einer Lösung von A_1' und A_{II}'-Ionen ausfallen wird, bis

$$\frac{[A_1']}{[A_{II}'']} = \frac{L_{BA_1}}{L_{BA_{II}}}. \tag{31}$$

geworden ist.

Bei weiterem Zusatz von B-Ionen erst werden beide Salze ausgefällt, wobei das Verhältnis $[A_1'] : [A_{II}']$ immer konstant bleibt.

Beispiel: Eine Mischung, welche Jod- und Chlorionen enthält, wird mit Silbernitrat titriert. Es wird nun so lange nur Silberjodid fallen, bis das Verhältnis $\frac{[Cl']}{[J']}$ über den Wert von

$$\frac{L_{AgCl}}{L_{AgJ}} = \text{etwa } \frac{10^{-10}}{10^{-16}} = 10^6$$

hinauswächst.

Sobald die Jodionenkonzentration eine Million mal kleiner geworden ist als die Chlorionenkonzentration, muß vermehrter Silbernitratzusatz auch Silberchlorid ausfällen. Bis zu diesem Punkt wird jedoch nur Silberjodid gebildet. Aus dem obenstehenden ergibt sich also, daß eine Trennung von Jodid und Chlorid in der Form ihrer Silbersalze glatt vonstatten geht, sogar dann noch, wenn das Chlorid z. B. in 100 fachem Überschuß vorliegt. Wo dann die Ausfällung des Silberchlorids beginnt, ist die Jodidkonzentration bereits 10 000 mal kleiner geworden als in der ursprünglichen Lösung, und die Fällung ist daher quantitativ.

Wenn wir andererseits eine Mischung von Bromid und Chlorid mit Silberlösung titrieren wollen, so gilt:

$$\frac{[Cl']}{[Br']} = \frac{L_{AgCl}}{L_{AgBr}} = \text{etwa } 500 \ .$$

Ist die Bromionenkonzentration auf den 500. Teil der Chlorionenkonzentration gesunken, so fällt schon Silberchlorid mit aus: die Verhältnisse liegen daher für eine quantitative Trennung nicht günstig. Praktisch tritt die Komplikation hinzu, daß Bromsilber schon vor dem berechneten Punkte infolge von Adsorptionskräften AgCl- bzw. Cl-Ion mitreißt (vgl. S. 170).

Wollen wir die Genauigkeit der Titration bei der Bestimmung einer Mischung von A_1' und A_{II}' beurteilen, so müssen wir wieder die Änderung der Ionenkonzentration beim ersten Äquivalenzpunkt kennen; d. h. beim Punkt, wo theoretisch alle A_{II}-Ionen als BA_{II} gefällt sind, hingegen alle A_1-Ionen noch in Lösung bleiben.

Wir können hier entsprechende Gleichungen verwenden wie in § 2.

Gewöhnlich gestaltet sich die Ableitung etwas einfacher. In den Fällen, wo eine quantitative Trennung von A_{II}' und A_1' möglich ist, dürfen wir annehmen, daß $[A_{II}']$ vor dem Ausfällungspunkt von BA_I gleich dem Überschuß der noch in der Lösung vorhandenen A_{II}-Ionen ist. Strenggenommen müßten wir wieder die Menge A_{II}-Ionen hinzuzählen, welche vom schwer löslichen BA_{II} geliefert werden (vgl. S. 5).

Von dem Moment an, wo die Fällung von BA_I beginnt, ändert sich $[A'_{II}]$ fast gar nicht mehr [vgl. Gleichung (30)]. Praktisch werden dann alle B·-Ionen zur Fällung von BA_I verwendet und, weil ein großer Überschuß an A'_1 vorhanden, bleibt die Konzentration von B· während der Ausfällung von BA_I nahezu die gleiche.

In Gegend des zweiten Äquivalenzpunktes, wo alles BA_I niedergeschlagen ist, gelten wieder genau die Betrachtungen, wie sie in § 2 angestellt wurden.

Zusammenfassend ergibt sich, daß das Maß der Änderung der Ionenkonzentration beim ersten Äquivalenzpunkt bestimmt wird vom Verhältnis der Löslichkeitsprodukte L_{BA_1} und $L_{BA_{II}}$, und vom Verhältnis der beiden Konzentrationen $[A'_1]$ und $[A'_{II}]$.

Nun sei eines der Ionen einwertig, und das andere zweiwertig; die schwer löslichen Salze haben dann die Zusammensetzung BA_I und B_2A_{II}, wobei A_{II} das zweiwertige Anion bedeutet. In Gegenwart beider Salze als Bodenkörper gilt:

$$[B·] = \frac{L_{BA_1}}{[A'_1]} = \sqrt{\frac{L_{B_2A_{II}}}{[A''_{II}]}}$$

und

$$\frac{[A'_1]}{\sqrt{[A''_{II}]}} = \frac{L_{BA_1}}{\sqrt{L_{B_2A_{II}}}}. \tag{32}$$

BA_1 mag von beiden das schwerer lösliche Salz sein; dann wird der Zusatz an B-Ionen zu einer Lösung von A' und A''_{II} so lange nur BA_1 ausfällen, bis

$$\frac{[A']}{\sqrt{[A''_{II}]}} > \frac{L_{BA_1}}{\sqrt{A_{B_2A_{II}}}}$$

zu werden beginnt.

Beispiel: Wir wollen eine Mischung von Chlorid und Oxalat mit Silberionen titrieren. L_{AgCl} ist ungefähr 10^{-10}; $L_{Ag_2C_2O_4}$ etwa 10^{-12}.

Es wird nun so lange nur Silberchlorid ausfallen, bis:

$$\frac{[Cl']}{\sqrt{[C_2O''_4]}} = \frac{10^{-10}}{\sqrt{10^{-12}}} = 10^{-4}$$

oder

$$[Cl'] = 10^{-4}\sqrt{[C_2O''_4]}.$$

Nehmen wir die Oxalationenkonzentrationen zu $5 \cdot 10^{-2}$ molar (0,1 n), dann ist $\sqrt{[C_2O_4'']} = 2{,}25 \cdot 10^{-1}$, und das Silberoxalat wird erst gefällt werden, wenn

$$[Cl'] < 10^{-4} \cdot 2{,}25 \cdot 10^{-1} \lessgtr 2{,}25 \cdot 10^{-5}$$

geworden ist.

An Hand der gegebenen Betrachtungen lassen sich auch für kompliziertere Fälle ziemlich einfach die Bedingungen herleiten, unter denen eine quantitative Trennung ermöglicht ist.

§ *b*. Der Einfluß der Wasserstoffionen auf die Löslichkeit schwer löslicher Salze. Der Einfluß von Säuren auf die Löslichkeit schwer löslicher Salze kann sehr bedeutend sein. Wir wollen diese Erscheinung nicht erschöpfend behandeln, sondern nur einige Tatsachen von praktischer Bedeutung hervorheben.

Bei Salzen **starker** Säuren werden diese Säuren ungefähr denselben Einfluß auf die Löslichkeit haben wie andere starke Elektrolyte. Nach der Theorie von ARRHENIUS, und auch nach den modernen Anschauungen von der vollständigen elektrolytischen Dissoziation starker Elektrolyte erhöhen die letzteren die Löslichkeit eines Salzes. Dieser Einfluß ist im Vergleich zu dem anschließend zu besprechenden jedoch so gering, daß wir ihn für unsere Zwecke vernachlässigen dürfen.

An Salzen **schwacher** Säuren beeinflussen die Wasserstoffionen deren Löslichkeit in stärkstem Maße. Sehen wir die gesättigte Lösung des Salzes in Wasser als vollständig in die Ionen gespalten an, dann gilt wieder[1]

$$BA \rightleftarrows B^\cdot + A' \, .$$

A' ist das Anion der schwachen Säure HA.

Die A-Ionen können sich daher mit Wasserstoffionen zu der wenig dissoziierten Säure HA verbinden:

$$A' + H^\cdot \rightleftarrows HA \, .$$

Wenn wir also zu einer Aufschlämmung von BA ein wenig Säure fügen, so werden die A-Ionen fortgenommen, und die Löslichkeit wird so lange zunehmen, bis das Löslichkeitsprodukt

$$[B^\cdot][A'] = L_{BA} \tag{2}$$

wieder erreicht ist.

---

[1] Absichtlich vernachlässigen wir hier die Hydrolyse, vgl. S. 28.

Kennen wir nun die Wasserstoffionenkonzentration, L_{BA} und die Dissoziationskonstante der Säure HA, so können wir einfach [B˙] und damit zugleich die gelöste Menge von BA berechnen.

Auf S. 21 werden wir sehen, daß die Dissoziationskonstante K_{HA} gleich ist:

$$K_{HA} = \frac{[\text{H}˙]\,[\text{A}']}{[\text{HA}]} \tag{33}$$

und

$$[\text{H}˙] = K_{HA}\frac{[\text{HA}]}{[\text{A}']}\,. \tag{34}$$

Unter Annahme einer vollständigen Dissoziation der starken Elektrolyte ist die Menge BA, die von der Säure gelöst ist, gleich [B˙]. Zudem ist [B˙] natürlich gleich der Summe der Konzentrationen von undissoziierter Säure HA und der Anionen [A']:

$$[\text{B}˙] = [\text{HA}] + [\text{A}']\,. \tag{35}$$

Nach Gleichung (2) ist:

$$[\text{B}˙] = \frac{L_{BA}}{[\text{A}']}\,. \tag{36}$$

Aus (35) und (36) ergibt sich:

$$[\text{HA}] = \frac{L_{BA}}{[\text{A}']} - [\text{A}']\,. \tag{37}$$

Aus (34) und (37) folgt, daß:

$$\frac{[\text{H}˙]}{K_{HA}} = \frac{L_{BA}}{[\text{A}']^2} - 1$$

oder

$$[\text{A}'] = \sqrt{\frac{L_{BA}}{\frac{[\text{H}˙]}{K_{HA}} + 1}}$$

und

$$[\text{B}˙] = \sqrt{L_{BA}\left(\frac{[\text{H}˙]}{K_{HA}} + 1\right)}\,. \tag{38}$$

In dem Sonderfall, daß [H˙] = K_{HA}, gilt

$$[\text{B}˙] = \sqrt{2L_{BA}} = 1{,}4\sqrt{L_{BA}}\,.$$

Die Löslichkeit von BA ist also hier 1,4fach erhöht.

Wir haben bis jetzt angenommen, daß die Wasserstoffionenkonzentration der an BA gesättigten Lösung bekannt ist. Gewöhnlich kennen wir jedoch nur die ursprüngliche Säurekonzentration, und es fragt sich, wieviel BA von einer bekannten Säuremenge gelöst wird. Wir wenden die allgemeine Regel von der Elektroneutralität der Lösungen an, wonach in diesen die Summe der Kationen- und die der Anionenkonzentrationen einander gleich sein müssen.

Mit Hilfe der anderen angegebenen Gleichungen lassen sich dann sehr einfach die Beziehungen zwischen der gelösten Menge und den verschiedenen Konstanten auffinden. Die fortgenommenen Wasserstoffionen bilden eine äquivalente Menge HA.

Wir wollen hier diese Berechnungen jedoch nicht weiter fortsetzen, aber noch einmal nachdrücklich darauf hinweisen, daß bei der Fällung von Anionen schwacher Säuren die Wasserstoffionenkonzentration großen Einfluß auf die Löslichkeit des gebildeten Salzes hat (z. B. Silbersalze vieler organischer Säuren).

Liegt uns eine Mischung von zwei Anionen vor, welche beide mit demselben Kation ein schwer lösliches Salz geben, von denen sich aber das eine Ion von einer starken Säure, das andere von einer schwachen Säure ableitet, so läßt sich die Ausfällung des Salzes der schwachen Säure durch den Zusatz einer genügenden Menge starker Säure verhindern.

Beispiel: In neutraler Lösung gibt eine Mischung von Chlorid und Phosphat eine Fällung der Silbersalze mit überschüssigem Silbernitrat. In stark saurer Lösung wird hingegen nur Silberchlorid gefällt.

Auf die Bedeutung der Hydrolyse für die Löslichkeit eines Salzes einer schwachen Säure kommen wir später zurück.

§ 5. Die Bildung wenig dissoziierter Substanzen. Die Dissoziation des Wassers. Ionen können zusammentreten unter Bildung leicht löslicher, aber wenig dissoziierter Verbindungen. Die meisten Stoffe vom Salztypus sind freilich starke Elektrolyte; nur einige Mercurisalze zeichnen sich durch ihre geringe Dissoziation aus:

$$Hg^{\cdot\cdot} + 2\,Cl' \rightleftharpoons HgCl_2\,.$$

Die wichtigste Reaktion obengenannter Art ist die Vereinigung von Wasserstoff- und Hydroxylion zum äußerst wenig dissoziierten Wasser.

$$H^{\cdot} + OH' \rightleftharpoons H_2O\,. \tag{39}$$

Diese Reaktion bildet die Grundlage aller Neutralisationsvorgänge, daher wollen wir sie eingehender besprechen. Nach dem Massenwirkungsgesetz gilt

$$\frac{[H^{\cdot}]\,[OH']}{[H_2O]} = K\,. \tag{40}$$

Weil nun die Konzentration des Wassers in verdünnten wässerigen Lösungen als eine Konstante zu betrachten ist (etwa 55,5 molar), so gilt weiterhin:

$$[H^{\cdot}]\,[OH'] = k_w\,. \tag{41}$$

Die Größe k_w wollen wir das Ionenprodukt des Wassers nennen. Oftmals heißt man sie die Dissoziationskonstante; das ist jedoch streng nicht richtig, weil eigentlich K in Gleichung (40) diesen Wert darstellt.

Da die Reaktion zwischen $H^{\cdot}$ und OH' stark exotherm verläuft, umgekehrt die Dissoziation des Wassers ein endothermer Prozeß ist, muß das Ionenprodukt des Wassers, als das Maß des letzteren Vorganges, in seinem Wert stark von der Temperatur abhängen, und zwar mit wachsender Temperatur zunehmen. Dies erhellt deutlich aus folgender Tabelle, wo unter p_w die negativen Logarithmen von k_w aufgeführt sind. p_w nennen wir den Ionisationsexponenten des Wassers; es gilt also

$$p_w = -\log k_w\,.$$

Ionenprodukt des Wassers bei verschiedenen Temperaturen (KOHLRAUSCH und HEYDWEILLER)[1].

Temperatur	k_w	p_w
0^0	$0,12\cdot10^{-14}$	14,93
18^0	$0,59\cdot10^{-14}$	14,23
25^0	$1,04\cdot10^{-14}$	13,98
50^0	$5,66\cdot10^{-14}$	13,25
100^0	$58,2\cdot10^{-14}$	12,24

Bei Zimmertemperatur ist k_w abgerundet gleich 10^{-14}. In reinem Wasser sind die Konzentration der Wasserstoffionen und die der Hydroxylionen einander gleich:

$$[H^{\cdot}] = [OH'] = \sqrt{k_w} = \sqrt{10^{-14}} = 10^{-7}\,. \tag{42}$$

---

[1] KOHLRAUSCH und HEYDWEILLER: Ann. Physik [4] Bd. 28, S. 512. 1909.

Wenn $[H^\cdot]$ größer als 10^{-7} wird, so ist die Flüssigkeit sauer; wird sie kleiner als 10^{-7} — oder was dasselbe ist — wird $[OH']$ größer als 10^{-7}, so sprechen wir von alkalischer Reaktion; wo $[H^\cdot]$ und $[OH']$ einander gleich sind, reagiert die Lösung neutral; also:

$$[H^\cdot] = [OH'] = 10^{-7} \quad \text{neutrale Reaktion}$$

$$[H^\cdot] > 10^{-7} > [OH'] \quad \text{saure} \qquad \text{„}$$

$$[H^\cdot] < 10^{-7} < [OH'] \quad \text{alkalische} \quad \text{„}$$

Zweckmäßig werden wieder die Ionenkonzentrationen durch die entsprechenden Exponenten ausgedrückt. p_H stellt dann den Wasserstoffexponenten (eigentlich Wasserstoffionenexponenten) — p_{OH} den Hydroxylexponenten dar.

Aus (41) folgt dann

$$p_H + p_{OH} = p_w. \tag{43}$$

Für Zimmertemperatur rechnen wir $p_w = 14$; also ist:

$$p_H = 14 - p_{OH}, \tag{44}$$

$$p_{OH} = 14 - p_H. \tag{44a}$$

Sobald p_w bekannt ist, so können wir aus jedem p_H sofort p_{OH} und umgekehrt berechnen.

FRIEDENTHAL[2] hat vorgeschlagen, die Reaktion einer Flüssigkeit (ob sauer, neutral oder alkalisch) immer in $[H^\cdot]$ (oder in p_H nach SÖRENSEN) auszudrücken. Dieser Vorschlag hat sich als sehr praktisch erwiesen.

Bei Zimmertemperatur gilt allgemein

$$p_H = 7 = p_{OH} \quad \text{neutrale Reaktion}$$

$$p_H < 7 < p_{OH} \quad \text{saure} \qquad \text{„}$$

$$p_H > 7 > p_{OH} \quad \text{alkalische} \quad \text{„}$$

Beispiel: In einer 0,001 n Salzsäurelösung ist $[H^\cdot]$ ca. 10^{-3}, also $p_H = 3$. In dieser Lösung ist $p_{OH} = p_w - p_H = 14 - 3 = 11$, und $[OH'] = 10^{-11}$ (saure Reaktion).

In einer 0,001 n Natriumhydroxydlösung ist $[OH']$ etwa 10^{-3} oder $p_{OH} = 3$. Also ist $p_H = 14 - 3 = 11$, und $[H^\cdot] = 10^{-11}$ (alkalische Reaktion).

---

[1] FRIEDENTHAL: Z. Elektrochem. Bd. 10, S. 113. 1904.

§ 6. Dissoziationskonstanten von Säuren und Basen. Unter den Säuren und Basen können wir starke und schwache unterscheiden. Die starken Säuren und Basen gehören zu den starken Elektrolyten, die in wässeriger Lösung praktisch vollständig dissoziiert sind. Zu dieser Gruppe zählt man u. a. die Halogenwasserstoffsäuren, Salpetersäure, Perchlorsäure, Chlorsäure; die Alkali- und Erdalkalihydroxyde.

Die schwachen Elektrolyte zerfallen nicht vollständig in Ionen. Die Dissoziation einer schwachen Säure können wir wieder durch folgende Gleichung ausdrücken:

$$HA \leftrightarrows H^{\cdot} + A' \tag{45}$$

und
$$\frac{[H^{\cdot}]\,[A']}{[HA]} = K_s \,. \tag{46}$$

K_s ist die **Dissoziationskonstante** der Säure, während [HA] die Konzentration des undissoziierten Teiles bedeutet. In einer reinen Säurelösung ist

$$[H^{\cdot}] = [A']\,,$$

und damit
$$[H^{\cdot}] = \sqrt{K_s\,[HA]}\,. \tag{47}$$

Nennen wir die Gesamtkonzentration an Säure c, so ist

$$[HA] = c - [H^{\cdot}]\,. \tag{48}$$

In vielen Fällen kann $[H^{\cdot}]$ gegenüber c vernachlässigt, daher [HA] sehr oft c gleichgesetzt werden; und so ist in der reinen Säurelösung

$$[H^{\cdot}] = \sqrt{K_s \cdot c} \tag{49}$$

und
$$p_H = \frac{1}{2}\,p_s - \frac{1}{2}\,\log c \,.$$

p_s stellt wieder den negativen Logarithmus von K_s dar, wir nennen ihn den **Säureexponenten**.

Beispiel: Wir wollen $[H^{\cdot}]$ und p_H in einer 0,1 molaren Essigsäurelösung berechnen.

$$c = 0{,}1\,; \quad K_s = 1{,}8 \cdot 10^{-5}\,; \quad p_s = 4{,}75\,,$$

$$[H^{\cdot}] = \sqrt{1{,}8 \cdot 10^{-5} \cdot 0{,}1} = 1{,}34 \cdot 10^{-3}\,,$$

$$p_H = 2{,}38 + 0{,}5 = 2{,}88 \,.$$

Hier beträgt $[H^{\cdot}]$ also nur 1,3% der totalen Konzentration; und die einfache Gleichung (49) gibt brauchbare Werte. Wenn $[H^{\cdot}]$, jedoch mehr als 5% von c ausmacht, darf $(c-[\text{H}^\cdot])$ nicht mehr gleich c gesetzt werden, und wir müssen eine kompliziertere quadratische Gleichung (50) benutzen, die aus der Kombination von (47) und (48) hervorgeht.

$$[\text{H}^\cdot] = \sqrt{K_s\,[c - [\text{H}^\cdot]}\,,$$

$$[\text{H}^\cdot]^2 + K_s\,[\text{H}^\cdot] - K_s \cdot c = 0\,. \tag{50}$$

Durch Auflösung von (50) nach $[\text{H}^\cdot]$ finden wir dann den allgemein gültigen Ausdruck:

$$[\text{H}^\cdot] = -\frac{K_s}{2} + \sqrt{\frac{K_s^2}{4} + K_s c}\;{}^* \,. \tag{51}$$

Mehrbasische Säuren: Mehrbasische Säuren sind stufenweise dissoziiert; jede Stufe hat ihre charakteristische Dissoziationskonstante, welche der Abspaltung des betreffenden Wasserstoffions entspricht. Die erste Dissoziationskonstante ist immer größer als die zweite, diese wieder größer als die folgende.

$$\text{H}_2\text{A} \rightleftarrows \text{H}^\cdot + \text{HA}'\,, \tag{52}$$

$$\text{HA}' \rightleftarrows \text{H}^\cdot + \text{A}''\,, \tag{52a}$$

$$K_1 = \frac{[\text{H}^\cdot]\,[\text{HA}']}{[\text{H}_2\text{A}]} \quad \text{Erste Dissoziationskonstante}\,, \tag{53}$$

$$K_2 = \frac{[\text{H}^\cdot]\,[\text{A}'']}{[\text{HA}']} \quad \text{Zweite} \qquad\qquad \text{,,} \tag{54}$$

Zumeist können wir bei der Berechnung der Wasserstoffionenkonzentration der reinen Lösung einer Säure diese als einbasisch betrachten. Die Dissoziation der zweiten Stufe darf darin, weil gewöhnlich so gering, vernachlässigt werden. In diesem Falle kann darum auch die Wasserstoffionenkonzentration in derselben Weise berechnet werden, die für die einbasischen Säuren angegeben wurde.

Sofern die Vernachlässigung nicht erlaubt ist, können wir mit Hilfe verschiedener Beziehungen eine exakte Gleichung ableiten[1]:

$$[\text{H}^\cdot]^3 + [\text{H}^\cdot]^2\,K_1 - [\text{H}^\cdot]\,(K_1 c - K_1 K_2) = 2\,K_1 K_2\,c\,. \tag{55}$$

Basen. Für Basen lassen sich genau dieselben Gleichungen

---

* Für eine graphische Methode zur Ableitung von p_H vgl. N. Schoorl: Rec. Trav. chim. Pays-Bas. Bd. 40, S. 616. 1921; vgl. auch I. M. Kolthoff: Der Gebrauch von Farbindikatoren. 3. Aufl. S. 7.

[1] Für ausführlichere Darstellung vgl. Kolthoff: l. c. S. 9.

aufstellen, wie sie für Säuren entwickelt wurden. Überall, wo wir dort [H·] berechnet haben, finden wir hier den Wert von [OH′]. Über den bekannten Wert von k_w kann hieraus wieder [H·] berechnet werden.

$$BOH \rightleftharpoons B^· + OH′ ,$$

$$\frac{[B^·]\,[OH′]}{[BOH]} = K_b . \tag{56}$$

K_b ist die Dissoziationskonstante der Base.

§ 7. Die Hydrolyse von Salzen. In wässeriger Lösung wird ein Salz zum Teil durch Wasser, oder genauer: durch die Wasserstoff- bzw. Hydroxylionen des Wassers in die freie Säure und Base gespalten.

$$B^· + H_2O \rightleftharpoons BOH + H^· , \tag{57}$$

$$A′ + H_2O \rightleftharpoons HA + OH′ . \tag{58}$$

An einem Salz einer sehr starken Säure mit einer ebensolchen Base können wir die Hydrolyse völlig vernachlässigen, weil ja BOH und HA in großen Verdünnungen vollständig dissoziiert sind. Die Lösung reagiert dann neutral.

Ein Salz einer starken Säure und einer schwachen Base ist hingegen in Wasser zu merklichem Betrage hydrolysiert. In diesem Falle ist die Umsetzung nach Gleichung (58) ohne Bedeutung, weil ja HA eine sehr starke Säure ist. Durch Hydrolyse wird die Salzlösung also einen Überschuß an Wasserstoffionen enthalten und sauer reagieren. Das Umgekehrte gilt, wenn die Säure schwach und die Base stark ist.

Wenn sowohl Säure wie Base schwach sind, so laufen die beiden Reaktionen (57) und (58) nebeneinander her. Obgleich eine derartige Salzlösung fast völlig neutral reagieren kann (wie Ammoniumacetat), enthält sie doch eine merkliche Konzentration nicht dissoziierter freier Säure und Base. Es sei nur an den typischen Geruch von Ammoniumacetatlösung (sowohl nach Essigsäure wie nach Ammoniak) erinnert.

Wir wollen nun die Wasserstoffionenkonzentrationen hydrolysierter Salzlösungen berechnen und betrachten dazu ein Salz einer starken Säure mit einer schwachen Base. Nach Gleichung (57) gilt:

$$\frac{[BOH]\,[H^·]}{[B^·]} = K_{hydr} . \tag{59}$$

K_{hydr} ist die **Hydrolysenkonstante.**

Nach (41) ist

$$[\text{H}^{\cdot}] = \frac{k_w}{[\text{OH}']} \tag{41}$$

und nach (56):

$$\frac{[\text{B}^{\cdot}]\,[\text{OH}']}{[\text{BOH}]} = K_b. \tag{46}$$

Aus diesen drei Gleichungen finden wir dann

$$K_{\text{hydr}} = \frac{k_w}{K_b} = \frac{[\text{BOH}]\,[\text{H}^{\cdot}]}{[\text{B}^{\cdot}]}. \tag{60}$$

Wenn die Hydrolyse nicht zu gering ist, reagiert die Lösung merkbar sauer, und $[\text{OH}']$ kann gegenüber $[\text{H}^{\cdot}]$ vernachlässigt werden.

Nach Gleichung (57) gilt dann in der Lösung des reinen Salzes

$$[\text{H}^{\cdot}] = [\text{BOH}].$$

Weil das Salz ein starker Elektrolyt ist, können wir $[\text{B}^{\cdot}]$ der totalen Salzkonzentration c gleichsetzen, sofern wenigstens die Hydrolyse geringfügig und BOH im Vergleich zu c klein bleibt. Dann finden wir, daß in der Lösung eines Salzes einer starken Säure und schwachen Base:

$$[\text{H}^{\cdot}] = \sqrt{\frac{k_w}{K_b}\,c}, \tag{61}$$

$$p_{\text{H}} = 7 - \frac{1}{2}\,p_b - \frac{1}{2}\log c. \tag{62}$$

Entsprechend gilt für die Lösung des Salzes einer schwachen Säure und starken Base:

$$[\text{H}^{\cdot}] = \sqrt{\frac{k_w \cdot K_s}{c}}. \tag{63}$$

$$p_{\text{H}} = 7 + \frac{1}{2}\,p_s + \frac{1}{2}\log c. \tag{64}$$

Beispiel: Wir wollen $[\text{H}^{\cdot}]$ in einer 1,0 molaren Ammoniumchloridlösung berechnen.

$$c = 1; \qquad k_b = 1,8 \cdot 10^{-5}$$

oder

$$p_{\text{B}} = 4,75;$$

daher ist

$$p_{\text{H}} = 7,00 - 2,38 = 4,63$$

und

$$[\text{H}^{\cdot}] = 2,37 \cdot 10^{-5}.$$

Bei sehr geringer Hydrolyse muß noch die Dissoziation des Wassers berücksichtigt werden, ebenso die vom Wasser gelieferte Menge Hydroxyl- bzw. Wasserstoffionen. Nehmen wir den Fall einer schwachen Säure und einer starken Base, dann ist [HA] nicht gleich [OH′] [Gl. (58)]; sondern:

$$[HA] = [OH'] - [H\cdot].$$

Nun ist nach (60):

$$K_{\text{hydr}} = \frac{k_w}{K_s} = \frac{[HA][OH']}{[A']} = \frac{[HA][OH']}{c}.$$

Aus diesen beiden Gleichungen folgt, daß

$$[OH']^2 - k_w = c\,\frac{k_w}{K_s}$$

und

$$[OH'] = \sqrt{c\,\frac{k_w}{K_s} + k_w}\;.$$

Einfluß eines geringen Säure- oder Basenüberschusses auf die Wasserstoffionenkonzentration einer Salzlösung.

Für die Feststellung der Neutralisationskurven interessiert uns die Änderung, die die Wasserstoffionenkonzentration der Lösung eines hydrolysierten Salzes durch einen geringen Säure- oder Basenüberschuß erfährt.

Als Beispiel für die Berechnung wollen wir ein Salz einer starken Säure und schwachen Base betrachten. Durch Zugabe überschüssiger Säure, also von H-Ionen, wird die Hydrolyse zurückgedrängt. Wir wollen nun die Konzentration an BOH und H·, welche durch Hydrolyse entstehen, gleich x, und die zugefügte Säurekonzentration gleich a setzen. Dann ist also die gesamte Wasserstoffionenkonzentration $a + x$, während [BOH] = x. Ist die Salzkonzentration wieder c, so gilt nach (60)

$$\frac{(a + x)\,x}{c} = \frac{k_w}{K_b}$$

und

$$x = -\frac{a}{2} + \sqrt{\frac{a^2}{4} + c\,\frac{k_w}{K_b}}\;. \tag{65}$$

Wenn andererseits ein kleiner Überschuß b an Base hinzugefügt wird, so ist [BOH] = $b + x$; und [H·] gleich x; also ist

$$x = -\frac{b}{2} + \sqrt{\frac{b^2}{4} + c\,\frac{k_w}{K_b}}\;. \tag{66}$$

In der reinen Salzlösung sind a und b gleich Null, und wir erhalten dann die gewöhnliche Hydrolysengleichung.

Beispiel: Zu einer 0,1 molaren Ammoniumchloridlösung fügt man soviel Salzsäure zu, als einer Konzentration von 10^{-4} n entspricht; also ist: $a = 10^{-4}$; $c = 10^{-1}$; während $K_b = 1,8 \cdot 10^{-5}$. Dann ist $x = 5 \cdot 10^{-7}$.

Die gesamte Wasserstoffionenkonzentration ist nunmehr gleich $10^{-4} + 5 \cdot 10^{-7} = \sim 10^{-4}$. Der Rückgang der Hydrolyse ist also so groß, daß wir den Wert von x in bezug auf a vernachlässigen können. War andererseits die Hydrolyse ursprünglich schon sehr bedeutend, oder ist a sehr klein, dann kann der Wert von x schon merklich sein. Wenn z. B. in unserem Falle des Ammoniumchlorids a gleich 10^{-5} genommen wird, dann ist $x = 4 \cdot 10^{-6}$ und

$$[\text{H}^\cdot] = 10^{-5} + 0,4 \cdot 10^{-5} = 1,4 \cdot 10^{-5}\,.$$

Wenn wir ein Salz vom Typus B_2A haben (wobei A das Anion einer schwachen, zweibasischen Säure H_2A) oder BA_2 (wo B das Kation einer schwachen zweisäurigen Base), so gelten unverändert alle Hydrolysengleichungen. Für K_s muß dann in der Gleichung die zweite Dissoziationskonstante der Säure, und für K_b die zweite Dissoziationskonstante der Base eingesetzt werden.

Salze schwacher Säuren und schwacher Basen.

In diesem Falle sind die Umsetzungen nach Gleichung (57) und (58) zu beachten.

Aus den Gleichungen für die Hydrolysenkonstante:

$$\frac{[\text{BOH}]\,[\text{H}^\cdot]}{[\text{B}^\cdot]} = \frac{k_w}{K_b}, \tag{60}$$

$$\frac{[\text{HA}]\,[\text{OH}']}{[\text{B}^\cdot]} = \frac{k_w}{K_s}$$

und

$$[\text{H}^\cdot]\,[\text{OH}'] = k_w \tag{41}$$

ergibt sich, daß

$$\frac{[\text{BOH}]\,[\text{HA}]}{[\text{B}^\cdot]\,[\text{A}']} = \frac{k_w}{K_s \cdot K_b}\,. \tag{67}$$

In den meisten, praktisch vorkommenden Fällen liegt nun K_s wohl zwischen 100 und $\frac{1}{100} K_b$. Unter diesen Verhältnissen ändert das gelöste Salz die Wasserstoff- bzw. Hydroxylionenkonzentration des Wassers so wenig, daß wir, ohne einen merkbaren Fehler zu machen, die durch Hydrolyse gebildete Menge BOH gleich [HA] setzen können.

In der Annahme, daß das Salz völlig dissoziiert und seine Konzentration gleich c sei, ist $[B^{\cdot}] = [A'] = c$. (Bei sehr starker Hydrolyse müssen wir allerdings rechnen:

$$[B^{\cdot}] = c - [BOH] \quad \text{und} \quad [A'] = c - [HA].$$

Aus dem Obenstehenden und Gleichung (67) folgt dann, daß

$$\frac{[BOH]^2}{c^2} = \frac{[HA]^2}{c^2} = \frac{k_w}{K_s K_b}, \tag{68}$$

$$[BOH] = [HA] = c \sqrt{\frac{k_w}{K_s K_b}}. \tag{69}$$

Aus (60) und (69) berechnen wir endlich die Wasserstoffionenkonzentration in der Lösung eines Salzes einer schwachen Säure und schwachen Base:

$$[H^{\cdot}] = \sqrt{\frac{k_w K_s}{K_b}},$$

$$p_H = 7 + \frac{1}{2} p_s - \frac{1}{2} p_b. \tag{71}$$

Merkwürdig ist, daß $[H^{\cdot}]$ hier nicht von der Konzentration des Salzes abhängt. Dies gilt natürlich nur angenähert, weil wir eine vollständige Dissoziation bzw. eine vollwirksame Ionenaktivität des gelösten Salzes, die Gleichheit von [BOH] und [HA] und einen Hydrolysengrad unter 5% vorausgesetzt haben. Sind diese Bedingungen nicht erfüllt, so muß man zur genauen Berechnung exaktere Gleichungen ableiten. Für unsere praktischen Zwecke können wir jedoch immer mit diesen einfachen Beziehungen auskommen.

Beispiel: Als einfachstes Beispiel ist Ammoniumacetat anzuführen. $K_s = 10^{-4,75}$: $K_b = 10^{-4,75}$. Nach (71) ist dann:

$$p_H = 7,00 + 2,38 - 2,38 = 7,00.$$

Alle Salzlösungen, in denen K_s und K_b denselben Wert haben, reagieren neutral.

Ammoniumformiat: Eine Lösung des Salzes reagiert sauer, weil K_s größer ist als K_b.

$$K_s = 10^{-3,67}; \quad K_b = 10^{-4,75};$$

also ist $\qquad p_H = 7,00 + 1,84 - 2,38 = 6,46.$

Die Änderung der Wasserstoffionenkonzentration in Salzlösungen schwacher Säuren und schwacher Basen durch geringen Säure- oder Basenüberschuß.

Für die Ableitung der Neutralisationskurven und des Titrierfehlers ist es erforderlich, die oben angegebene Änderung von $[H\cdot]$ in Nähe des Äquivalenzpunktes zu kennen.

Wenn wir einen Überschuß an HA zufügen, der einer Konzentration a entspricht, so ist die totale Konzentration an HA gleich $a + x$, sobald x die durch Hydrolyse gebildete Konzentration von HA bedeutet. Nach unserer Annahme ist [BOH] dann gleich x; und nach (67) ist:

$$\frac{(a + x)\,x}{c^2} = \frac{k_w}{K_s K_b},$$

$$x = -\frac{a}{2} + \sqrt{\frac{a^2}{4} + c^2 \cdot \frac{k_w}{K_s K_b}}. \tag{72}$$

Aus den gefundenen x kann $[H\cdot]$ berechnet werden:

$$[H\cdot] = \frac{HA}{[A']} K_s = \frac{(a + x)}{c} K_s.$$

Einen analogen Ausdruck für x erhält man auch für den Fall der Zugabe eines Überschusses b an Base.

Beispiel: Wir wollen die Änderung der Wasserstoffionenkonzentration berechnen, wenn zu einer 0,1 molaren Ammoniumacetatlösung soviel Essigsäure hinzugefügt wird, als einer Konzentration von 10^{-3} n entspricht.

$$c = 10^{-1}; \qquad a = 10^{-3}; \qquad K_s = K_b = 10^{-4,75},$$

$$x = -5 \cdot 10^{-4} + \sqrt{25 \cdot 10^{-8} + 10^{-2}\,\frac{10^{-14}}{10^{-9,5}}} = 2,55 \cdot 10^{-4};$$

$$(a + x) = 1,25 \cdot 10^{-3}$$

$$[H\cdot] = \frac{1,25 \cdot 10^{-3}}{10^{-1}} \cdot 10^{-4,75} = 2,24 \cdot 10^{-7}.$$

$$p_H = 6,65.$$

Hätten wir einen Überschuß an Ammoniak entsprechend einer Konzentration von 10^{-3} hinzugesetzt, so wäre p_H gleich 7,35 geworden.

§ 8. Die Löslichkeitsverhältnisse eines schwer löslichen hydrolytisch gespaltenen Salzes. In Zusammenhang mit der hydrolytischen Fällungsanalyse ist die Größe der Ionenkonzentrationen in der gesättigten Lösung eines schwer löslichen, hydrolytisch gespaltenen Salzes wissenswert. Denken wir uns z. B. die Base stark, die Säure schwach. Das Salz ist in Lösung zunächst in folgender Weise gespalten:

$$BA \rightleftarrows B\cdot + A'$$

In der Lösung ist aber in diesem Falle [B·] nicht gleich [A′] sondern größer. Infolge der Hydrolyse reagiert ja ein Teil von [A′] mit Wasser:

$$A' + H_2O \rightleftarrows HA + OH'.$$

Daraus folgt also, daß:

$$[B\cdot] = [A'] + [HA] = [A'] + [OH'], \qquad (73)$$

$$[HA] = [OH'].$$

Weiter wollen wir annehmen, daß L_{BA}, K_s und k_w bekannt sind: also

$$[B\cdot][A'] = L,$$

$$\frac{[H\cdot][A']}{[HA]} = K_s,$$

$$[H\cdot][OH'] = k_w.$$

Aus der Gleichung der Hydrolysenkonstante ergibt sich:

$$[OH'] = \sqrt{[A']\frac{k_w}{K_s}}.$$

Weiterhin unter Benutzung von (73):

$$[B\cdot] = [A'] + \sqrt{[A']\frac{k_w}{K_s}}.$$

Aus dieser Gleichung und nach

$$[B\cdot][A'] = L$$

folgt:

$$[A'] + \sqrt{[A']\frac{k_w}{K_s}} = \frac{L}{[A']},$$

$$[A']^2 + [A']\sqrt{[A']\frac{k_w}{K_s}} - L = 0.$$

Setzen wir $\sqrt{[A']}$ gleich x, und ist $\dfrac{k_w}{K_s} = K_{\mathrm{hydr}}$,

so ist

$$x^4 + x^3\sqrt{K_{\mathrm{hydr}}} - L = 0,$$

$$x = \sqrt[3]{\frac{L}{x + \sqrt{K_{\mathrm{hydr}}}}}. \qquad (74)$$

Diese Gleichung ist nicht einfach zu lösen. In erster Annäherung wird man bei der Berechnung im Nenner x gegenüber $\sqrt{K_{hydr}}$ vernachlässigen und x gleich $\sqrt[3]{\dfrac{L}{\sqrt{K_{hydr}}}}$ setzen.

Den so gefundenen Annäherungswert von x setzt man nun in (74) ein und variiert ihn, bis er diese Gleichung erfüllt, was gewöhnlich schon nach zwei Rechnungen eintrifft.

Sobald damit $[A'] = x^2$ bekannt ist, sind auch $[OH']$, $[B^{\cdot}]$ und $[H^{\cdot}]$ ohne weiteres zu berechnen.

Beispiel: Wir betrachten eine gesättigte Lösung von Calciumcarbonat:

$$Ca\,CO_3 \rightleftharpoons Ca^{\cdot\cdot} + CO_3'' ,$$

$$CO_3'' + H_2O \rightleftharpoons HCO_3' + OH' .$$

Bei 16^0 ist $L = 1{,}2 \cdot 10^{-8}$*; $k_w = 6 \cdot 10^{-15}$, $K_s = 6 \cdot 10^{-10}$ (K_2 der Kohlensäure).

Aus (74) berechnet sich:

$$[CO_3''] = 7{,}5 \cdot 10^{-5}$$

(nach zwei wiederholten Rechnungen findet man schon diesen Wert), dann ist

$$[Ca^{\cdot\cdot}] = \frac{L}{[CO_3'']} = 1{,}6 \cdot 10^{-4} .$$

Bei vollständiger elektrolytischer Dissoziation des Calciumcarbonats entspricht $[Ca^{\cdot\cdot}] = 1{,}6 \cdot 10^{-4}$ molar einer Menge von 16 mg gelöstem Calciumcarbonat im Liter. Weil $[Ca^{\cdot\cdot}] = 1{,}6 \cdot 10^{-4}$ und $[CO_3''] = 7{,}5 \cdot 10^{-5}$, so ist in der gesättigten Lösung:

$$[OH'] = [HCO_3'] = 1{,}6 \cdot 10^{-4} - 7{,}5 \cdot 10^{-5} = 8{,}5 \cdot 10^{-5} .$$

Die gesättigte Lösung ist also zu 54% hydrolysiert. Auch hier lassen sich unschwer wieder Gleichungen ableiten, die die Löslichkeit und die $[OH']$-Änderung durch einen geringen Überschuß an Säure bzw. Base angeben. Wir wollen nur noch darauf hinweisen, daß durch Zusatz eines großen Überschusses an Calciumionen die Carbonationenkonzentration so stark herabgedrückt

---

* Nach neueren Untersuchungen von G. L. Frear u. J. Johnston: J. Am. Chem. Soc. Bd. 51, S. 2082 1929 beträgt bei 25^0 L $5 \cdot 10^{-9}$, während nach Kolthoff und Bosch K_2 gleich $4{,}5 \cdot 10^{-11}$ ist.

wird, daß die Hydrolyse vernachlässigt werden kann. Wenn $[\text{Cä}^{\cdot\cdot}]$ z. B. $1,2 \cdot 10^{-1}$ wird, so ist $[\text{CO}_3''] = \dfrac{L}{[\text{Ca}^{\cdot\cdot}]} = 10^{-7}$.

Auf dieser Zurückdrängung der Löslichkeit und Hydrolyse beruht z. B. die Winklersche Methode zur Bestimmung von Lauge neben Carbonat unter Zusatz überschüssigen Bariumsalzes. Die Lauge kann dann mit Säure und Phenolphthalein als Indikator titriert werden.

§ 9. Die Wasserstoffionenkonzentration in Gemischen schwacher Säuren bzw. schwacher Basen mit deren Salzen. Die Dissoziation einer schwachen Säure wird bei Anwesenheit eines ihrer Salze durch den Einfluß des gleichartigen Anions zurückgedrängt.

Nach Gleichung (46) ist:

$$[\text{H}^{\cdot}] = \frac{[\text{HA}]}{[\text{A}']} K_s.$$

Gewöhnlich können wir nun wohl annehmen, daß in einer gemischten Lösung einer schwachen Säure und ihres Salzes der Dissoziation der Säure so weit entgegengewirkt wird, daß wir [HA] gleich der Gesamtsäuremenge und $[\text{A}']$ gleich der Salzkonzentration setzen dürfen. Nennen wir die totale Säurekonzentration a und die Salzkonzentration b, so gilt angenähert:

$$[\text{H}^{\cdot}] = \frac{a}{b} K_s \tag{75}$$

bzw.
$$p_\text{H} = - \log a + \log b + p_s. \tag{76}$$

Falls a gleich b ist, so ist die Wasserstoffionenkonzentration gleich dem Wert der Dissoziationskonstante. In der Lösung einer schwachen Base und ihrem Salz gilt entsprechend

$$[\text{OH}'] = \frac{[\text{BOH})}{[\text{B}^{\cdot}]} K_b = \frac{a}{b} K_b, \tag{77}$$

$$[\text{H}^{\cdot}] = \frac{k_w}{K_b} \cdot \frac{b}{a}, \tag{78}$$

$$p_\text{H} = p_w -- p_b - \log b + \log a. \tag{79}$$

Nur wo wir die Dissoziation der Säure nicht als vollständig durch das Salz zurückgedrängt ansehen dürfen, müssen wir genauere Gleichungen anwenden.

Bei der Dissoziation der Säure entstehen ebensoviel Wasserstoff- als Anionen:

$$HA \leftrightarrows H^{\cdot} + A'.$$

Ist die Konzentration dieser Anionen nun gleich x, so ist die Gesamtkonzentration der ungespaltenen Säure: $[HA] = a - x$ und die Gesamtkonzentration der Anionen $b + x$, während $[H^{\cdot}]$ gleich x ist. Nach (75) gilt

$$x = \frac{a - x}{b + x} K_s, \tag{80}$$

$$x = -\frac{b + K_s}{2} + \sqrt{\frac{(b + K_s)^2}{4} + a K_s}. \tag{81}$$

Wenn man zu der reinen Säurelösung einen geringen Überschuß einer starken Säure fügt, so ist die Dissoziation der schwachen Säure in analoger Weise zu berechnen.

Diese Betrachtungen sind ausschlaggebend für die Berechnung der $[H^{\cdot}]$-Änderung bei der Titration des Salzes einer sehr schwachen Säure (Soda) mit einer starken Säure — oder des Salzes einer sehr schwachen Base (Schwermetallsalze; Alkaloidsalze) mit Lauge.

§ 10. Gemische zweier schwacher Säuren verschiedener Stärke. Hydrolyse von sauren Salzen. Haben wir eine Mischung zweier schwacher Säuren mit wesentlich verschiedenen Dissoziationskonstanten vor uns, so ist es wissenswert, wie sich die Wasserstoffionenkonzentration bei dem Punkt ändert, wo gerade soviel Lauge zugesetzt ist, als die Neutralisation des Anteils der stärkeren Säure erfordert (1. Äquivalenzpunkt).

Wir können dann schon theoretisch beurteilen, ob eine Säure neben einer anderen titriert werden kann.

Wenn die zwei Säuren HA_1 und HA_{II} die Dissoziationskonstanten K_1 bzw. K_2 haben, so ist in einer Mischung der beiden Säuren mit einer bestimmten Menge Lauge:

$$[H^{\cdot}] = \frac{[HA_1]}{[A_1']} K_1 = \frac{[HA_{II}]}{[A_{II}']} K_2 \tag{82}$$

und
$$\frac{[HA_1]}{[A_1']} : \frac{[HA_{II}]}{[A_{II}']} = K_2 : K_1. \tag{83}$$

$\frac{[HA]}{[A']}$ können wir das reziproke Neutralisationsverhältnis einer Säure nennen. Aus (83) sehen wir dann, daß die Neutralisationsverhältnisse der beiden Säuren sich verhalten wie deren Dissoziationskonstanten.

Ist das Verhältnis von K_1 und K_2 sehr groß, so wird im Anfange der Neutralisation praktisch nur HA_1 neutralisiert, während die Menge der gebildeten A_{II}-Ionen vernachlässigbar klein bleibt.

Wenn nun beim ersten Äquivalenzpunkt $a\%$ der stärkeren Säure neutralisiert wird, so ist die zweite Säure zu $(100-a)\,\%$ in die Salzform übergegangen, wenigstens dann, wenn die beiden Säuren ursprünglich in gleicher Konzentration vorlagen. Nennen wir die ursprünglichen Konzentrationen jeder der beiden Säuren S_1, so gilt für den ersten Äquivalenzpunkt:

$$[A_1'] = \frac{a}{100}\, S_1$$

und
$$[A_2'] = \frac{100-a}{100}\, S_1 ,$$

also ist
$$[HA_1] = S_1 - [A_1'] = \frac{S_1\,(100-a)}{100}$$

und
$$[HA_{II}] = S_1 - [A_{II}''] = \frac{a\,S_1}{100} .$$

Aus Gleichung (82) folgt:

$$[H^{\cdot}]^2 = \frac{[HA_1]}{[A_1']} \cdot \frac{[HA_{II}]}{[A_{II}']}\, K_1 K_2 . \tag{84}$$

Setzen wir die obengenannten Werte ein, so ergibt sich für den ersten Äquivalenzpunkt:

$$[H^{\cdot}]^2 = \frac{100-a}{a} \cdot \frac{a}{100-a} \cdot K_1 K_2 = K_1 K_2$$

oder
$$[H^{\cdot}] = \sqrt{K_1 K_2} \tag{85}$$

bzw.
$$p_H = \frac{1}{2}\,(p_{K_1} + p_{K_2}) . \tag{86}$$

Für eine Mischung zweier Basen derselben Konzentration gilt entsprechend beim ersten Äquivalenzpunkt:

$$p_H = p_w - \frac{1}{2}\,(p_{k_1} + p_{k_2}) .$$

Die Lösung eines sauren Salzes vom Typus BHA kann als eine Mischung von zwei Säuren mit verschiedenen Dissoziationskonstanten betrachtet werden, in der die stärkere Säure bereits neutralisiert worden ist. Zur Berechnung der Wasserstoffionenkonzentration in einem solchen Falle können wir daher auch

Gleichung (85) anwenden; K_1 und K_2 stellen dann die erste bzw. die zweite Dissoziationskonstante der Säure dar.

Die Gleichung ist wieder nur angenähert gültig. Für genauere Berechnungen[1] muß benutzt werden

$$[\text{H}^{\cdot}] = \sqrt{\frac{K_1 K_2 c}{K_1 + c}}, \tag{88}$$

wobei c die gesamte Salzkonzentration bedeutet. Gewöhnlich ist die Größe K_1 jedoch so klein neben c, daß sie vernachlässigt werden kann, und wir erhalten die einfache Gleichung (85).

Beispiele: Natriumbicarbonat:

$$K_1 = 3 \cdot 10^{-6}, \quad K_2 = 6 \cdot 10^{-11}.$$

In einer Natriumbicarbonatlösung ist also:

$$[\text{H}^{\cdot}] = \sqrt{3 \cdot 10^{-7} \cdot 6 \cdot 10^{-11}} = 4{,}24 \cdot 10^{-9}, \quad p_{\text{H}} = 8{,}37.$$

Natriumbitartrat: $K_1 = 1 \cdot 10^{-3}$, $K_2 = 9 \cdot 10^{-5}$.
In einer 0,1 molaren Lösung ist:

$$[\text{H}^{\cdot}] = \sqrt{1 \cdot 10^{-3} \cdot 9 \cdot 10^{-5}} = 3 \cdot 10^{-4}. \qquad p_{\text{H}} = 3{,}52.$$

In verdünnteren Lösungen muß freilich die strengere Gleichung (88) angewendet werden. So finden wir in einer 0,001 molaren Bitartratlösung:

$$[\text{H}^{\cdot}] = 2{,}1 \cdot 10^{-4}. \qquad p_{\text{H}} = 3{,}68.$$

Wir haben bisher die Konzentration der beiden Säuren HA_{I} und HA_{II} als ursprünglich gleich angenommen. Ist diese Voraussetzung auch nur annähernd erfüllt, so behalten die Berechnungen ihre Gültigkeit. Wenn etwa die Menge HA_{I} nur um 10% die von HA_{II} überwiegt, dann ist die entsprechende Änderung vom p_{H} beim ersten Äquivalenzpunkt fast unmerklich. Mit wachsenden Unterschieden der anfänglichen Konzentrationen treten größere Abweichungen in Erscheinung.

Ist z. B. $[\text{HA}_{\text{I}}]$ ursprünglich doppelt so groß wie $[\text{HA}_{\text{II}}]$, so wird beim ersten Äquivalenzpunkt:

$$[\text{H}^{\cdot}] = \sqrt{\frac{K_1 K_2}{2}}, \tag{89}$$

$$p_{\text{H}} = \frac{1}{2}(p_{k_1} + p_{k_2}) + \frac{1}{2} \log 2 = \frac{1}{2}(p_{k_1} + p_{k_2}) + 0{,}15. \tag{90}$$

---

[1] Vgl. Noyes: Z. physik. Chem. Bd. 11, S. 495. 1893 und Kolthoff: Der Gebrauch von Farbindikatoren S. 38; wo weitere Literatur angegeben ist.

Und wird allgemein das Verhältnis der Konzentration der beiden Säuren mit r bezeichnet, so gilt:

$$[\mathrm{H}^{\cdot}] = \sqrt{\frac{K_1 K_2}{r}}, \tag{91}$$

$$p_\mathrm{H} = \frac{1}{2}\,(p_{k_1} + p_{k_2}) + \frac{1}{2}\log r\,. \tag{92}$$

§ 11. Die Änderung der Wasserstoffionenkonzentration einer Mischung zweier Säuren beim ersten Äquivalenzpunkt. Die Genauigkeit der Titration einer Säure bei Anwesenheit einer schwächeren hängt vom Maß der Änderung der Wasserstoffionenkonzentration am ersten Äquivalenzpunkt ab.

Wir haben im vorigen Paragraphen gesehen, daß beim ersten Äquivalenzpunkt immer eine bestimmte Menge von $\mathrm{HA_1}$ noch nicht neutralisiert, ein sehr kleiner Teil von $\mathrm{HA_{II}}$ jedoch schon in die Salzform übergegangen ist. Fügen wir nun einen kleinen Überschuß an Base zu, so wird dieser größtenteils zur Neutralisation der zweiten Säure verbraucht, weil ja die erstere schon fast vollständig neutralisiert worden ist.

Wir nehmen am ersten Äquivalenzpunkt die stärkere Säure zu $a\%$ neutralisiert an und denken uns einen Überschuß von 1% Base zugesetzt.

Dadurch werden weitere $x\%$ von $\mathrm{HA_1}$ neutralisiert entsprechend

$$[\mathrm{A_1'}] = \frac{a + x}{100}\,S_1$$

und

$$[\mathrm{HA_1}] = \frac{100 - (a + x)}{100}\,S_1\,.$$

Mit einem Überschuß von 1% Base ist:

$$[\mathrm{A_{II}'}] = \frac{100 - (a + x) + 1}{100}\,S_1 = \frac{101 - (a + x)}{100}\,S_1$$

und $\qquad\qquad [\mathrm{HA_{II}}] = \frac{a + x - 1}{100}\,S_1\,.$

Durch Einführung dieser Werte in Gleichung (83) erhalten wir:

$$\frac{\{100 - (a + x)\}}{(a + x)} \cdot \frac{\{101 - (a + x)\}}{a + x - 1} = \frac{K_2}{K_1}\,. \tag{93}$$

Aus dieser quadratischen Gleichung kann x ermittelt und

schließlich $[A_1']$, $[HA_1]$ und also auch $[H^\cdot]$ berechnet werden:

$$[H^\cdot] = \frac{[HA_1]}{[A_1']}\, K_1\,.$$

Beispiele:

$$\text{I.}\quad K_1 : K_2 = 100\,.$$

Beim ersten Äquivalenzpunkt ist a gleich 91 und daher

$$[H^\cdot] = \frac{9}{91}\, K_1 = 0{,}099\, K_1\,.$$

Für den Zusatz von 1% Überschuß an Base finden wir:

$$x = 0{,}4$$

und weiter:

$$[H^\cdot] = \frac{8{,}6}{91{,}4}\, K_1 = 0{,}094\, K_1\,.$$

Durch Zusatz von 1% Überschuß an Base hat sich $[H^\cdot]$ also um über 5% geändert, entsprechend einer Zunahme von 0,02 im p_H.

Bei diesem Verhältnis $K_1 : K_2$ kann daher die eine Säure nicht neben der anderen bestimmt werden.

$$\text{II.}\quad K_1 : K_2 = 10000\,.$$

Am ersten Äquivalenzpunkt ist $a = 99$ und

$$[H^\cdot] = \frac{1}{99}\, K_1\,.$$

Durch Zusatz von 1% Überschuß an Base wird x gleich 0,38 und

$$[H^\cdot] = \frac{0{,}62}{100}\, K_1\,.$$

Die Wasserstoffionenkonzentration hat also um 38 % abgenommen, entsprechend einer p_H-Zunahme um 0,21.

Die Titration kann bei Anwendung einer Vergleichslösung schon brauchbare Resultate geben. Mit wachsendem Verhältnis von K_1 und K_2 wird die Methode immer genauer.

Für eine Mischung von zwei Basen mit verschiedener Dissoziationskonstante gelten natürlich analoge Betrachtungen, wie sie oben angestellt wurden. Nur berechnet man hier $[OH']$ statt $[H^\cdot]$, und mit Hilfe des Ionenproduktes des Wassers ist $[H^\cdot]$ daraus leicht abzuleiten.

§ 12. Die Bildung komplexer Ionen. Die Spaltung eines komplexen Ions verläuft in verschiedenen Stufen. Zunächst zerfällt es in einfache Ionen und den „Neutralteil":

$$B_2A^{\cdot} \leftrightarrows B^{\cdot} + BA, \qquad (94)$$

und BA kann als Salz wieder in folgender Weise dissoziieren:

$$BA \leftrightarrows B^{\cdot} + A'. \qquad (95)$$

Ist BA ein schwacher Elektrolyt, so hat analytisch besonders der Vorgang nach (94) Bedeutung, denn er beherrscht die Stabilität des komplexen Ions. Durch Anwendung des Massenwirkungsgesetzes finden wir:

$$\frac{[B^{\cdot}][BA]}{[B_2A^{\cdot}]} = K_{\text{kompl}}. \qquad (96)$$

Weil K das Maß für den Zerfall des komplexen Ions gibt, wird sie die **Komplexzerfallskonstante** genannt, während ihr reziproker Wert die **Stabilitätskonstante** des komplexen Ions darstellt.

In der reinen Lösung eines komplexen Salzes ist $[B^{\cdot}]$ gleich $[BA]$, sofern wir die weitere Dissoziation von BA vernachlässigen. Wenn nun das komplexe Ion nicht wesentlich gespalten ist, so können wir $[B_2A^{\cdot}]$ der gesamten Salzkonzentration c gleichsetzen, denn auch die komplexen Salze gehören zu den starken Elektrolyten.

$$[B_2A^{\cdot}] = c$$

$$[B^{\cdot}] = [BA] = \sqrt{K_{\text{kompl}} \cdot c} \qquad (97)$$

Wir haben hier also einen ähnlichen Ausdruck für $[B^{\cdot}]$ wie wir ihn bei den schwachen Säuren für $[H^{\cdot}]$ entwickelten. (Gleichung 49, S. 21).

Die Änderung von $[B^{\cdot}]$ durch einen geringen Zusatz von B-Ionen kann analog berechnet werden, wie die $[H^{\cdot}]$-Änderung einer schwachen Säure durch geringen Zusatz von $H^{\cdot}$- oder OH'-Ionen abgeleitet wurde. Wenn wir z. B. zu der Lösung des komplexen Salzes einen Überschuß an B-Ionen fügen, entsprechend einer Konzentration a, und wenn unter diesen Verhältnissen noch x B-Ionen vom komplexen Ion B_2A abgespalten werden, so ist

$$[B^{\cdot}] = a + x,$$

$$[BA] = x$$

und nach (96)

$$(a + x)\,x = K_{\text{kompl}} \cdot c\,,$$

$$x = -\frac{a}{2} + \sqrt{\frac{a^2}{4} + K_{\text{kompl}} \cdot c} \tag{98}$$

Für den Fall, daß der „Neutralteil" BA des komplexen Ions zu den starken Elektrolyten gehört, was gewöhnlich der Fall ist, so müssen wir sowohl Gleichung (94) wie (95) in Betracht ziehen. Durch Addition beider ergibt sich:

$$\mathrm{B_2A^{\cdot}} \rightleftarrows 2\,\mathrm{B^{\cdot}} + \mathrm{A'} \tag{99}$$

und
$$\frac{[\mathrm{B^{\cdot}}]^2\,[\mathrm{A'}]}{[\mathrm{B_2A^{\cdot}}]} = K'_{\text{kompl}} \,. \tag{100}$$

Ist der „Neutralteil" BA vollständig dissoziiert, dann gilt in einer reinen Lösung des komplexen Salzes:

$$[\mathrm{B^{\cdot}}] = 2\,[\mathrm{A'}]$$

und, wenn $[\mathrm{B_2A^{\cdot}}]$ wieder wie oben gleich c gesetzt werden darf,

$$[\mathrm{B^{\cdot}}]^3 = 2\,c\,K'_{\text{kompl}}\,,$$

$$[\mathrm{B^{\cdot}}] = \sqrt[3]{2\,c\,K'_{\text{kompl}}}\,, \tag{101a}$$

während:
$$[\mathrm{A'}] = \sqrt[3]{\frac{c}{4}\,K'_{\text{kompl}}}\,. \tag{101b}$$

Die Änderung von $[\mathrm{B^{\cdot}}]$ und $[\mathrm{A'}]$ bei Zugabe eines kleinen Überschusses an einem dieser Ionen wird am einfachsten auf graphischem Wege gefunden, ähnlich wie wir dies schon bei den schwer löslichen Salzen vom Typus $\mathrm{B_2A}$ oder $\mathrm{BA_2}$ vorgenommen haben (vgl. S. 9). Eine mathematische Ableitung führt zu einer kubischen Gleichung, die nicht einfach zu lösen ist.

Beispiel: Wir wollen das komplexe Silbercyanid-Ion betrachten, das in der analytischen Chemie bekanntlich eine große Rolle spielt.

$$\mathrm{Ag(CN)_2'} \rightleftarrows \mathrm{Ag^{\cdot}} + 2\,\mathrm{CN'}\,,$$

$$\frac{[\mathrm{Ag^{\cdot}}]\,[\mathrm{CN'}]^2}{[\mathrm{Ag(CN)_2'}]} = K'_{\text{kompl}} = 10^{-21}\,{}^{*}.$$

---

* Dies ist ein mittlerer Wert aus den Angaben von EULER: Ber. dtsch. chem. Ges. Bd. 36, S. 2878. 1903; und BODLÄNDER und EBERLEIN: Z. anorg. u. allg. Chem. Bd. 39, S. 208. 1904.

Daher ist in einer 0,1 molaren Lösung des komplexen Silbersalzes:

$$[\text{Ag}^\cdot] = \sqrt[3]{\frac{c}{4}\,K'_{\text{kompl}}} = \sqrt[3]{2{,}5 \cdot 10^{-23}} = 10^{-7,53} = 3{,}0 \cdot 10^{-8}$$

und $\qquad\qquad [\text{CN}'] = 6{,}0 \cdot 10^{-8}$.

In praktischen Fällen ist der Neutralteil BA sehr oft schwer löslich, z. B. das Cyansilber, das von Cyankali komplex gelöst wird. Sobald in der reinen Lösung des komplexen Salzes das Produkt $[\text{B}^\cdot] \cdot [\text{A}']$ das Löslichkeitsprodukt von BA überschreitet, kann das komplexe Salz nicht mehr ganz in Lösung bleiben, sondern so viel von BA wird ausfallen, daß immer das Ionenprodukt L gewahrt bleibt, bevor man am Äquivalenzpunkt angelangt ist.

Dies geschieht z. B. beim komplexen Mercurijodidion HgJ_4''.

Sobald die Sättigungskonzentration von BA erreicht ist, bleibt dessen Konzentration konstant, und $[\text{B}^\cdot]$ ändert sich dann nach der einfachen Gleichung:

$$[\text{B}^\cdot] = \frac{K'_{\text{kompl}}}{[\text{B}'][\text{A}']}\,c = \frac{K'_{\text{kompl}}}{L_{\text{BA}}}\,c = K \cdot c\,, \qquad\qquad (102)$$

L_{BA} gibt wieder das Löslichkeitsprodukt von BA an.

Hieraus geht hervor, daß unter diesen Verhältnissen $[\text{B}^\cdot]$ sich proportional mit c ändert.

Wenn daher bei einer Titration eine Fällung von BA vor dem Äquivalenzpunkt eintritt, so wird ein fortgesetzter Zusatz von Reagens die B-Ionenkonzentration fast nicht mehr ändern. Daher ist nur ein gutes Resultat zu erwarten, sobald

$$L_{\text{BA}} > \frac{K'_{\text{kompl}} \cdot c}{[\text{B}^\cdot]} = > \frac{K'_{\text{kompl}}\,c}{\sqrt[3]{2\,c\,K'_{\text{kompl}}}} = > \sqrt[3]{\frac{1}{2}\,K^2_{\text{kompl}}\,c^2}\,, \qquad (103)$$

d. h. sobald L_{BA} größer ist als das Produkt der B- und A-Konzentrationen in der Lösung des komplexen Salzes (betr. eines Beispiels bei der Jodidtitration mit Mercuri-Ion vgl. S. 131).

Wir haben bisher nur die Dissoziation eines einfachen komplexen Ions $\text{B}_2\text{A}^\cdot$ betrachtet. Ist die Zusammensetzung komplizierter, so gestalten sich auch alle Gleichungen verwickelter. Betrachten wir z. B. das Ion $\text{B}_3\text{A}^{\cdot\cdot}$.

$$\text{B}_3\text{A}^{\cdot\cdot} \leftrightarrows 2\text{B}^\cdot + \text{BA}\,,$$

dann ist
$$\frac{[B^{\cdot}]^2\,[BA]}{[B_3A^{\cdot\cdot}]} = K_{\text{kompl}}\,,\tag{104}$$

wobei diese Gleichung freilich nur gilt, solange die Dissoziation von BA vernachlässigt werden darf.

In der reinen Lösung des komplexen Salzes ist dann:
$$[B^{\cdot}]^3 = 2K_{\text{kompl}}\,c\,,$$
$$[B^{\cdot}] = \sqrt[3]{2K_{\text{kompl}}\cdot c}\,.\tag{105}$$

Verläuft die Dissoziation des komplexen Ions stufenweise:
$$B_3A^{\cdot\cdot} \rightleftharpoons B^{\cdot} + B_2A^{\cdot}\,,$$
$$B_2A^{\cdot} \rightleftharpoons B^{\cdot} + BA\,,$$

so haben wir die beiden entsprechenden Komplexkonstanten in Rechnung zu ziehen, wodurch die Berechnung noch schwieriger wird.

Wenn sich der „Neutralteil" BA endlich wie ein starker Elektrolyt verhält, so ist
$$\frac{[B^{\cdot}]^3\,[A']}{[B_3A^{\cdot\cdot}]} = K'_{\text{kompl}}\tag{106}$$

und, falls die stufenweise Dissoziation des komplexen Ions außer acht bleiben darf, so ist in einer reinen Lösung des komplexen Salzes:
$$[B^{\cdot}] = 3\,[A']$$
und
$$[B^{\cdot}] = \sqrt[4]{3\,c\,K'_{\text{kompl}}}\,.\tag{107}$$

Die Berechnung der Änderung der B-Ionenkonzentration durch den Zusatz eines geringen Überschusses an B- oder A-Ionen ist wieder am einfachsten auf graphischem Wege durchzuführen.

An dieser Stelle wollen wir unsere allgemeinen Betrachtungen abschließen und auf weitere Einzelheiten verzichten, um später hier und da, etwa bei Besprechung der Titrationskurven und des Titrierfehlers, auf vorstehende Ableitungen zurückzugreifen. Im übrigen wird jeder Leser im Anschluß an die bisherigen Ausführungen für weitere Spezialfälle die nötigen Gleichungen zur Berechnung der Ionenkonzentrationen selbst entwickeln können.

Zweites Kapitel.

Die Titrationskurven bei der Fällungs-, Neutralisations- und Komplexbildungsanalyse.

§ 1. Die Änderung der Ionenkonzentration bzw. des Ionenexponenten bei der Fällungsanalyse. Weil die Betrachtungen dieses Kapitels sowohl für die gewöhnliche Maßanalyse, wie speziell für die physikochemischen Methoden von Interesse sind, wollen wir der Behandlung der Indikatorentheorie eine Besprechung der Titrationskurven vorausgehen lassen.

Wir beginnen mit den Titrationskurven bei der Fällungsanalyse und nehmen dabei zur Übersichtlichkeit an, daß sich das Volumen der Lösung bei der Titration nicht ändert. Zwar entspricht diese Annahme nicht der Wirklichkeit, jedoch ist die Änderung der Ionenkonzentration beim Äquivalenzpunkt im allgemeinen so groß, daß diese Vernachlässigung keinen bedeutenden Fehler verursacht. Zudem werden wir im Kapitel über den Titrierfehler die Volumenänderung noch besonders berücksichtigen.

Zuerst sei der einfache Fall behandelt, daß zwei einwertige Ionen A' und $B^{\cdot}$ das schwer lösliche Salz BA bilden; und als Beispiel: die Titration von 0,1 n Silbernitrat mit Natriumchlorid[1]. Die anfängliche $Ag^{\cdot}$-Konzentration dürfen wir zu rund 0,1 n und p_{Ag} damit $= 1$ annehmen. Nachdem 90 % des Silbers als Silberchlorid gefällt sind, ist die Silbernitratkonzentration $[Ag^{\cdot}] = 10^{-2}$ n und p_{Ag} gleich 2 geworden. p_{Ag} hat also nur um eins zugenommen. Sind 99 % des Silbers gefällt, ist $[Ag^{\cdot}] = 10^{-3}$; $p_{Ag} = 3$, mit der Fällung von 99,9 % wird $[Ag^{\cdot}] = 10^{-4}$; $p_{Ag} = 4$. Durch Zusatz des letzten 0,1 % des Fälligkeitsmittels wird der Äquivalenzpunkt erreicht, und wir haben eine gesättigte Silberchloridlösung vor uns.

Im vorigen Kapitel wurde gezeigt, daß in einer solchen

$$[Ag^{\cdot}] = [Cl'] = \sqrt{L} \quad \text{und} \quad p_{Ag} = \frac{1}{2}\,p_L \, .$$

L_{AgCl} hat den abgerundeten Wert 10^{-10}, in der gesättigten Lösung ist also $[Ag^{\cdot}] = [Cl'] = \sqrt{10^{-10}} = 10^{-5}$ und

---

[1] Wenn das Reagens dieselbe Konzentration 0,1 n hat wie die Silberlösung, so gibt die Fällungskurve in Nähe des Äquivalenzpunktes infolge der Verdünnung eigentlich die Werte wieder, die einer Konzentration 0,05 n entsprechen (100 cm³ 0,1 n + 100 cm³ 0,1 n ∼ 200 cm³ 0,05 n Lösung).

$p_{Ag} = p_{Cl} = 5$. [Ag'] und p_{Ag} bei geringem Chloridüberschuß sind wieder unschwer zu berechnen.

In der folgenden Tabelle finden wir nun die Änderung der Größen [Ag'], p_{Ag} und p_{Cl} während der Titration angegeben.

Titration von 0,1 n Silbernitrat mit Chlorid: $L_{AgCl} = 10^{-10}$.

Silber gefällt	[Ag']	p_{Ag}	p_{Cl}	$\dfrac{\Delta p_{Ag}}{\Delta c}$
0 %	10^{-1}	1	9	
90 „	10^{-2}	2	8	0,011
99 „	10^{-3}	3	7	0,11
99,9 „	10^{-4}	4	6	1,1
Äquivalenzpunkt 100,0 „	10^{-5}	5	5	10
Überschuß an Cl':				10
0,1 %	10^{-6}	6	4	
1 „	10^{-7}	7	3	1,1
10 „	10^{-8}	8	2	0,11

Die sprungweise Änderung der Ionenkonzentration und des Ionenexponenten kommt zu deutlichem Ausdruck im Gang der Quotientenwerte $\dfrac{\Delta p_{Ag}}{\Delta c}$ bzw. $\dfrac{\Delta p_{Cl}}{\Delta c}$. Dieser Differenzenquotient (mathematisch gesprochen) bezeichnet den Anstieg des Ionenexponenten auf einen bestimmten Zusatz des Fällungsmittels, sagen wir 1% der stöchiometrisch erforderlichen Chloridmenge.

Abb. 3 stellt die Änderung der Ionenexponenten im eingeschränkten Bereich zwischen 10% Unterschuß und Überschuß des Fällungsmittels graphisch dar.

Die linke Ordinatenachse gibt p_{Ag} an, die rechte p_{Cl}.

Auf der Abszissenachse ist der Überschuß an Silber bzw. an Chlorid in Prozenten aufgetragen. Punkt 0 entspricht dem Äquivalenzpunkte Ä.-P. Die ausgezogene Kurve gibt den Gang von p_{Ag}, die gestrichelte den von p_{Cl} wieder. Beide Kurven haben die typische bilogarithmische Form, wie sie die meisten Potentialkurven bei Titrationen zeigen.

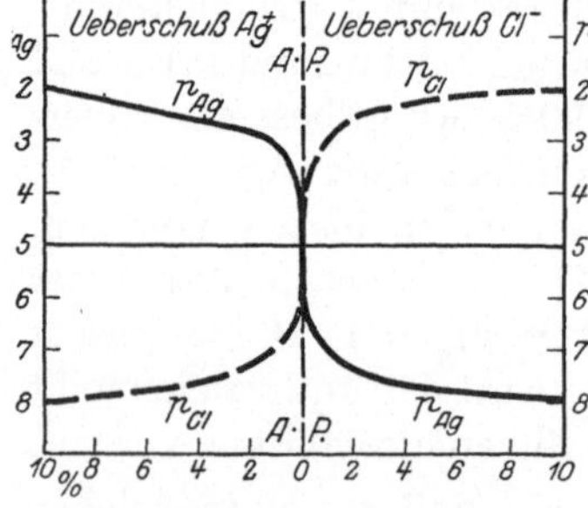

Abb. 3. Titration von 0,1 n Silbernitrat mit Chlorid.

Wie aus obenstehender Tabelle zu ersehen, haben die Werte

von $\dfrac{\Delta p_{Ag}}{\Delta c} = \dfrac{\Delta p_{Cl}}{\Delta c}$ ein Maximum beim Äquivalenzpunkt. Je größer dieser Wert, um so genauer ist die Titration im allgemeinen auszuführen.

Besonders für die Genauigkeit der „potentiometrischen" Titrationen ist der Maximalwert von $\dfrac{\Delta p_{Ag}}{\Delta c}$ ausschlaggebend, doch wächst auch die Schärfe des Farbumschlages eines Indikators mit zunehmender Größe des Maximums.

Die Schärfe des Sprunges hängt vom Löslichkeitsprodukt der gebildeten Substanz und von der Verdünnung ab, in welcher titriert wird. Je kleiner das Löslichkeitsprodukt und je größer die Konzentration der zu titrierenden Lösung, um so größer wird der Sprung der Ionenkonzentration beim Äquivalenzpunkt sein.

Dies geht deutlich aus den folgenden Beispielen hervor. Die folgende Tabelle gilt für die Titrationskurve von 0,01 n Silberlösung mit 0,01 n Chlorid. In der Nähe des Äquivalenzpunktes muß auch die Löslichkeit des Silberchlorids berücksichtigt werden. [Vgl. Gleichung (12) im vorigen Kapitel.]

Titration von 0,01 n Silbernitrat mit Chlorid; $L_{AgCl} = 10^{-10}$.

Silber gefällt		$[Ag^{\cdot}]$	p_{Ag}	p_{Cl}	$\dfrac{\Delta p_{Ag}}{\Delta c}$
	0 %	10^{-2}	2,0		
	90 „	10^{-3}	3,0	7,0	0,09
	99 „	10^{-4}	4,0	6,0	0,9
	99,9 „	$1,6 \cdot 10^{-5}$	4,80	5,2	2
Äquivalenzpunkt	100 „	10^{-5}	5,0	5,0	
Überschuß an Cl′:					2
	0,1 %	$6,4 \cdot 10^{-6}$	5,2	4,80	0,9
	1 „	10^{-6}	6,0	4,0	0,09
	10 „	10^{-7}	7,0	3,0	

Vgl. auch Abb. 4.

Die folgende Tabelle verdeutlicht den Einfluß des Löslichkeitsproduktes auf die Größe des Sprungs beim Äquivalenzpunkt. Wir geben darin die Titration von 0,01 n Silberlösung mit Jodid wieder. Das Löslichkeitsprodukt von Silberjodid ist ungefähr 10^{-16}; beim Äquivalenzpunkt ist daher $[Ag^{\cdot}] = 10^{-8}$ und $p_{Ag} = 8$ (vgl. auch Abb. 5).

Nachdrücklich sei bemerkt, daß wir hiermit nur „theoretische Titrationskurven" wiedergeben. In Wirklichkeit spielen

Titration von 0,01 n Silbernitrat mit Jodid. $L_{AgJ} = 10^{-16}$.

Silber gefällt	$[Ag^\cdot]$	p_{Ag}	p_J	$\dfrac{\varDelta\, p_{Ag}}{\varDelta\, c}$
0 %	10^{-2}	2	—	
90 „	10^{-3}	3	13	
99 „	10^{-4}	4	12	0,11
99,9 „	10^{-5}	5	11	1,1
100 „	10^{-8}	8	8	**30**
Überschuß an J':				**30**
0,1 %	10^{-11}	11	5	
1 „	10^{-12}	12	4	1,1
10 „	10^{-13}	13	3	0,11

gerade bei den Silberhaloiden Adsorptionserscheinungen eine
bedeutende Rolle. Bei Anwesenheit überschüssigen Silberions wird
dieses vom Niederschlag adsor-
biert, bei Anwesenheit des fällen-
den Anions das letztere. Die Adsorbierbarkeit nimmt in der

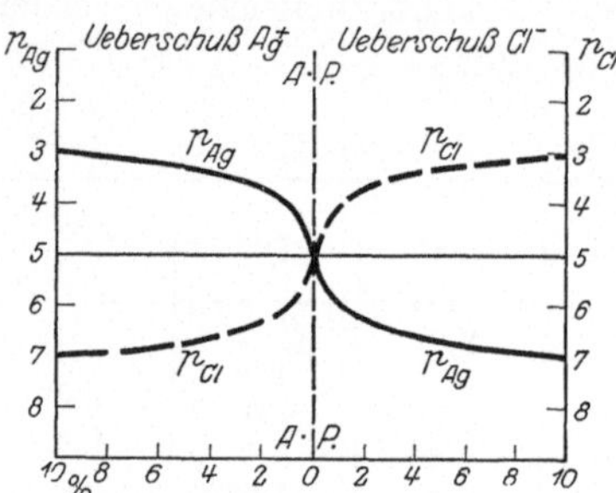

Abb. 4. Titration von 0,01 n Silbernitrat mit Chlorid.

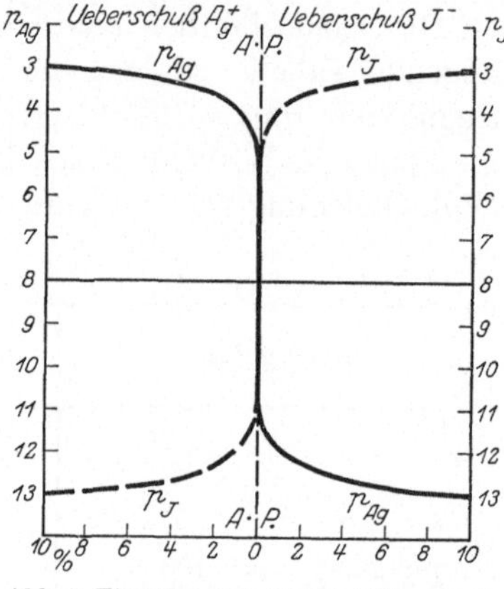

Abb. 5. Titration von 0,01 n Silbernitrat
mit Jodid.

Reihenfolge Cl'—Br'—J' zu. Im Kapitel 7 (Adsorption S. 156)
kommen wir hierauf näher zurück.

Bisher wurde eine Fällung vom Typus $B^\cdot + A' \leftrightarrows BA$, d. h.
zweier einwertiger Ionen betrachtet, wo die Titrationskurven des
Kations und des Anions symmetrisch liegen. Dies trifft nicht
länger mehr zu, wenn der Niederschlag die Zusammensetzung
B_2A oder BA_2 hat.

Fällung von der Zusammensetzung B_2A.

Während im Falle BA die Titrationskurven symmetrisch zum
Äquivalenzpunkt verlaufen, wird nunmehr $[B^\cdot]$ durch einen

Überschuß an B'-Ionen ganz anders beeinflußt als durch einen solchen an A''-Ionen.

Das Entsprechende gilt natürlich für die Änderung von [A'']. In der folgenden Tabelle finden wir die Werte der Ionenkonzentrationen und Ionenexponenten für das Beispiel Silberoxalat, wo L_{B_2A} etwa gleich 10^{-12} ist und wir eine 0,1 n-Ag-Lösung mit Oxalat titrieren. Der Überschuß der zweiwertigen A-Ionen ist auch auf Normalität bezogen (0,1 n = 0,05 molar).

Für die Berechnung der Ionenkonzentrationen in der Nähe vom Äquivalenzpunkt verweisen wir auf Kapitel 1, S. 7.

Es sei nun daran erinnert, daß:

$$2 p_{Ag} + p_{C_2O_4} = p_L = 12 .$$

Titration 0,1 n Silbernitrat mit Oxalat; $L_{Ag_2C_2O_4} = 10^{-12}$.

Silber gefällt	[Ag']	p_{Ag}	$p_{C_2O_4}$	$\dfrac{\Delta p_{Ag}}{\Delta c}$	$\dfrac{\Delta p_{C_2O_4}}{\Delta c}$
0 %	10^{-1}	1	—		
90 ,,	10^{-2}	2	8		
99 ,,	10^{-3}	3	6		
				0,7	1,4
99,7 ,,	$3,2 \cdot 10^{-4}$	3,5	5		
				1,3	2,4
99,8 ,,	$2,35 \cdot 10^{-4}$	3,63	4,76		
				1,3	**3,3**
99,9 ,,	$1,75 \cdot 10^{-4}$	3,76	4,43		
				1,4	2,3
100 ,,	$1,26 \cdot 10^{-4}$	3,90	4,20		
Überschuß an Oxalat					
				1,0	2,0
0,1 %	$1,0 \cdot 10^{-4}$	4,00	4,0		
				0,7	1,6
0,2 ,,	$8,5 \cdot 10^{-5}$	4,07	3,84		
				0,4	0,8
1 ,,	$4,4 \cdot 10^{-5}$	4,36	3,28		

(Vgl. Abb. 6).

Aus der Tabelle erkennen wir folgendes:

1. Die Änderung von $p_{C_2O_4}$ beim Äquivalenzpunkt ist für dieselbe Menge Reagens etwa doppelt so groß wie die von p_{Ag}. Mit einem Indikator für das Anion muß der Umschlag also schärfer wahrnehmbar sein als mit einem Indikator auf Silberionen, vorausgesetzt, daß die molare Empfindlichkeit der Indikatoren für beide Ionen die gleiche ist.

2. Das Maximum der Quotienten $\dfrac{\Delta p_{Ag}}{\Delta c}$ bzw. $\dfrac{\Delta p_{C_2O_4}}{\Delta c}$ tritt hier schon vor dem Äquivalenzpunkt auf (etwa bei 0,2%). Mathematisch läßt sich dies auch allgemein für den Fall, daß der Nieder-

schlag die Zusammensetzung B_2A oder BA_2 hat, ableiten[1]. Besonders zur Beurteilung der Genauigkeit potentiometrischer Titrationen ist diese Tatsache von Interesse.

§ 2. Die Fällungstitration eines Ions neben einem andern, wenn beide mit dem Fällungsmittel schwer lösliche Verbindungen bilden. Liegen in einer Lösung zwei Arten Anionen A' und A'_1 vor, welche beide mit dem gleichen Kation B zu den schwer löslichen Salzen BA bzw. BA_1 zusammentreten können, so wird, falls BA das schwerer lösliche von beiden ist, auf Zusatz von B-Ionen nur BA allein gefällt werden, solange:

$$\frac{[A']}{[A'_1]} > \frac{L_{BA}}{L_{BA_1}} \qquad (31)$$

(vgl. S. 13).

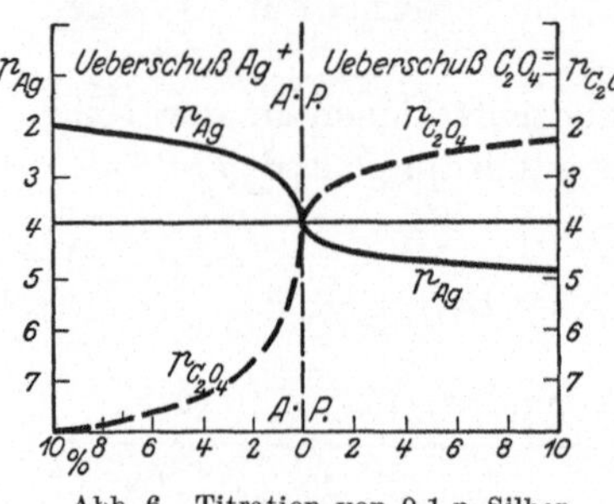

Abb. 6. Titration von 0,1 n Silbernitrat mit Oxalat.

Ist das Konzentrationsverhältnis der beiden Anionen gleich dem Verhältnis des entsprechenden Löslichkeitsprodukts geworden, so wird bei weiterer Titration auch das Salz BA_1 ausfallen. Von diesem Punkt ab ändert sich das Verhältnis der beiden Ionenkonzentrationen nur mehr langsam.

Die Titrationskurve der A-Ionen bei Anwesenheit von A_1-Ionen wird im Anfange der Bestimmung denselben Verlauf haben, wie bei der Titration einer reinen A-Ionenlösung. Erst in der Nähe des Äquivalenzpunktes tritt ein Unterschied hervor. Bei Anwesenheit von A'-Ionen ist beim Äquivalenzpunkt: $[A_1] = \sqrt{L_{BA}}$; zudem fällt $[A']$ beim weiteren Zusatz von B-Ionen zunächst noch sehr stark. Im Beisein von A_1-Ionen findet der große Sprung der A'-Konzentration aber **vor** dem Äquivalenzpunkt statt, und zwar sinkt sie bis:

$$[A'] = [A'_1]\frac{L_{BA}}{L_{BA_1}} .$$

Sobald diese Konzentration erreicht ist, fällt das Salz BA_1 mit aus, und $[A']$ ändert sich nunmehr sehr wenig. Für den zweiten Äquivalenzpunkt, wo das Salz BA_1 auch quantitativ gefällt ist, gelten dieselben Betrachtungen, wie sie in § 1 angestellt

---

[1] Vgl. J. M. Kolthoff und N. H. Furman: Potentiometric Titrations. New York 1926.

wurden. Der Sprung in der Ionenkonzentration beim ersten Äquivalenzpunkt wird größer, je kleiner das Verhältnis $L_{BA} : L_{BA_1}$ und je kleiner $[A_1']$ ist.

Wegen Einzelheiten sei verwiesen auf Kapitel 1, S. 14.

In der folgenden Tabelle geben wir die Änderungen der Ionenkonzentrationen bei der Titration eines Gemisches von 0,01 n

Titration eines Gemisches von 0,01 n Jodid und 0,01 n Bromid mit Silbernitrat. $L_{AgJ} = 10^{-16}$. $L_{AgBr} = 5 \cdot 10^{-13}$.

Jodid gefällt	$[Ag^{\cdot}]$	p_{Ag}	p_J	$\dfrac{\Delta\, p_{Ag}}{\Delta\, c}$
90 %	10^{-13}	13	3	
99 „	10^{-12}	12	4	0,9
99,8 „	$5 \cdot 10^{-12}$	11,3	4,7	3,0
99,9 „	10^{-11}	11,0	5,0	7,0
Bromid gefällt			p_{Br}	
0,01 %	$5\ \cdot 10^{-11}$	10,3	1,7	0,0
0,1 „	$5\ \cdot 10^{-11}$	10,3	1,7	
90 „	$5\ \cdot 10^{-10}$	9,3	2,7	
99 „	$5\ \cdot 10^{-9}$	8,3	3,7	0,9
99,8 „	$2,5 \cdot 10^{-8}$	7,6	4,4	3,0
99,9 „	$5\ \cdot 10^{-8}$	7,3	4,7	11,4
100 „	$7\ \cdot 10^{-7}$	6,16	5,84	11,6
Überschuß an Silber:				
0,1 %	10^{-5}	5	7	3,0
0,2 „	$2 \cdot 10^{-5}$	4,7	7,3	0,9
1 „	10^{-4}	4,0	8,0	

Jodid und 0,01 n Bromid und Silbernitrat. Der Übersicht halber wird wiederum das Volumen dabei als konstant angenommen.

In Abb. 7 ist der Verlauf von p_{Ag} in Nähe des ersten Äquivalenzpunktes aufgezeichnet, und zwar im Intervall von 10% vor bis 10% nach diesem Punkt. Der Vergleich mit Abb. 5 zeigt deutlich den Einfluß des anwesenden Bromids auf den Gang von p_{Ag} bzw. p_J.

Wenn das eine der Ionen (A_1) einwertig, und das andere (A_{II}) zweiwertig ist, und die schwer löslichen Salze BA_1 und B_2A_{II} ent-

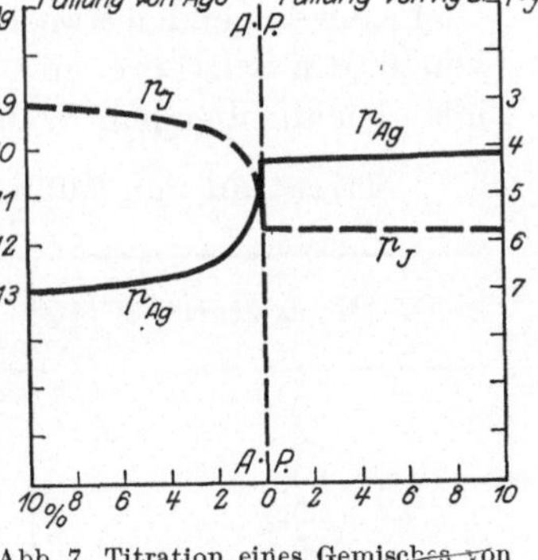

Abb. 7. Titration eines Gemisches von 0,01 n Jodid und 0,01 n Bromid mit Silbernitrat.

stehen können, von denen BA_1 das schwerer lösliche ist, wird die Fällung von B_2A_{II} erst einsetzen, sobald

$$[A_1'] = \frac{L_{BA_1}}{\sqrt{L_{BA_{II}}}}\,\sqrt{[A_{II}''']} \qquad (32)$$

wird.

Vgl. S. 15.

Auch für diesen Fall ist es wieder leicht, die Titrationskurve in der Nähe des ersten und zweiten Äquivalenzpunktes abzuleiten, was hier jedoch nicht weiter durchgeführt werden soll.

§ 3. Die Titrationskurven in der Neutralisationsanalyse — Neutralisationskurven. Die Neutralisationskurven starker Säuren und Basen sind vergleichbar mit den Fällungskurven eines Salzes BA.

An Stelle des Löslichkeitsproduktes tritt hier das Ionenprodukt k_w des Wassers:

$$[H^\cdot]\,[OH'] = k_w \qquad (41)$$

vgl. S. 19.

Am Äquivalenzpunkt wird also $p_H = p_{OH} = {}^1\!/_2\,p_w$, wobei p_w bei Zimmertemperatur (22^0) gleich 14 ist.

Praktisch finden wir den Äquivalenzpunkt gewöhnlich nicht genau beim p_H von 7, weil die Flüssigkeiten meist etwas Kohlensäure enthalten. Sorgen wir für vollkommene Abwesenheit von CO_2, so entsprechen die empirischen Neutralisationskurven tatsächlich den theoretisch abgeleiteten.

In der folgenden Tabelle geben wir den Neutralisationsverlauf von 0,01 n Salzsäure mit Lauge an. Dabei rechnen wir wieder mit gleichbleibendem Volumen.

Titration von 0,01 n Salzsäure mit Lauge. $k_w = 10^{-14}$.
Zimmertemperatur.

Neutralisiert	$[H^\cdot]$	p_H	p_{OH}	$\dfrac{\varDelta p_H}{\varDelta c}$
0 %	10^{-2}	2	12	
90 „	10^{-3}	3	11	
99 „	10^{-4}	4	10	
99,9 „	10^{-5}	5	9	1,1
100 „	10^{-7}	7	7	20
Überschuß an Lauge:				
0,1 %	10^{-9}	9	5	20
1 „	10^{-10}	10	4	1,1
10 „	10^{-11}	11	3	

Abb. 8 stellt die Neutralisationskurve 10% vor bis 10% nach dem Äquivalenzpunkt dar. Die linke Ordinatenachse verzeichnet die p_H-Werte, die rechte Ordinatenachse die p_{OH}-Werte. Die ausgezogene Kurve gibt den Gang von p_H, die gestrichelte den von p_{OH} wieder. Die Größe der Änderung der Ionenkonzentrationen beim Äquivalenzpunkt hängt von k_w ab. Nimmt k_w zu, so wird der Sprung kleiner. Vergleichsweise führen wir in Abb. 9 die Neutralisationskurve bei 100° an, wo k_w etwa 10^{-12} ist.

Die p_H- bzw. p_{OH}-Kurve läuft hier symmetrisch zum Äquivalenzpunkt, aber nicht mehr bei der Titration einer schwachen Säure mit einer starken Base bzw. einer schwachen Base mit

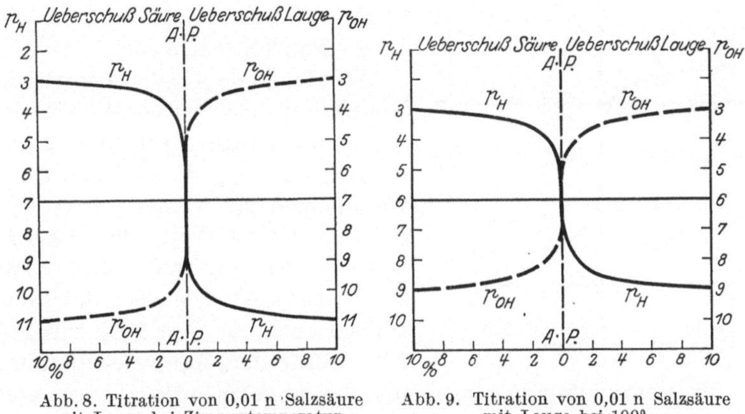

Abb. 8. Titration von 0,01 n Salzsäure
mit Lauge bei Zimmertemperatur.
Abb. 9. Titration von 0,01 n Salzsäure
mit Lauge bei 100°.

einer starken Säure. Im ersteren Fall liegt der Äquivalenzpunkt bei alkalischer Reaktion, im letzteren Falle im sauren Gebiet.

Titration von 0,01 n Salzsäure mit Lauge bei 100°. $k_w = 10^{-12}$.

Neutralisiert	[H·]	p_H	p_{OH}	$\dfrac{\Delta p_H}{\Delta c}$
0 %	10^{-2}	2	10	
90 „	10^{-3}	3	9	
99 „	10^{-4}	4	8	
99,9 „	10^{-5}	5	7	1,1
100 „	10^{-6}	6	6	10
Überschuß an Lauge				
0,1 %	10^{-7}	7	5	10
1 „	10^{-8}	8	4	1,1
10 „	10^{-9}	9	3	

Mit Hilfe der Ableitungen, welche im 1. Kapitel, § 5 bis § 9 gegeben wurden, können wir diese veränderten Neutralisationskurven einfach berechnen.

Bei der Titration einer schwachen Säure mit einer starken Base gilt beim Äquivalenzpunkt:

$$p_\mathrm{H} = 7 + \frac{1}{2}\,p_s + \frac{1}{2}\log c\,. \tag{64}$$

In der Mischung der schwachen Säure mit ihrem Salze ist

$$p_\mathrm{H} = p_s - \log a + \log c\,. \tag{76}$$

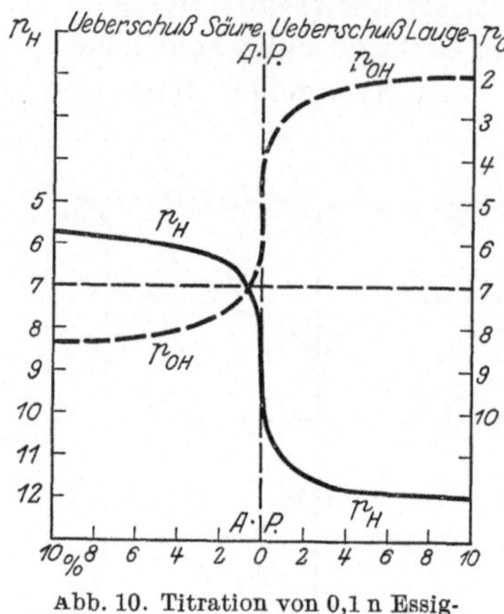

Abb. 10. Titration von 0,1 n Essigsäure mit Lauge.

p_s ist der negative Logarithmus der Dissoziationskonstante, a ist die totale Säurekonzentration, c die totale Salzkonzentration.

Die folgende Tabelle bringt die Neutralisationskurve von 0,1 n Essigsäure mit Lauge. Weil die Änderungen von p_OH die gleichen sind, wie die von p_H, werden wir im folgenden nur die Werte der Wasserstoffexponenten mitteilen. In Abb. 10 sehen wir wieder den Teil der Neutralisationskurve von 10% vor bis 10% hinter dem Äquivalenzpunkte.

In verdünnten Lösungen und bei abnehmenden Werten von K_s wird der p_H-Sprung beim Äquivalenzpunkt kleiner.

Titration von 0,1 n Essigsäure mit Lauge. $K_s = 1,8 \cdot 10^{-5}$. $k_w = 10^{-14}$.

Neutralisiert	[H˙]	p_H	$\dfrac{\varDelta\,p_\mathrm{H}}{\varDelta\,c}$
0 %	$1,35 \cdot 10^{-3}$	2,87	
10 ,,	$1,6\ \cdot 10^{-4}$	3,80	
50 ,,	$1,8\ \cdot 10^{-5}$	4,75	
90 ,,	$2,0\ \cdot 10^{-6}$	5,70	
99 ,,	$1,8\ \cdot 10^{-7}$	6,75	
99,8 ,,	$3,6\ \cdot 10^{-8}$	7,45	0,9
99,9 ,,	$1,8\ \cdot 10^{-8}$	7,75	3,0
100 ,,	$1,35 \cdot 10^{-9}$	8,87	11,3
Überschuß an Lauge			11,3
0,1 %	10^{-10}	10,0	3,0
0,2 ,,	$5 \cdot 10^{-11}$	10,3	0,9
1 ,,	10^{-11}	11,0	

Als Beispiele geben wir in den folgenden Tabellen die Neutralisationskurven von 0,1 n Säurelösungen mit $K_s = 10^{-7}$ bzw. 10^{-9}. Bei der Berechnung von p_H in der Nähe des Äquivalenzpunktes ist der Hydrolyse des Salzes Rechnung getragen worden (vgl. S. 25).

Titration von 0,1 n Säure mit Lauge. $K_s = 10^{-7}$. $k_w = 10^{-14}$.

Neutralisiert	$[\mathrm{H}^\cdot]$	p_H	$\dfrac{\Delta p_H}{\Delta c}$
0 %	10^{-4}	4	
9 ,,	10^{-6}	6	
50 ,,	10^{-7}	7	
91 ,,	10^{-8}	8	
99 ,,	10^{-9}	9	
99,8 ,,	$2,4 \cdot 10^{-10}$	9,62	0,8
99,9 ,,	$1,64 \cdot 10^{-10}$	9,785	1,65
100,0 ,,	$1 \cdot 10^{-10}$	10,00	2,15
Überschuß an Lauge:			
0,1 %	$6,2 \cdot 10^{-11}$	10,215	2,15
0,2 ,,	$4,2 \cdot 10^{-11}$	10,38	1,65
1 ,,	$1 \cdot 10^{-11}$	11,0	0,8

Besonders am nächsten Beispiel sehen wir, daß sich p_H in der Gegend des Äquivalenzpunktes nur sehr wenig — und fast ohne Sprung — ändert. Eine genaue Titration einer 0,1 n Lösung dieser

Titration von 0,1 n Säure mit Lauge. $K_s = 10^{-9}$. $k_w = 10^{-14}$.

Neutralisiert	$[\mathrm{H}^\cdot]$	p_H	$\dfrac{\Delta p_H}{\Delta c}$
0 %	10^{-5}	5	
9 ,,	10^{-8}	8	
50 ,,	10^{-9}	9	
91 ,,	10^{-10}	10	
99 ,,	$1,62 \cdot 10^{-11}$	10,79	0,2
99,7 ,,	$1,16 \cdot 10^{-11}$	10,934	0,2
99,8 ,,	$1,10 \cdot 10^{-11}$	10,954	0,24
99,9 ,,	$1,05 \cdot 10^{-11}$	10,978	0,22
100,0 ,,	$1,00 \cdot 10^{-11}$	11,000	
Überschuß an Lauge			
0,1 %	$9,5 \cdot 10^{-12}$	11,021	0,21
0,2 ,,	$9 \cdot 10^{-12}$	11,041	0,20
1 ,,	$6,1 \cdot 10^{-12}$	11,21	0,20

Säure mit $K_s = 10^{-9}$ wird daher nicht möglich sein. Zur Veranschaulichung des p_H-Verlaufes am Äquivalenzpunkt sind in

Abb. 11 die Neutralisationskurven von 0,1 n Lösungen von Säuren verschiedener Stärke zusammengestellt worden; auch hier wieder wie bisher im beschränkten Bereich zwischen 10% Unterschuß und Überschuß an zugesetzter Lauge.

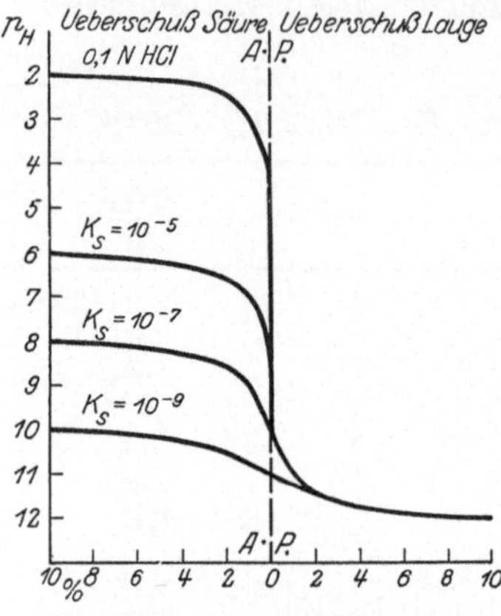

Abb. 11. Titration von 0,1 n Säuren von verschiedenen Dissoziationskonstanten mit Lauge.

Die Neutralisationskurven bei der Titration schwacher Säuren mit schwachen Basen.

Hier erhalten wir eigentlich die Überlagerung zweier Neutralisationskurven, nämlich der einer schwachen Säure mit einer starken Base und der einer schwachen Base mit einer starken Säure. Die Kurven überschneiden einander im Äquivalenzpunkt, der im vorliegenden Fall immer in der Nähe von $p_H = 7$ liegt (oder richtiger in Nähe von $p_H = \frac{1}{2}p_w$). Infolge der Hydrolyse kann dort der p_H-Sprung nie groß sein.

Als Beispiel wählen wir die Neutralisationskurve von 0,1 n Essigsäure mit 0,1 n Ammoniak. Das Volumen wird während der Titration als konstant betrachtet. Für die Berechnung von [H˙] in der Nähe vom Äquivalenzpunkt vgl. Gleichung (72) und (73) S. 27.

Titration von 0,1 n Essigsäure mit 0,1 n Ammoniak.
$$K_s = 10^{-4,75}; \quad K_b = 10^{-4,75}; \quad k_w = 10^{-14}.$$

Neutralisiert	[H˙]	p_H	$\dfrac{\Delta p_H}{\Delta c}$
50 %	$1{,}8 \cdot 10^{-5}$	4,75	
90 ,,	$2{,}0 \cdot 10^{-6}$	5,70	
98 ,,	$3{,}7 \cdot 10^{-7}$	6,43	
99 ,,	$2{,}2 \cdot 10^{-7}$	6,65	
99,6 ,,	$1{,}42 \cdot 10^{-7}$	6,85	0,33
99,8 ,,	$1{,}20 \cdot 10^{-7}$	6,923	0,37
99,9 ,,	$1{,}12 \cdot 10^{-7}$	6,961	0,37
100,0 ,,	$1{,}00 \cdot 10^{-7}$	7,000	**0,39**
Überschuß an Ammoniak			**0,39**
0,1 %	$9{,}14 \cdot 10^{-8}$	7,039	0,38
0,2 ,,	$8{,}38 \cdot 10^{-8}$	7,077	0,37
0,4 ,,	$7{,}08 \cdot 10^{-8}$	7,150	0,33
1 ,,	$4{,}5 \cdot 10^{-8}$	7,35	
2 ,,	$2{,}7 \cdot 10^{-8}$	7,57	

In Abb. 12 ist ein Teil der Neutralisationskurve aufgezeichnet.
Je schwächer Säure und Base sind, um so weniger ändert sich p_H
in der Nähe des Umschlagspunk-
tes. Falls wir bei Verwendung
einer Vergleichslösung (vgl. Kapitel „Titrierfehler") den Endpunkt
mit einer Genauigkeit von 0,2 im
p_H wahrnehmen können, läßt sich
die obengenannte Titration auf
etwa 0,5% genau ausführen.

In der Voraussetzung, daß
der Endpunkt auf 0,2 von p_H
genau zu erkennen ist, führt die

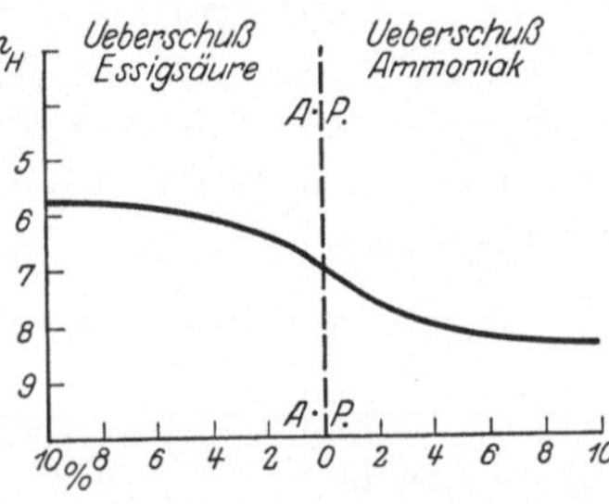

Abb. 12. Titration von 0,1 n Essigsäure
mit Ammoniak.

folgende Tabelle diejenigen Fälle an (mit + bezeichnet!), in denen
eine auf wenigstens 1% genaue Titration möglich ist.

Werte von K_s und K_b	Konzentration			
	1 n	0,1 n	0,01 n	0,001 n
$K_b = K_s = 10^{-5}$	+	+	+	+
$= 10^{-5,5}$	+	+	+	—
$= 10^{-6}$	+	+	—	—
$= 10^{-6.5}$	+	—	—	—
$= 10^{-7}$	—	—	—	—

Die Neutralisationskurven von mehrbasischen Säuren oder Säuregemischen.

Mit Hilfe der Ableitungen in §§ 10 und 11 des ersten Kapitels
vermögen wir die Neutralisationskurven für die oben genannten
Fälle aufstellen.

Zunächst müssen wir die Bedingungen für den ersten Äquivalenzpunkt kennen; für den zweiten, wo auch die schwächere
Säure neutralisiert ist, liegen dann die Verhältnisse nicht anders
als für eine einzelne Säure.

Nach Gleichung (86) ist beim ersten Äquivalenzpunkt:

$$p_H = \frac{1}{2}\left(p_{K_1} + p_{K_2}\right). \tag{86}$$

p_{K_1} und p_{K_2} bezeichnen die Säureexponenten beider Dissoziationsstufen bzw. beider Säuren, welche beide der Einfachheit
halber in gleicher Konzentration angenommen wurden. Falls
wieder der Endpunkt bei Verwendung einer Vergleichslösung

auf 0,2 im p_H genau wahrnehmbar ist und wir eine Genauigkeit von wenigstens 0,5% fordern, so ist auf Grund der Ableitungen in § 11, S. 35 die Titration nur dann brauchbar, wenn K_1 mindestens 10000 mal größer ist als K_2. Hat die zweite Säure eine etwa 100 mal größere Konzentration als die stärkere Säure, so muß das Verhältnis $K_1 : K_2$ wenigstens 10^6 betragen.

Die folgende Tabelle vereinigt abgerundet die Verhältnisse $\frac{K_1}{K_2}$ für die wichtigsten zweibasischen organischen Säuren.

Säure	Verhältnis $K_1 : K_2$	Titrierbarkeit als einbasische Säure
Oxalsäure	abgerundet 1000	nicht genau titrierbar
Weinsäure	10	,, ,, ,,
Zitronensäure.	20	,, ,, ,,
Malonsäure.	500	,, ,, ,,
Äpfelsäure	50	,, ,, ,,
Fumarsäure	20	,, ,, ,,
Phthalsäure	200	,, ,, ,,

Bei all diesen Beispielen ist der Wert $K_1 : K_2$ zu klein für eine genaue Bestimmung als einbasische Säure. Anders bei der schwefligen Säure: Hier beträgt das Verhältnis $K_1 : K_2$ etwa 10^5, und die Bestimmung als einbasische Säure auf Dimethylgelb als Indikator ist daher sehr gut möglich.

Das gleiche gilt für die Phosphorsäure als ein- und zweibasische Säure, wo $K_1 : K_2 =$ abger. 10^5; während $K_2 : K_3 =$ etwa $5 \cdot 10^5$. Bei der Kohlensäure liegen die Verhältnisse etwas ungünstiger.

$$K_1 = 3 \cdot 10^{-7}; \quad K_2 = 6 \cdot 10^{-11}; \quad K_1 : K_2 = 5 \cdot 10^3 .$$

Darum kann sie als einbasische Säure nicht genauer als auf 1% titriert werden.

Im Kapitel Titrierfehler und im praktischen Teil kommen wir hierauf ausführlicher zurück.

In der folgenden Tabelle teilen wir als Beispiel die Neutralisationskurve einer Mischung von 0,1 n Essigsäure und 0,1 n Borsäure in Nähe des ersten Umschlagspunktes mit.

Damit haben wir die wichtigsten allgemeinen Fälle erörtert, die in der Neutralisationsanalyse vorkommen; alle spezielleren können auf diese zurückgeführt werden.

Titration einer Mischung von 0,1 n Essigsäure und 0,1 n
Borsäure mit Natronlauge.
$K_1 = 1{,}8 \cdot 10^{-5}$, $K_2 = 6 \cdot 10^{-10}$, $K_1 : K_2 = 3 \cdot 10^4$.

Laugenzusatz im Äquivalenzverhältnis zur Essigsäure	[H']	p_H	$\dfrac{\Delta p_H}{\Delta c}$
90 %	$2{,}0 \cdot 10^{-6}$	5,70	
95 „	$9{,}4 \cdot 10^{-7}$	6,03	
98 „	$3{,}7 \cdot 10^{-7}$	6,43	
99 „	$2{,}3 \cdot 10^{-7}$	6,64	0,21
100 „	$1{,}03 \cdot 10^{-7}$	6,99	0,35
101 „	$4{,}6 \cdot 10^{-8}$	7,34	0,35
102 „	$2{,}8 \cdot 10^{-8}$	7,55	0,21

§ 4. Die hydrolytischen Fällungsreaktionen. Bei den hydrolytischen Fällungsreaktionen titriert man das Kation einer starken Base mit dem Anion einer sehr schwachen Säure in Form ihres Alkalisalzes, wobei sich ein schwer lösliches oder wenig dissoziiertes Salz bildet, und der Endpunkt durch die sprungweise Änderung der Wasserstoffionen

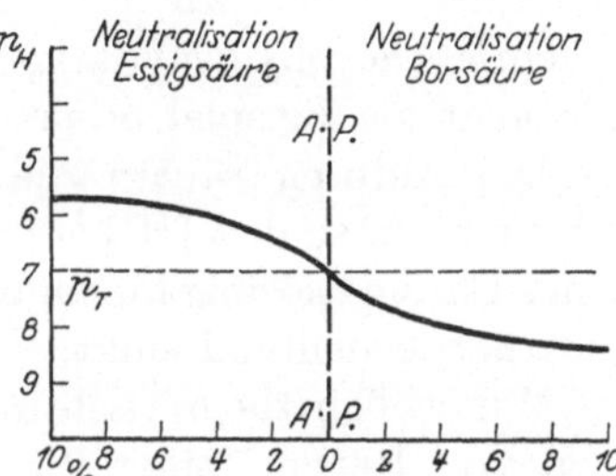

Abb. 13. Titration einer Mischung von
0,1 n Essigsäure und 0,1 n Borsäure
beim ersten Äquivalenzpunkt.

konzentration beim Äquivalenzpunkt wahrgenommen wird. Solange das Anion der schwachen Säure nicht in Überschuß vorhanden ist, ändert sich die Wasserstoffionenkonzentration der Lösung nur wenig; sobald das Kation jedoch vollständig gefällt ist, wird sich die Hydrolyse infolge des Anionüberschusses in einer Abnahme der [H'] stark bemerkbar machen.

Nach demselben Prinzip kann man natürlich auch ein Anion mit dem Kation einer sehr schwachen Base bestimmen, wenn beide ein schwer lösliches — oder wenig dissoziiertes Salz bilden.

Vorbedingung für die Ausführung dieser Art von Titrationen ist, daß die zu titrierende Lösung keine oder nur wenig freie Säure bzw. Base enthält.

Je kleiner das Löslichkeitsprodukt des gebildeten Salzes (oder je kleiner die Dissoziationskonstante der gebildeten wenig dissoziierten Verbindung z. B. $Hg(CN)_2$), und je stärker die Hydrolyse der Maßflüssigkeit ist, um so genauer fallen die Resultate aus.

Eine Anwendung dieser Titriermethode macht man z. B. bei der Härtebestimmung des Trinkwassers. Das Wasser wird zuerst auf Methylorange neutralisiert; sodann wird die freie Kohlensäure ausgekocht, und in der abgekühlten Flüssigkeit werden Calcium und Magnesium mit einer reinen Seifelösung gefällt. Der Endpunkt wird von Phenolphthalein als Indikator angezeigt. Die Seifenlösung ist so stark hydrolysiert, daß ein sehr geringer Überschuß den Indikator schon rötet.

K. JELLINEK[1] hat versucht, verschiedene Anwendungen der hydrolytischen Fällungsreaktionen zu machen, welche aber unserer Erfahrung nach keine genauen Resultate liefern. Im folgenden wollen wir ganz kurz die von ihm und CZERWINSKI[1] beschriebene ,,hydrolytische Fällungsmethode'' des Bariums mit Chromat als Beispiel besprechen.

Die Autoren säuern die zu titrierende Bariumlösung ganz schwach an, so daß $[H^{\cdot}]$ etwa gleich 10^{-4} ist, und fügen dann solange Chromatlösung hinzu, bis die Wasserstoffionenkonzentration plötzlich bedeutend sinkt.

Wir wollen theoretisch die Änderung von $[H^{\cdot}]$ bei der Titration von $100\,\text{cm}^3$ einer $0,1$ molaren Bariumlösung, die auf ein $p_H = 4$ abgestimmt ist, entwickeln.

Für die Berechnung müssen wir kennen:

$$[Ba^{\cdot\cdot}]\,[CrO_4''] = L_{BaCrO_4} = \text{abger. } 2 \cdot 10^{-10}$$

und

$$\frac{[H^{\cdot}]\,[CrO_4'']}{[HCrO_4']} = K_2 = \text{abger. } 5 \cdot 10^{-7}.$$

(Wir lassen dabei die Komplikation durch Bildung von Bichromation:

$$2\,HCrO_4' \leftrightarrows Cr_2O_7'' + H_2O$$

außer acht; sie spielt bei unseren Ableitungen keine wesentliche Rolle.)

Zur Übersichtlichkeit rechnen wir wieder mit einem während der Titration gleichbleibenden Volumen.

Wenn 98% des Bariums gefällt sind, ist $[Ba^{\cdot\cdot}] = 2 \cdot 10^{-3}$.

---

[1] Vgl. K. JELLINEK und J. CZERWINSKI: Z. anorg. u. allg. Chem. Bd. 130, S. 253. 1923; vgl. auch JELLINEK und H. ENS: ebenda Bd. 124, S. 185. 1922; und JELLINEK und KREBS: ebenda Bd. 130, S. 263. 1923.

Dann folgt:

$$[CrO_4''] = \frac{L}{[Ba^{\cdot\cdot}]} = \frac{2 \cdot 10^{-10}}{2 \cdot 10^{-3}} = 10^{-7}.$$

Die CrO_4-Ionen können nun mit den anwesenden Wasserstoffionen reagieren nach der Gleichung:

$$CrO_4'' + H^{\cdot} \leftrightarrows HCrO_4'.$$

Hieraus ergibt sich, daß die Konzentration an Wasserstoffionen, welche von Chromat fortgenommen werden, gleich der Konzentration der gebildeten $HCrO_4$-Ionen sind. Die letztere wollen wir x nennen. Ursprünglich war $[H^{\cdot}]$ gleich 10^{-4}; nach der Reaktion mit den Chromationen ist $[H^{\cdot}]$ also $10^{-4}-x$ und wir haben:

$$\frac{[CrO_4''] \, (10^{-4} - x)}{x} = 5 \cdot 10^{-7}.$$

$[CrO_4'']$ ist in unserem Falle gleich 10^{-7}, und wir finden:

$$x = 1,6 \cdot 10^{-5}$$

und

$$[H^{\cdot}] = 10^{-4} - 0,16 \cdot 10^{-4} = 8,4 \cdot 10^{-5}. \qquad p_{\mathrm{H}} = 4,08$$

Nach Fällung von 98% des Bariums ist $[H^{\cdot}]$ demnach unter den bezeichneten Verhältnissen von $10 \cdot 10^{-5}$ auf $8,4 \cdot 10^{-5}$ gesunken.

Analog berechnen sich die folgenden Stadien der Titration:

Titration 0,1 molar Bariumlösung mit Chromat.
$[H^{\cdot}]$ ursprünglich 10^{-4}.

Ba gefällt	$[H^{\cdot}]$	p_{H}	$\dfrac{\Delta p_{\mathrm{H}}}{\Delta c}$
98 %	$8,4 \cdot 10^{-5}$	4,08	0,08
99 „	$7 \cdot 10^{-5}$	4,16	0,45
99,8 „	$3 \cdot 10^{-5}$	4,52	1,25
100	$1,7 \cdot 10^{-5}$	4,77	2,53
Überschuß Chromat 1%	$5 \cdot 10^{-8}$	7,3	

Die Berechnung von $[H^{\cdot}]$, genau beim Äquivalenzpunkt, wie nach Zusatz eines geringen Chromatüberschusses ist etwas verwickelter; wir wollen hier nicht mehr darauf eingehen. Der größte Sprung im p_{H} tritt hinter dem Äquivalenzpunkt auf. Mit einem geeigneten Indikator, der etwa bei $p_{\mathrm{H}} = 5$ umschlägt, müßte die Titration also der theoretischen Betrachtung nach gute Resultate geben. In unserem Beispiel wählten wir eine ziemlich starke Bariumlösung: $(0{,}1\,\mathrm{m}\,\mathrm{Ba}^{\cdot\cdot}$ mit $0{,}1\,\mathrm{m}\,\mathrm{CrO}_4''\,)$; an verdünnteren Lösungen wird die Änderung von p_H beim Äquivalenzpunkt geringer sein.

Wir wollen als weiteres Beispiel die Titration einer Calciumlösung mit Oxalat verfolgen. Die zweite Dissoziationskonstante der Oxalsäure ist etwa $3 \cdot 10^{-5}$, während das Löslichkeitsprodukt von Calciumoxalat $2 \cdot 10^{-9}$ beträgt. Nehmen wir wieder an, daß eine 0,1 molare Calciumlösung titriert wird, ohne daß dabei das Volumen sich ändert, und daß das anfängliche $p_\mathrm{H} = 4{,}0$ ist, so können wir analog zum Vorstehenden die p_H Änderung beim Äquivalenzpunkt berechnen.

Titration von 0,1 molar Calciumlösung mit Oxalat.
$K_2 = 3 \cdot 10^{-5}, \quad L_{\mathrm{CaC_2O_4}} = 2 \cdot 10^{-9}, \quad [\mathrm{H}^{\cdot}]$ urspr. 10^{-4}.

Ca gefällt	$[\mathrm{H}^{\cdot}]$	p_H	$\dfrac{\varDelta\, p_\mathrm{H}}{\varDelta\, c}$
98 %	$9{,}7 \cdot 10^{-5}$	4,01	
99 „	$9{,}4 \cdot 10^{-5}$	4,03	
100 „	$4{,}3 \cdot 10^{-5}$	4,37	0,34
Überschuß Oxalat			
1 %	$2{,}9 \cdot 10^{-6}$	5,54	1,17

Hier ist also der Sprung im p_H, der auch wieder hinter dem Äquivalenzpunkt liegt, kleiner als bei der Titration der Bariumlösung (s. o.). Dennoch sollte theoretisch die beschriebene Calciumbestimmung mit einem geeigneten Indikator möglich sein. Einige Vorversuche lieferten mir jedoch noch keine guten Resultate. Möglicherweise wird bei der Titration auch ein wenig saures Calciumoxalat $\mathrm{Ca(HC_2O_4)_2}$ gefällt, wodurch unsere Berechnungen nicht ganz mehr zutreffen. Um die Fehlerquellen der hydrolytischen Fällungsreaktionen klarzustellen, wäre es erwünscht, den p_H-Verlauf während der Titration direkt mit Hilfe einer Wasserstoff- oder Chinhydronelektrode zu messen.

Ganz allgemein sei bemerkt, daß viele hydrolytische Fällungsreaktionen nicht angewandt werden können, wenn noch andere Anionen schwacher Säuren bzw. Kationen schwacher Basen von Anfang an zugegen sind. So ist etwa die oben beschriebene Bariumbestimmung mit Chromat in acetathaltigen Lösungen unbrauchbar. Das Acetat ist auch hydrolysiert, dadurch tritt fast keine Änderung im p_H der Flüssigkeit auf, wenn ein Chromatüberschuß hinzugefügt wird.

§ 5. Die Titration komplexbildender Ionen. Für die Bildung eines komplexen Kations aus den Ionen B· und A′ gilt:

$$2\,B^{\cdot} + A' \leftrightarrows B_2A^{\cdot}$$

und

$$\frac{[B^{\cdot}]^2\,[A']}{[B_2A^{\cdot}]} = K'_{\text{kompl}} \, . \tag{100}$$

Wenn wir nun eine Lösung von B·-Ionen von der Konzentration c mit einer Menge A′-Lösung titrieren, die einer Konzentrationsabnahme b an der B·-Ionenkonzentration entspricht, dann ist:

$$[B^{\cdot}] = c - b \, ,$$

und

$$[B_2A^{\cdot}] = \frac{1}{2}\,b \, .$$

Strenggenommen ist $[B^{\cdot}]$ etwas größer als $(c-b)$, denn nach Gleichung (100) werden auch vom komplexen Ion $B_2A^{\cdot}$ in geringem Maße B-Ionen geliefert; aus gleichem Grunde ist $[B_2A]$ etwas kleiner als $^1/_2 b$. Zur Vereinfachung unserer Ableitung mögen diese geringfügigen Korrekturen vernachlässigt werden.

Wir rechnen mit der Gültigkeit vorstehender Ausdrücke und können mit ihrer Hilfe über Gleichung (100) $[A']$ ermitteln:

$$[A'] = \frac{[B_2A^{\cdot}]}{[B^{\cdot}]^2}\,K'_{\text{kompl}} = \frac{b}{2\,(c-b)^2}\,K'_{\text{kompl}} \, .$$

Beim Äquivalenzpunkt gilt nach (101):

$$[A'] = \sqrt[3]{\frac{c}{4}\,K'_{\text{kompl}}} \tag{101b}$$

und

$$[B^{\cdot}] = \sqrt[3]{2\,c\,K'_{\text{kompl}}} \, , \tag{101a}$$

wenn der Neutralteil BA als starker Elektrolyt anzusehen ist.

Geben wir nun einen Überschuß an A-Ionen hinzu, der äquivalent ist einer Konzentration a (also bezogen auf 1 B·), so wird

$$[A'] = \frac{1}{2}\,a \, ,$$

$$[B_2A^{\cdot}] = \frac{1}{2}\,b \, ,$$

$$[B^{\cdot}] = \sqrt{\frac{b}{a}\,K'_{\text{kompl}}} \, .$$

Aus diesen Gleichungen können wir unschwer die Komplexbildungskurve für die einfachen Reaktionen:

$$2\,B^{\cdot} + A' \leftrightarrows B_2A^{\cdot}$$

oder
$$B^{\cdot} + 2\,A' \leftrightarrows BA_2'$$

herleiten.

Praktisch erweist sich der „Neutralteil" BA des komplexen Ions sehr oft als ein schwer lösliches Salz. Vom Punkt beginnender Ausfällung von BA ab dürfen wir uns nicht länger mehr mit den bisherigen Betrachtungen begnügen, sondern müssen auch das Löslichkeitsprodukt von BA in Rechnung ziehen, woraus sich eine Reihe neuer Gleichungen ergibt (siehe unten).

Komplizierter wird die Berechnung, sofern mehrere komplexe Ionen entstehen können, z. B.

$$Hg^{\cdot\cdot} + 3\,CN' \leftrightarrows Hg(CN)_3' ,$$

$$Hg^{\cdot\cdot} + 4\,CN' \leftrightarrows Hg(CN)_4'' .$$

Wir müssen dann die verschiedenen Komplexkonstanten berücksichtigen. Die Berechnungen werden dadurch wesentlich umständlicher; wir brauchen sie bei der geringen praktischen Bedeutung dieser komplizierten Fälle hier nicht näher zu verfolgen.

Beispiel: Zur Veranschaulichung der Berechnungsweise und ihrer Schwierigkeiten wählen wir den ziemlich einfachen Fall der Cyanidtitration mit Silberlösung, die bekanntlich von großer praktischer Bedeutung ist.

Es vollzieht sich folgende Reaktion:

$$2\,CN' + Ag^{\cdot} \leftrightarrows Ag(CN)_2' ,$$

mithin gilt
$$\frac{[Ag^{\cdot}]\,[CN']^2}{[Ag(CN)_2']} = K'_{\text{kompl}} = 10^{-21} .$$

Hier begegnen wir nun der Schwierigkeit, daß das Silbersalz des Silbercyanid-Ions $Ag[Ag(CN)_2]$ (es wird gewöhnlich mit Unrecht Silbercyanid genannt) schwer löslich ist.

Wir haben also auch das Löslichkeitsprodukt vom Silber-Silbercyanid zu beachten

$$[Ag^{\cdot}]\,[Ag(CN)_2'] = L_{Ag[Ag(CN)_2]} = 4 \cdot 10^{12} * .$$

---

* Nach Bodländer und Lucas: Z. anorg. u. allg. Chem. Bd. 41, S. 192. 1904, ist die Silberionenkonzentration in einer gesättigten Silbercyanidlösung $2{,}2 \cdot 10^{-6}$ (25^0); nach Böttger: Z. physik. Chem. Bd. 56, S. 93. 1906, $1{,}6 \cdot 10^{-6}$.

Während der Titration des Cyanids mit Silberlösung wird nun so lange das komplexe Ion gebildet werden, bis

$$[Ag^{\cdot}] = \frac{L}{[Ag(CN)_2']} \,.$$

Von diesem Punkt ab fällt das Silber-Silbercyanid aus, und weiterer Zusatz von Silberlösung kann die Ag-Ionenkonzentration nur wenig mehr ändern.

War die Cyanidlösung ursprünglich 0,1 molar und ändert sich das Volumen während der Titration nicht, dann ist die Konzentration des komplexen Ions beim Äquivalenzpunkt $5 \cdot 10^{-2}$.

Nach Gleichung (101) ist dann:

$$[Ag^{\cdot}] = \sqrt[3]{\frac{c}{4}\,K'_{\text{kompl}}} = 3,0 \cdot 10^{-8}\,. \qquad p_{Ag} = 7,53$$

Die Ausfällung von Silber-Silbercyanid beginnt, wenn:

$$[Ag^{\cdot}] = \frac{L}{c} = \frac{4 \cdot 10^{-12}}{5 \cdot 10^{-2}} = 8 \cdot 10^{-11}\,, \qquad p_{Ag} = 10,9$$

also bevor der Äquivalenzpunkt erreicht ist.

Immerhin ist die Spanne zwischen beiden Punkten so gering, daß diese praktisch fast zusammenfallen (vgl. folgende Tabelle).

In der Tabelle für unser Beispiel (Ag-Lösung gegen 0,1 n Cyanid) ist die Silberionenkonzentration mit Hilfe der Gleichung berechnet worden:

$$[Ag^{\cdot}] = \frac{[Ag(CN)_2']}{[CN']^2} \cdot 10^{-21}\,.$$

Wenn 10% des Cyanids titriert sind, dann ist dessen Konzentration $9 \cdot 10^{-2}$, und die des komplexen Ions $5 \cdot 10^{-3}$.

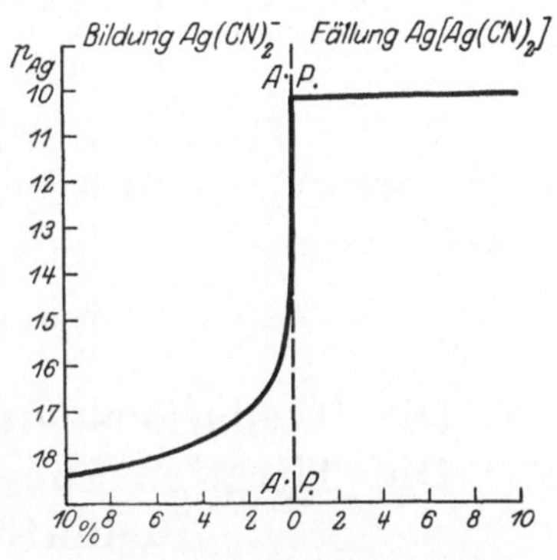

Abb. 14. Titration von 0,1 n Cyanid mit Silbernitrat.

Also ist

$$[Ag^{\cdot}] = \frac{5 \cdot 10^{-3}}{(9 \cdot 10^{-2})^2} \cdot 10^{-21} = 6,2 \cdot 10^{-22}\,. \qquad p_{Ag} = 21,22$$

Auf gleichem Wege wurden die übrigen Werte erhalten. Nachdem 99,9% des Cyanids in das komplexe Ion übergeführt sind, ist $[Ag^{\cdot}]$ gleich $5 \cdot 10^{-15}$. Bei dieser Silberionenkonzentration kann das schwer lösliche Silbersalz noch nicht ausfallen, weil in unserem Falle $[Ag^{\cdot}]$ dazu wenigstens $8 \cdot 10^{-11}$ sein soll. Daher steigt $[Ag^{\cdot}]$ beim Zusatz des letzten Zehntel-Prozentes von $5 \cdot 10^{-15}$ bis $8 \cdot 10^{-11}$.

Bei geringer Mehrzugabe an Silbersalz nimmt $[Ag^{\cdot}]$ praktisch nicht mehr zu.

Titration von 0,1 n Cyanid mit Silbernitrat.
$K'_{kompl} = 10^{-21}$, $L_{Ag[Ag(CN)_2]} = 4 \cdot 10^{-12}$.

Silber äquivalent mit Cyanid	$[Ag^{\cdot}]$	p_{Ag}	$\dfrac{\Delta p_{Ag}}{\Delta c}$
10 %	$6,2 \cdot 10^{-22}$	21,22	
50 „	10^{-20}	20,00	
80 „	10^{-19}	19,00	
90 „	$4,5 \cdot 10^{-19}$	18,35	
95 „	$1,9 \cdot 10^{-18}$	17,72	
98 „	$1,2 \cdot 10^{-17}$	16,91	
99 „	$4,95 \cdot 10^{-17}$	16,31	0,6
99,7 „	$5,5 \cdot 10^{-16}$	15,26	1,5
99,8 „	$1,25 \cdot 10^{-15}$	14,90	3,6
99,9 „	$5 \cdot 10^{-15}$	14,30	6,0
100,0 „	$8 \cdot 10^{-11}$	10,10	42
Überschuß an Silber			
0,1 %	$8 \cdot 10^{-11}$	10,10	0
0,2 „	$8 \cdot 10^{-11}$	10,10	0
1 „	$8 \cdot 10^{-11}$	10,10	

In Abb. 14 wird der Verlauf von p_{Ag} im üblichen Bereich 10% vor und 10% nach dem Äquivalenzpunkt graphisch wiedergegeben.

Drittes Kapitel.

Die Oxydations- und Reduktionsreaktionen. Die Titrationskurven bei Oxydations- und Reduktionstitrationen.

§ 1. **Oxydations- und Reduktionsreaktionen.** Auf die Oxydations- und Reduktionsreaktionen ist bekanntlich eine große Anzahl maßanalytischer Methoden gegründet. Sind die betreffenden Reaktionen umkehrbar, so sind sie auch vom Standpunkt des Massenwirkungsgesetzes aus exakt zu fassen, und wir können die Konzentrationsänderungen während einer Titration berechnen.

Jedoch wollen wir auf eine vollständige mathematische Behandlung dieser Oxydations- und Reduktionsreaktionen verzichten, weil einmal viele solcher Reaktionen nicht streng umkehrbar sind und daher die Gleichungen, die für die reversiblen Reaktionen gelten, nicht mehr zutreffen; andererseits in der maßanalytischen Praxis die exakten Berechnungen nur geringe Anwendung finden.

Wie wir im Kapitel Indikatoren sehen werden, gibt es Substanzen, die auf ein bestimmtes Oxydationspotential mit einer Farbänderung ansprechen. Jedoch sind unsere Kenntnisse dieser Indikatorenart sowie deren Anwendungen noch so gering, daß eine lückenlose Behandlung der Oxydations- und Reduktionsreaktionen unter Einschluß entsprechender Indikatoren in diesem Buche noch verfrüht erscheint.

Bezüglich der rechnerischen Ableitungen, die für die Lehre von den potentiometrischen Titrationen von besonderer Bedeutung sind, sei auf die ausführlichen Darlegungen in den Schriften: ERICH MÜLLER. Die elektrometrische Maßanalyse, und J. M. KOLTHOFF u. N. H. FURMAN: Potentiometric Titrations — verwiesen.

In diesem Kapitel wollen wir uns nur auf die wichtigsten Tatsachen beschränken.

Chemische Vorgänge, bei denen die Wertigkeit einer Substanz durch Aufnahme oder Abgabe von negativen Ladungen, oder was das gleiche ist, von Elektronen geändert wird, nennen wir Reduktionen bzw. Oxydationen. Die Aufnahme von Elektronen ist gleichbedeutend einer Reduktion der Substanz, die Abgabe ihrer Oxydation; z. B.

$$Ag^{\cdot} + e \rightarrow Ag \qquad \text{Reduktion,}$$

$$2\,J' \rightarrow J_2 + 2\,e \qquad \text{Oxydation; oder besser: } 2\,J' - 2\,e = J_2,$$

$$Fe^{\cdots} + e \rightarrow Fe^{\cdot\cdot} \qquad \cdot \text{ Reduktion,}$$

$$Sn^{\cdot\cdot} - 2\,e \rightarrow Sn^{\cdots\cdot} \qquad \text{Oxydation.}$$

e bedeutet dabei ein Elektron.

Da nun in Lösungen keine oder nur sehr wenig freie Elektronen existieren, diese vielmehr bei der Oxydation bzw. Reduktion eines Stoffes von einer anderen, an der Reaktion beteiligten Stoffart aufgenommen bzw. abgegeben werden, ist jeder Oxydationsvorgang zwangsläufig an die Reduktion eines zweiten Stoffes und umgekehrt geknüpft. Bei den — trivial gesprochen

— gewöhnlichen chemischen Reaktionen, etwa auch Titrationen, befinden sich beide Reaktionsteilnehmer miteinander vermischt. In elektrolytischen Oxydations- und Reduktionsprozessen, wo selbstverständlich auch das oben Gesagte gültig ist, gelingt es, beide Reaktionsprodukte räumlich zu sondern.

Wenn die Oxydation bzw. Reduktion einem Gleichgewichtszustande zustrebt, so können wir den Vorgang in eine Gleichung folgender Art fassen:

$$Fe^{\cdots} + e \rightleftarrows Fe^{\cdot\cdot},$$

und nach dem Massenwirkungsgesetz gilt dann:

$$\frac{[Fe^{\cdots}]\,[e]}{[Fe^{\cdot\cdot}]} = K$$

und allgemeiner, wenn n Elektronen an der Reaktion beteiligt sind,

$$\frac{[Ox]\,[e]^n}{[Red]} = K \,. \tag{108}$$

[Ox] stellt die Konzentration der höheren Oxydationsstufe, [Red] die der niederen Oxydationsstufe, also die der reduzierten Form dar und [e] die Elektronenkonzentration, sofern man überhaupt von einer „Elektronenkonzentration" in einer Lösung sprechen und diese als aktive Masse in die Gleichung des Massenwirkungsgesetzes einbeziehen darf. In verschiedene Oxydationsreaktionen spielen auch die Wasserstoffionen hinein; z. B.

$$MnO_4' + \;\; 8\,H^{\cdot} + 5\,e \rightleftarrows Mn^{\cdot\cdot} + 4\,H_2O\,,$$
$$Cr_2O_7'' + 14\,H^{\cdot} + 6\,e \rightleftarrows 2\,Cr^{\cdots} + 7\,H_2O\,.$$

In diesen Fällen hat die Wasserstoffionenkonzentration einen großen Einfluß auf die Gleichgewichtsbedingungen, der in der Gleichung

$$\frac{[MnO_4']\,[H^{\cdot}]^8\,[e]^5}{[Mn^{\cdot\cdot}]} = K$$

seinen Ausdruck findet.

§ 2. Oxydations- und Reduktionspotentiale. Eine nicht angreifbare Elektrode (Platin, Palladium, Gold), in eine Lösung eines Oxydations- oder Reduktionsmittels (Oxydans oder Reduktor) getaucht, nimmt ein bestimmtes Potential an. Je größer [e], also je stärker reduzierend die Lösung ist, um so unedler ist die Elektrode, und je stärker oxydierend die Flüssigkeit, um so edler wird die Elektrode. Das Potential, auf das sich die Elektrode gegenüber der Lösung auflädt, wird das Oxydationspotential genannt.

Das Edelmetall ist eigentlich ein Indikator für $[e]$, sein Potential hängt von der hypothetischen Elektronenkonzentration der Lösung ab, und zwar ist:

$$E = \frac{RT}{F} \ln \frac{A}{[e]}. \tag{109}$$

E bedeutet hier das Potential der Elektrode in Volt, R die Gaskonstante, T die absolute Temperatur, F ist die Anzahl Coulomb, die zur Ladungsänderung eines Grammäquivalentes des Ions nötig ist. ln ist der natürliche Logarithmus; A ist für jedes System eine individuelle Konstante und $[e]$ wieder die Elektronenkonzentration.

Wenn wir die bekannten Werte der verschiedenen Konstanten einführen, den natürlichen Logarithmus auf den dekadischen umrechnen und als Temperatur 18^0C wählen ($T = 291^0$), so ergibt sich

$$E = A' - 0{,}058 \log [e]. \tag{110}$$

Nach Gleichung (108) ist nun:

$$[e] = \sqrt[n]{\frac{[\mathrm{Red}]}{[\mathrm{Ox}]}} K. \tag{111}$$

Durch Einsetzen dieses Wertes in (110) finden wir:

$$E = A' - \frac{0{,}058\,n}{n} \log K - \frac{0{.}058}{n} \log \frac{[\mathrm{Red}]}{[\mathrm{Ox}]}. \tag{112}$$

$A' - \dfrac{0{,}058}{n} \log K$ ist nun wieder eine konstante Größe für jedes System. Für den Fall, daß [Red] und [Ox] einander gleich sind, finden wir:

$$E = A' - \frac{0{,}058}{n} \log K = \varepsilon_0. \tag{113}$$

Diesen Wert ε_0 nennt man das Normalpotential des Systems und bezieht ihn gewöhnlich auf das Potential der Normal-Wasserstoffelektrode (E_H).

Aus (112) und (113) finden wir weiter, daß:

$$E = \varepsilon_0 - \frac{0{,}058}{n} \log \frac{[\mathrm{Red}]}{[\mathrm{Ox}]}. \tag{114}$$

Spielen außerdem noch die Wasserstoffionen bei der Oxydation eine Rolle wie etwa bei den Permanganatreaktionen, so wird

$$E = \varepsilon_0 - \frac{0{,}058}{n} \log \frac{[\text{Red}]}{[\text{Ox}][\text{H}^{\cdot}]^m} \, . \tag{115}$$

n ist die Anzahl Elektronen (Ladungen) und m die Anzahl der Wasserstoffionen nach Maßgabe der Reaktionsgleichung. So ist bei der vorerwähnten Reduktion des Permanganats in saurer Lösung n gleich 5, und m gleich 8. In der Reaktion:

$$\text{Sn}^{\cdots\cdots} + 2\,e \rightleftharpoons \text{Sn}^{\cdot\cdot} \text{ ist } n \text{ gleich } 2 \, .$$

Allerdings ist hierbei zu bedenken, daß besonders verwickeltere Reaktionen, wie die des Permanganats oder Bichromats, nicht streng reversibel sind.

§ 3. Der Zusammenhang zwischen Normalpotential und Gleichgewichtskonstante. Wenn wir einen Zinkstab in eine Kupferlösung tauchen, so spielt sich folgende Reaktion ab:

$$\text{Zn} + \text{Cu}^{\cdot\cdot} \rightleftharpoons \text{Cu} + \text{Zn}^{\cdot\cdot} \, . \tag{116}$$

Dabei werden das metallische Zink oxydiert, die Kupferionen mithin reduziert. Die beiden folgenden „Teilreaktionen" finden also nebeneinander statt:

$$\text{Zn} - 2\,e \rightleftharpoons \text{Zn}^{\cdot\cdot} \, ,$$

$$\text{Cu}^{\cdot\cdot} + 2\,e \rightleftharpoons \text{Cu} \, .$$

Zur Berechnung der Potentiale des Zinkes bzw. des Kupfers können wir Gleichung (114) verwenden. Nun müßten wir in solchem Falle für [Red] die Konzentration des Metalles, also des Zinkes bzw. des Kupfers einsetzen. In der Annahme, daß die Lösung an beiden Metallen gesättigt ist, dürfen wir [Red] für konstant erachten, und wir erhalten:

$$E_{\text{Zn}} = \varepsilon_{0_{\text{Zn}}} + \frac{0{,}058}{2} \log [\text{Zn}^{\cdot\cdot}] \, ,$$

$$E_{\text{Cu}} = \varepsilon_{0_{\text{Cu}}} + \frac{0{,}058}{2} \log [\text{Cu}^{\cdot\cdot}] \, .$$

Die Reaktion, wie sie Gleichung (116) ausdrückt, wird nun so lange verlaufen, bis das Potential des Zinks gleich dem des Kupfers geworden ist [vgl. auch Gleichung (110)]; also bis $E_{\text{Zn}} = E_{\text{Cu}}$.

Dann ist der Gleichgewichtszustand erreicht, und

$$\varepsilon_{0_{Zn}} + \frac{0{,}058}{2} \log [Zn^{..}] = \varepsilon_{0_{Cu}} + \frac{0{,}058}{2} \log Cu^{..} . \qquad (117)$$

Bezogen auf die N-Wasserstoffelektrode ist:

$$\varepsilon_{0_{Zn}} = - 0{,}76 \ \text{Volt} ,$$

$$\varepsilon_{0_{Cu}} = + 0{,}34 \ \text{Volt} .[1]$$

Eingesetzt in Gleichung (117) erhalten wir:

$$0{,}76 + 0{,}34 = 0{,}029 \log \frac{[Zn^{..}]}{[Cu^{..}]} .$$

Im Gleichgewichtszustande ist somit

$$\log \frac{[Zn^{..}]}{[Cu^{..}]} = \frac{1{,}1}{0{,}029} = 37{,}9 ,$$

$$\frac{[Zn^{..}]}{[Cu^{..}]} = 10^{37{,}9} = 0{,}8 \cdot 10^{38} .$$

Die Gleichgewichtskonstante: $K = \dfrac{[Zn^{..}]}{[Cu^{..}]}$ hat also den Wert $8 \cdot 10^{38}$. Das Zink wird so viel Kupfer aus der Lösung abscheiden, bis die Zinkionenkonzentration $8 \cdot 10^{38}$ mal so groß geworden ist wie die der Kupferionen.

Weiter sehen wir, daß der Wert der Gleichgewichtskonstante direkt aus den Werten der Normalpotentiale hervorgeht.

In gleicher Weise, wie oben beschrieben, können wir die Gleichgewichtskonstante für die Reaktion:

$$2 J' + Br_2 \rightleftarrows J_2 + 2 Br'$$

ableiten. Wir wollen dabei annehmen, daß die Lösung an beiden Halogenen gesättigt ist. Dann gilt:

$$\frac{[Br']^2}{[J']^2} = \frac{[Br']}{[J']} = K .$$

Der Vorgang zerfällt in die beiden Teilreaktionen:

$$2 J' \rightleftarrows J_2 + 2 e ,$$

$$Br_2 + 2 e \rightleftarrows 2 Br' .$$

---

[1] Alle folgenden Potentialwerte sind, wie üblich, in Volt ausgedrückt, die Benennung wird bisweilen weggelassen werden.

Nach Einstellung des Gleichgewichtes ist:

$$E_{\mathrm{J_2}} = E_{\mathrm{Br_2}} = \varepsilon_{0_{\mathrm{J_2}}} - 0{,}058 \log [\mathrm{J'}] = \varepsilon_{0_{\mathrm{Br_2}}} - 0{,}058 \log [\mathrm{Br'}]\,,$$

$$\varepsilon_{0_{\mathrm{J_2}}} = + 0{,}54 \,\mathrm{Volt}\,,$$

$$\varepsilon_{0_{\mathrm{Br_2}}} = + 1{,}08 \,\mathrm{Volt}\,.$$

Daraus finden wir, daß

$$\log \frac{[\mathrm{Br'}]}{[\mathrm{J'}]} = \log K = \frac{\varepsilon_{0_{\mathrm{Br_2}}} - \varepsilon_{0_{\mathrm{J_2}}}}{0{,}058} = 9{,}15\,,$$

$$K = 10^{9{,}15} = 1{,}4 \cdot 10^9\,.$$

Im Gleichgewicht ist die Bromionenkonzentration daher ungefähr 10^9 mal so groß wie die der Jodionen, wenn, wie oben vorausgesetzt, die Lösung an beiden Halogenen gesättigt ist.

Wir wollen nun die allgemeine Reaktion:

$$\mathrm{Ox_1} + \mathrm{Red_2} \leftrightarrows \mathrm{Red_1} + \mathrm{Ox_2} \tag{118}$$

ins Auge fassen. Hier wird das Oxydans $\mathrm{Ox_1}$ vom Reduktor $\mathrm{Red_2}$ zu $\mathrm{Red_1}$ reduziert, während gleichzeitig $\mathrm{Red_2}$ zu $\mathrm{Ox_2}$ oxydiert wird. Falls der Vorgang reversibel verläuft, gilt

$$\frac{[\mathrm{Ox_1}]\,[\mathrm{Red_2}]}{[\mathrm{Red_1}]\,[\mathrm{Ox_2}]} = K\,. \tag{119}$$

Wir zerlegen die Reaktion in die beiden Einzelvorgänge:

$$\mathrm{Ox_1} + e \leftrightarrows \mathrm{Red_1}\,,$$

$$\mathrm{Red_2} \leftrightarrows \mathrm{Ox_2} + e\,.$$

(Dabei nehmen wir zunächst an, daß nur ein Elektron sich an der Reaktion beteiligt.)

Jedes System hat sein bestimmtes Oxydationspotential, dessen Wert durch Gleichung (114) bestimmt wird. Hat sich nun bei der Reaktion zwischen $\mathrm{Ox_1}$ und $\mathrm{Red_2}$ (Gleichung 118) das Gleichgewicht eingestellt, so sind die Oxydationspotentiale der beiden Systeme einander gleich, und wir setzen (vgl. S. 67):

$$E = \varepsilon_{0_1} + 0{,}058 \log \frac{[\mathrm{Ox_1}]}{[\mathrm{Red_1}]} = \varepsilon_{0_2} + 0{,}058 \log \frac{[\mathrm{Ox_2}]}{[\mathrm{Red_2}]} \tag{120}$$

und hieraus finden wir:

$$\log \frac{[\mathrm{Ox_1}]\,[\mathrm{Red_2}]}{[\mathrm{Red_1}]\,[\mathrm{Ox_2}]} = \log K = \frac{\varepsilon_{0_2} - \varepsilon_{0_1}}{0{,}058}\,. \tag{121}$$

ε_{0_1} und ε_{0_2} stellen wieder die entsprechenden Normalpotentiale der beiden Systeme dar.

Beispiel:

$$Fe^{\cdots} + Cu^{\cdot} \rightleftarrows Fe^{\cdot\cdot} + Cu^{\cdot\cdot},$$

$$\frac{[Fe^{\cdots}]\,[Cu^{\cdot}]}{[Fe^{\cdot\cdot}]\,[Cu^{\cdot\cdot}]} = K.$$

$$\varepsilon_{0_{Cu^{\cdot} \to Cu^{\cdot\cdot}}} = + 0,18 \text{ Volt},$$

$$\varepsilon_{0_{Fe^{\cdots} \to Fe^{\cdot\cdot}}} = + 0,718 \text{ Volt},$$

$$- \log K = \frac{0,714 - 0,18}{0,058} = 9.05,$$

$$K = 10^{-9,05} = 9 \cdot 10^{-10}.$$

Wir haben damit den einfachsten Fall einer Oxydations-Reduktionsreaktion erörtert. Allgemeiner können wir auch für die Reaktion:

$$a\,Ox_1 + b\,Red_2 \rightleftarrows a'\,Red_1 + b'\,Ox_2$$

die Gleichgewichtskonstante aus den Normalpotentialen ableiten. Weil in den meisten praktisch vorkommenden Fällen a und a' bzw. b und b' einander gleich sind, führen wir diese Vereinfachung ein und erhalten im Anschluß an das Voranstehende:

$$\left\{\frac{[Ox_1]}{[Red_1]}\right\}^a \left\{\frac{[Red_2]}{[Ox_2]}\right\}^b = K. \tag{122}$$

Wir können nun wieder das Oxydationspotential jeder einzelnen Reaktion aufstellen:

$$a\,Ox_1 + x \cdot e \rightleftarrows a\,Red_1.$$

$$E_1 = \varepsilon_{0_1} + \frac{0,058}{x} \log \left\{\frac{[Ox_1]}{[Red_1]}\right\}^a,$$

$$b\,Red_2 \rightleftarrows b\,Ox_2 + x\,e$$

bzw. $$E_2 = \varepsilon_{0_2} + \frac{0,058}{x} \log \left\{\frac{[Ox_2]}{[Red_2]}\right\}^b.$$

Beim Gleichgewichtszustand ist $E_1 = E_2$; und wir finden:

$$\log \left\{\frac{[Ox_1]}{[Red_1]}\right\}^a \cdot \left\{\frac{[Red_2]}{[Ox_2]}\right\}^b = \log K = \frac{x\,(\varepsilon_{0_2} - \varepsilon_{0_1})}{0,058}. \tag{123}$$

Beispiele:

1. $\qquad\qquad 2\,Fe^{\cdots} + Sn^{\cdot\cdot} \rightleftarrows 2\,Fe^{\cdot\cdot} + Sn^{\cdots\cdot\cdot}.$

Mit den Partialreaktionen:

$$2\,\mathrm{Fe}^{\cdots} + 2\,e \rightleftarrows 2\,\mathrm{Fe}^{\cdots} \qquad E_1 = \varepsilon_{0\,\mathrm{Fe}^{\cdots} \rightarrow \mathrm{Fe}^{\cdots}} + \frac{0,058}{2} \log \left\{ \frac{[\mathrm{Fe}^{\cdots}]}{[\mathrm{Fe}^{\cdots}]} \right\}^2 ,$$

$$\mathrm{Sn}^{\cdots} \rightleftarrows \mathrm{Sn}^{\cdots\cdot} + 2\,e \qquad E_2 = \varepsilon_{0\,\mathrm{Sn}^{\cdots\cdot} \rightarrow \mathrm{Sn}^{\cdots}} + \frac{0,058}{2} \log \frac{[\mathrm{Sn}^{\cdots\cdot}]}{[\mathrm{Sn}^{\cdots}]} .$$

In Gleichung (123) ist $a = 2$; $b = 1$; $x = 2$; und

$$- \log \left\{ \frac{[\mathrm{Fe}^{\cdots}]}{[\mathrm{Fe}^{\cdots}]} \right\}^2 \frac{[\mathrm{Sn}^{\cdots}]}{[\mathrm{Sn}^{\cdots\cdot}]} = - \log K = \frac{2\,(\varepsilon_{\mathrm{Fe}} - \varepsilon_{\mathrm{Sn}})}{0,058} .$$

$\varepsilon_{\mathrm{Fe}^{\cdots} \rightarrow \mathrm{Fe}^{\cdots}} = + 0,714\ \mathrm{Volt}$; $\varepsilon_{\mathrm{Sn}^{\cdots\cdot} \rightarrow \mathrm{Sn}^{\cdots}} = + 0,138\ \mathrm{Volt\ (in\ nHCl)}$;
also ist

$$- \log K = 19,5 ,$$
$$K = 10^{-19,5} = 3 \cdot 10^{-20} .$$

2. $\mathrm{MnO_4'} + 8\,\mathrm{H}^{\cdot} + 5\,\mathrm{Fe}^{\cdots} \rightleftarrows \mathrm{Mn}^{\cdots} + 5\,\mathrm{Fe}^{\cdots} + 4\,\mathrm{H_2O}$:

$$\frac{[\mathrm{MnO_4'}][\mathrm{H}^{\cdot}]^8}{[\mathrm{Mn}^{\cdots}]} \left\{ \frac{[\mathrm{Fe}^{\cdots}]}{[\mathrm{Fe}^{\cdots}]} \right\}^5 = K .$$

Die Partialreaktionen sind:

$\mathrm{MnO_4'} + 8\,\mathrm{H}^{\cdot} + 5\,e \rightleftarrows \mathrm{Mn}^{\cdots} + 4\,\mathrm{H_2O}$, $\varepsilon_0 = + 1,52\ \mathrm{Volt\ bei\ }[\mathrm{H}^{\cdot}] = 1$,
    $5\,\mathrm{Fe}^{\cdots} + 5\,e \rightleftarrows 5\,\mathrm{Fe}^{\cdots}$; $\varepsilon_0 = + 0,71\ \mathrm{Volt}$;

also ist

$$x = 5; \quad a = 1; \quad b = 5;$$
$$- \log K = \frac{(1,52 - 0,71)\,5}{0,058} = 68,6 ,$$
$$K = 2,5 \cdot 10^{-69} .$$

§ 4. Die Verhältnisse beim Äquivalenzpunkt. Wenn wir ein $\mathrm{Ox_1}$ mit einem $\mathrm{Red_2}$ titrieren, wobei die Reaktion:

$$\mathrm{Ox_1} + \mathrm{Red_2} \rightleftarrows \mathrm{Red_1} + \mathrm{Ox_2} \qquad (124)$$

stattfindet, so ist beim Äquivalenzpunkt die zugefügte Menge $\mathrm{Red_2}$ gleich der ursprünglichen Menge an $\mathrm{Ox_1}$

$$[\mathrm{Ox_1}] = [\mathrm{Red_2}] . \qquad (125)$$

Nach Gleichung (124) wird gleich viel $\mathrm{Red_1}$ wie $\mathrm{Ox_2}$ gebildet. Daher ist weiterhin beim Äquivalenzpunkt, wo noch kein Überschuß einer der Komponenten vorliegt:

$$[\mathrm{Red_1}] = [\mathrm{Ox_2}] . \qquad (126)$$

Nach allgemeinster Gesetzmäßigkeit (Elektroneutralität der Lösung) gilt endlich:

$$[Ox_1] + [Red_1] = [Ox_2] + [Red_2]\,.$$

Die Gleichgewichtskonstante K der Reaktion ist:

$$K = \frac{[Ox_1]}{[Red_1]} \cdot \frac{[Red_2]}{[Ox_2]}\,. \tag{119}$$

Beim Äquivalenzpunkt ist nun nach (125), (126) und (119)

$$K = \frac{[Ox_1]^2}{[Red_1]^2} = \frac{[Red_2]^2}{[Ox_2]^2}$$

oder:

$$\frac{[Ox_1]}{[Red_1]} = \frac{[Red_2]}{[Ox_2]} = \sqrt{K}\,. \tag{127}$$

Beispiel:

$$Fe^{\cdots} + Cu^{\cdot} \rightleftarrows Fe^{\cdot\cdot} + Cu^{\cdot\cdot}\,,$$

$$-\log K = 9{,}05\,.$$

Für den Äquivalenzpunkt ist daher:

$$\frac{[Fe^{\cdots}]}{[Fe^{\cdot\cdot}]} = \frac{[Cu^{\cdot}]}{[Cu^{\cdot\cdot}]} = \sqrt{K} = 10^{-\frac{9{,}05}{2}} = 3{,}0 \cdot 10^{-5}\,.$$

Wir wollen nun zu dem allgemeinen Fall:

$$a\,Ox_1 + b\,Red_2 \rightleftarrows a\,Red_1 + b\,Ox_2$$

übergehen.

Beim Äquivalenzpunkt haben a-Mole Ox_1 mit b-Molen Red_2 reagiert. Daher ist das Konzentrationsverhältnis der Moleküle bzw. Ionen, die bis dahin noch nicht aufeinander gewirkt haben, auch

$$\frac{[Ox_1]}{[Red_2]} = \frac{a}{b}\,.$$

Ebenso leicht läßt sich zeigen, daß beim Endpunkt:

$$\frac{[Red_1]}{[Ox_2]} = \frac{a}{b}$$

und

$$\frac{[Ox_1]}{[Red_1]} = \frac{[Red_2]}{[Ox_2]}\,. \tag{128}$$

Die Gleichgewichtskonstante K ist nun:

$$\left\{\frac{[Ox_1]}{[Red_1]}\right\}^a \left\{\frac{[Red_2]}{[Ox_2]}\right\}^b = K\,. \tag{129}$$

Aus (128) und (129) folgt:

$$\left\{ \frac{[Ox_1]}{[Red_1]} \right\}^{a+b} = \left\{ \frac{[Red_2]}{[Ox_2]} \right\}^{a+b} = K \,.$$

$$\frac{[Ox_1]}{[Red_1]} = \frac{[Red_2]}{[Ox_2]} = \sqrt[a+b]{K} \,.$$

Beispiel:

$$MnO_4' + 8\,H^{\cdot} + 5\,Fe^{\cdot\cdot} \xrightarrow{\ \longleftarrow\ } Mn^{\cdot\cdot} + 5\,Fe^{\cdot\cdot\cdot} + 4\,H_2O \,.$$

$$a = 1; \quad b = 5;$$

für K haben wir den Wert $10^{-68.6}$ berechnet bei $[H^{\cdot}] = 1$. Dann gilt am Äquivalenzpunkt:

$$\frac{[MnO_4']}{[Mn^{\cdot\cdot}]} = \frac{[Fe^{\cdot\cdot}]}{[Fe^{\cdot\cdot\cdot}]} = \sqrt[6]{K} = 10^{-\frac{68,6}{6}} = 10^{-11,4} = 4 \cdot 10^{-12} \,.$$

Hieraus ergibt sich, daß die Reaktion zwischen Permanganat und Ferro-Ion vollkommen quantitativ verläuft.

§ 5. Die Titrationskurven. In § 2 haben wir ersehen, wie wir aus den Normalpotentialen die Gleichgewichtskonstanten berechnen können, in § 3 hingegen, daß sich aus den Gleichgewichtskonstanten verhältnismäßig einfach die Verhältnisse am Äquivalenzpunkt ermitteln lassen.

Nunmehr können wir mit Hilfe der entwickelten Gleichungen auch die Änderungen der Verhältnisse $\frac{[Ox_1]}{[Red_1]}$ bzw. $\frac{[Red_2]}{[Ox_2]}$ vor und nach dem Äquivalenzpunkt berechnen. Damit lernen wir unter Benutzung der Normalpotentiale jedes Einzelsystems den Gang des Oxydationspotentials während einer Titration kennen und sind imstande, theoretisch die Titrationskurven aufzustellen. Hierzu brauchen wir nur noch die Einzelkonzentrationen an Ox_1, Red_1 bzw. Ox_2 und Red_2 zu berechnen; und das hat keine Schwierigkeit, sobald die totale Menge Ox_1 oder Red_2, welche titriert wird, bekannt ist.

Wir haben z. B. gefunden (vgl. S. 71), daß bei der Titration von Cupro mit Ferri:

$$Cu^{\cdot} + Fe^{\cdot\cdot\cdot} \xrightarrow{\ \longleftarrow\ } Cu^{\cdot\cdot} + Fe^{\cdot\cdot} $$

beim Äquivalenzpunkt

$$\frac{[Cu^{\cdot}]}{[Cu^{\cdot\cdot}]} = \frac{[Fe^{\cdot\cdot\cdot}]}{[Fe^{\cdot\cdot}]} = 3,0 \cdot 10^{-5} \,.$$

Wenn nun die gesamte Eisen- und Kupferkonzentration beim Äquivalenzpunkt je 0,1 molar ist, so ist:

$$[Cu^{\cdot}] = [Fe^{\cdots}] = 3,0 \cdot 10^{-6}.$$

Fügen wir einen Überschuß von 1% an Ferri hinzu, so ist

$$[Fe^{\cdots}] = 10^{-3} \text{ und } [Cu^{\cdot}] = 0,9 \cdot 10^{-8}.$$

Zudem ergibt sich aus den Betrachtungen, daß die Änderung am Verhältnis

$$\frac{[Cu^{\cdot}]}{[Cu^{\cdots}]} \quad \text{und} \quad \frac{[Fe^{\cdots}]}{[Fe^{\cdots}]}$$

unabhängig ist von der Konzentration des Oxydans oder Reduktors, die titriert werden.

Wir wollen uns mit dieser kurzen Zusammenfassung über die Theorie der Oxydations- und Reduktionsreaktionen begnügen und nochmals auf die eingehenderen Darlegungen in der vorerwähnten Literatur[1] hinweisen.

Nur einige Beispiele von Titrationskurven mögen noch gegeben werden, die den Verlauf des Oxydationspotentials während der Titration veranschaulichen. Werden wir später einmal über eine Reihe von Indikatoren verfügen, deren Farben bei einem definierten Oxydations- bzw. Reduktionspotential umschlagen, so wird ihre Auswahl von Fall zu Fall an Hand der einzelnen Titrationskurven zu treffen sein — ähnlich wie uns heute schon in der Neutralisationsanalyse der Verlauf der p_H-Kurve einen bestimmten Indikator vorschreibt.

Titrieren wir Ox_1 mit Red_2 nach der Gleichung:

$$Ox_1 + Red_2 \leftrightarrows Red_1 + Ox_2,$$

so ist nach Reduktion von 9% von Ox_1:

$$E = \varepsilon_{0_1} + 0{,}058 \log \frac{[Ox_1]}{[Red_1]} = \varepsilon_{0_1} + 0{,}058 \log \frac{91}{9} = \varepsilon_{0_1} + 0{,}058.$$

Wenn Ox_1 zur Hälfte reduziert ist, ist

$$[Ox_1] = [Red_1]: \quad \text{und} \quad E = \varepsilon_{0_1}.$$

Nach Reduktion von 91% ist

$$E = \varepsilon_{0_1} - 0{,}058 \quad \text{usw.}$$

---

[1] Vgl. ERICH MÜLLER: Die elektrometrische Maßanalyse. 3. Aufl. Dresden 1926. — KOLTHOFF, J. M. und N. H. FURMAN: Potentiometric Titrations. New York 1926.

Beim Äquivalenzpunkt ist:

$$E = \frac{\varepsilon_{0_1} + \varepsilon_{0_2}}{2},$$

wie sich aus Gl. (120), (125), (126) ableiten läßt.

Fügen wir dann einen Überschuß an Red_2 hinzu, so läßt sich E am einfachsten berechnen aus der Gleichung:

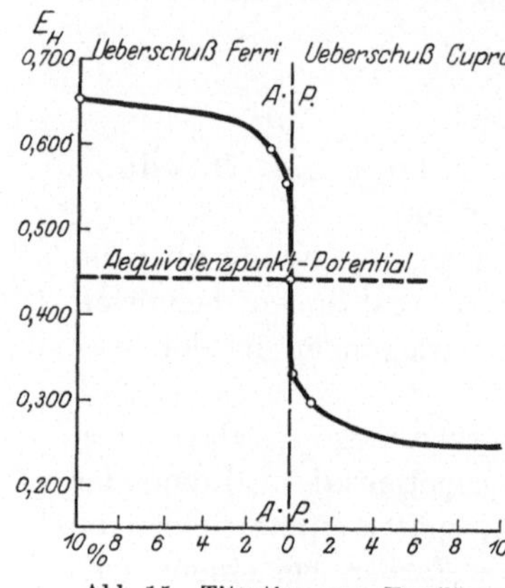

Abb. 15. Titration von Ferrilösung mit Cuprosalz.

$$E = \varepsilon_{0_2} + 0{,}058 \log \frac{[Ox_2]}{[Red_2]}.$$

Auf diese Weise sind die Werte in der untenstehenden Tabelle ermittelt worden.

Am Äquivalenzpunkt tritt also ein starker Sprung im Oxydationspotential auf. Dies zeigt sehr deutlich die graphische Darstellung. In Abb. 15 ist E_H im bisher immer gewählten Bereich (10% vor und hinter dem Äquivalenzpunkt) aufgezeichnet worden.

Endlich wollen wir noch ein Beispiel für die Potentialänderung bei einem Reaktionsverlauf vom Schema geben:

$$2\,Ox_1 + Red_2 \rightleftarrows 2\,Red_1 + Ox_2.$$

Titration von Ferri- mit Cupro-Ion.

$\varepsilon_{0_1} = +\,0{,}714, \quad \varepsilon_{0_2} = +\,0{,}18.$

Ferri reduziert	$\dfrac{[Fe^{\cdots}]}{[Fe^{\cdots}]}$	E_H in Volt
9 %	10	$0{,}714 + 0{,}058 \qquad\quad = 0{,}772$
50 ,,	1	$0{,}714 \qquad\qquad\quad\ = 0{,}714$
91 ,,	0,1	$0{,}714 - 0{,}058 \qquad\quad = 0{,}656$
99 ,,	0,01	$0{,}714 - 2 \qquad \cdot 0{,}058 = 0{,}598$
99,8 ,,	0,002	$0{,}714 - 2{,}7 \quad \cdot 0{,}058 = 0{,}558$
99,9 ,,	0,001	$0{,}714 - 3 \qquad \cdot 0{,}058 = 0{,}540$
100,0 ,,	**0,00003**	$0{,}714 - 4{,}52 \quad \cdot 0{,}058 = \mathbf{0{,}447}$
Überschuß Cupro	$\dfrac{[Cu^{\cdots}]}{[Cu^{\cdot}]}$	
0,1%	1000	$0{,}18 \ + 3 \qquad \cdot 0{,}058 = 0{,}354$
0,2 ,,	500	$0{,}18 \ + 2{,}7 \quad \cdot 0{,}058 = 0{,}336$
1 ,,	100	$0{,}18 \ + 2 \qquad \cdot 0{,}058 = 0{,}298$

Am Äquivalenzpunkt ist:

$$E = \frac{2\,\varepsilon_{0_1} + \varepsilon_{0_2}}{3}\,.$$

Bei Anwesenheit eines Überschusses an Ox_1 kann das Potential in gleicher Weise wie oben bei der Ferri-Cupro-Titration berechnet werden. Wenn Red_2 im Überschuß vorhanden ist, haben wir die Reaktion:

$$Red_2 \rightleftarrows Ox_2 + 2\,e$$

in Rechnung zu ziehen

$$E = \varepsilon_{0_2} + \frac{0{,}058}{2} \log \frac{[Ox_2]}{[Red_2]}\,.$$

Titration von Ferri- mit Stanno-Ion.

$$2\,Fe^{\cdots} + Sn^{\cdot\cdot} \rightleftarrows 2\,Fe^{\cdot\cdot} + Sn^{\cdots\cdot}\,,$$

Partialreaktionen:

$$2\,Fe^{\cdots} + 2\,e \rightleftarrows 2\,Fe^{\cdot\cdot}; \qquad E = \varepsilon_{0_{Fe}} + \frac{0{,}058}{2} \log \left\{ \frac{[Fe^{\cdots}]}{[Fe^{\cdot\cdot}]} \right\}^2 .$$

$$Sn^{\cdot\cdot} \rightleftarrows Sn^{\cdots\cdot} + 2\,e; \qquad E = \varepsilon_{0_{Sn}} + \frac{0{,}058}{2} \log \frac{[Sn^{\cdots\cdot}]}{[Sn^{\cdot\cdot}]}\,,$$

$$\varepsilon_{0_{Fe^{\cdots} - Fe^{\cdot\cdot}}} = +\,0{,}714\,\text{Volt}; \qquad \varepsilon_{0_{Sn^{\cdots\cdot} \to Sn^{\cdot\cdot}}} = +\,0{,}138\,\text{Volt (in nHCl)}\,.$$

Titration von Ferri- mit Stanno-Ion.

Ferri reduziert	$\dfrac{[Fe^{\cdots}]}{[Fe^{\cdot\cdot}]}$	E_H in Volt
50 %	1	$0{,}714$ $= 0{,}714$
91 ,,	0,1	$0{,}714 - 0{,}058$ $= 0{,}656$
99 ,,	0,01	$0{,}714 - 2 \quad \cdot 0{,}058 = 0{,}598$
99,8 ,,	0,002	$0{,}714 - 2{,}7 \cdot 0{,}058 = 0{,}558$
99,9 ,,	0,001	$0{,}714 - 3 \quad \cdot 0{,}058 = 0{,}540$
100,0 ,,	$3{,}2 \cdot 10^{-7}$	$0{,}714 - 6{,}5 \cdot 0{,}058 = \mathbf{0{,}336}$
Überschuß $Sn^{\cdot\cdot}$	$\dfrac{[Sn^{\cdots\cdot}]}{[Sn^{\cdot\cdot}]}$	
0,1%	1000	$0{,}138 + 1{,}5 \cdot 0{,}058 = 0{,}225$
0,2 ,,	500	$0{,}138 + 1{,}35 \cdot 0{,}058 = 0{,}217$
1 ,,	100	$0{,}138 + 1 \quad \cdot 0{,}058 = 0{,}196$

Am Schluß dieses Kapitels wollen wir nochmals besonders hervorheben, daß man ganz allgemein aus den Normalpotentialen der gleichzeitig stattfindenden Einzelreaktionen die Gleichgewichtsbedingungen des gesamten Systems berechnen kann.

In der Maßanalyse wird ein Ion oft mit Hilfe fester Metalle in saurer Lösung zu der niedrigeren Stufe reduziert und dann mit einem Oxydans titriert. So läßt sich Ferri-Ion z. B. durch Zink, Cadmium, Blei und sogar durch Silber in die Ferrostufe überführen. Auch verwendet man Amalgame der unedlen Metalle zur Reduktion; die Überspannung für die Abscheidung des gasförmigen Wasserstoffs an Quecksilber ist viel größer als die an den unedlen Metallen, und daher verläuft die Reduktion mit Amalgamen in saurer Lösung viel ausgiebiger. Im praktischen Teil kommen wir auf die Frage nach der Vollständigkeit dieser Reduktionsarten und auf die Ausführungsweise der Bestimmungen zurück.

Viertes Kapitel.

Die Indikatoren.

§ 1. Allgemeines. Ein Indikator ist ein Stoff, durch dessen Zugabe bei einer Titration der Endpunkt irgendwie sichtbar gemacht werden kann.

Der Indikatoreffekt besteht darin, daß beim Äquivalenzpunkt entweder die Farbe der Flüssigkeit sich ändert oder in klaren Lösungen sich ein Niederschlag bildet (bzw. eine Trübung sich eben auflöst), oder in der Flüssigkeit eine entstandene weiße oder hellgefärbte Fällung eine Änderung ihres Farbtons erfährt. Ganz allgemein können wir also sagen, daß durch die Indikatorwirkung nahe am oder im Äquivalenzpunkt eine mit bloßem Auge leicht wahrnehmbare Änderung in der Beschaffenheit der Lösung (bzw. des Niederschlags) eintritt.

Bisweilen üben die Maßflüssigkeit oder die zu bestimmende Substanz selbst schon die Indikatorfunktion aus; dann braucht man natürlich keinen fremden Stoff noch als Indikator hinzuzufügen.

Ist z. B. das Reagens stark gefärbt und wird es durch die zu bestimmende Substanz entfärbt — oder in wenig gefärbte Verbindungen übergeführt —, so zeigt den Endpunkt die nicht mehr verschwindende Eigenfarbe der Titerlösung an (Titrationen mit Permanganat). Die umgekehrte Erscheinung finden wir bei der Titration von Jod mit Thiosulfat, wo das Verschwinden der gelben Farbe den Endpunkt erkennen läßt.

In den meisten Fällen muß jedoch ein besonderer Indikator zugefügt werden. Wir wollen nun die Indikatorwirkung vom theoretischen Standpunkt aus näher betrachten.

Teils aus theoretischen, teils aus praktischen Gründen empfiehlt es sich, dabei folgende Einteilung zu treffen:

a) Indikatoren bei Oxydations- bzw. Reduktionsreaktionen.

b) Indikatoren in der Neutralisationsanalyse.

c) Indikatoren in der Fällungsanalyse.

§ 2. Indikatoren für Oxydations- bzw. Reduktionsreaktionen. Oxy-Reduktionsindikatoren. Hier müssen wir zwei Fälle unterscheiden:

1. **Der zugefügte Stoff hat eine ganz spezifische Indikatorwirkung für das Oxydans (Ox) oder den Reduktor (Red).** Dies gilt z. B. bei jodometrischen Titrationen für die Stärke, welche mit Jod (oder mit Trijodion J_3') in der Lösung die dunkelblaue sogenannte „Jodstärke" bildet, oder bei anderen Bestimmungen, wie vom Rhodanid, das bei der Oxydation mit bzw. Reduktion von Ferrilösungen den ersten Überschuß bzw. das Verschwinden der Ferri-Ionen anzeigt.

Es ist nicht möglich, eine derartige spezifische Indikatorwirkung von einem allgemeinen Gesichtspunkt aus zusammenfassend zu besprechen. Daher werden wir im praktischen Teil darauf, soweit nötig, von Fall zu Fall zurückkommen.

2. **Der zugefügte Indikator kann selbst oxydiert bzw. reduziert werden, womit eine starke Farbänderung verbunden ist.**

Der Indikator verhält sich also selbst wie ein Oxydans, bzw. ein Reduktor, dessen **oxydierte Form, die wir mit I_{Ox} bezeichnen wollen, eine andere Farbe hat als die reduzierte Form I_{Red}.**

Wir könnten z. B. eine verdünnte Jodlösung bzw. eine verdünnte Jodidlösung als Indikator für Oxydations- bzw. Reduktionsreaktionen betrachten. Von oxydierenden Substanzen mit höherem Oxydationspotential als das Jod wird die Jodidlösung zu Jod oxydiert, von reduzierenden Substanzen mit negativerem Reduktionspotential als das Jodid wird das Jod zu Jodid reduziert. Wenn wir also die Lösung eines starken Red mit einem starken Ox titrieren und Jodid als Indikator zusetzen, so wird erst nach der Oxydation des starken Reduktors Jod aus dem

Jodid in Freiheit gesetzt. Das Umgekehrte findet natürlich statt, sobald wir ein starkes Oxydationsmittel mit einem starken Reduktor titrieren und Jod als Indikator benutzen. Die Wirkung des Indikatorsystems Jod-Jodid, welches wir hier zur Erläuterung gewählt haben, hängt also nicht vom spezifischen Charakter des Oxydans bzw. des Reduktors ab, die wir titrieren, sondern von der gegenseitigen Lage der Oxydationspotentiale des zu titrierenden Systems und des Indikators. Das Jod bzw. Jodid wirkt hier also als ein Indikator für ein bestimmtes Oxydations- bzw. Reduktionspotential. Für uns ist es nun vom größten Interesse, diese neue Art von Indikatoren näher kennen zu lernen.

Zum besseren Verständnis des Folgenden wollen wir diese neue Indikatorfunktion zunächst noch an einem weiteren Beispiel, am Verhalten des Benzidins Oxydationsmitteln gegenüber erläutern.

Das Benzidin $NH_2C_6H_4C_6H_4NH_2$ wird ebenso wie andere Diphenylderivate von Oxydationsmitteln intensiv gefärbt. Aus Benzidin entsteht dabei bei neutraler oder sehr schwach saurer Reaktion eine dunkelblau gefärbte Verbindung, deren Konstitution von W. Schlenk[1] dahin aufgeklärt wurde, daß 1 Mol Amin mit 1 Mol Imin auf 2 Mole Säure eine molekulare Verbindung eingeht, innerhalb deren teilweise chinoide, sog. merichinoide Bindungen wirksam sind.

$$\left[\begin{array}{c} H_2N\langle\rangle\!-\!\langle\rangle NH_2 \\ HN\langle\rangle\!=\!\langle\rangle NH \end{array}\right] \cdot 2\,HCl .$$

In diesem Körper sind je eine Amin- und Imingruppe wahrscheinlich durch Nebenvalenzen verkettet; diesem Umstand ist wohl, neben der chinoiden Struktur, die intensive Farbe zuzuschreiben.

Die meisten Oxydationsmittel führen Benzidin in stark saurer Lösung in gelb gefärbte Verbindungen über, in schwach saurer oder neutraler Lösung, wie schon oben gesagt, in solche von blauer Farbe.

---

[1] Schlenk, W.: Ann. Chem. Bd. 363, S. 313. 1908; vgl. auch Feigl, F.: Chem.-Zg. Bd. 44, S. 689. 1920. — Kolthoff, J. M.: Chem. Weekbl. Bd. 21, S. 2. 1924.

Hiervon wird u. a. Gebrauch gemacht beim Chlornachweis in Wasser; die Empfindlichkeit und Beständigkeit der Farbe ist abhängig von der Wasserstoffionenkonzentration. Chromat, Ferricyanid, Brom, Chlor und andere Stoffe erzeugen mit Benzidin in neutraler Lösung eine Blau- bis Violettfärbung. Eigenartig ist das Verhalten des Jods. Eine rein wässerige Jodlösung gibt eine blaue Farbe; jodidhaltige Jodlösung hingegen reagieren nicht mehr mit dem Benzidin. **Durch den Jodidzusatz wird das Oxydationspotential des Jods so stark heruntergedrückt, daß es nicht mehr zur Oxydation des Benzidins befähigt ist.**

Daß tatsächlich das Benzidin erst bei einem bestimmten Oxydationspotential in die blaue Verbindung übergeführt wird, geht deutlich aus seinem Verhalten gegenüber Ferri-Ferrolösungen hervor. Eine Lösung, die 10 mg Ferri-Eisen im Liter enthält, gibt nach einigem Stehen mit dem Benzidin noch eine violette Färbung. Enthält die Lösung jedoch einen großen Überschuß an Ferro, so tritt keine Reaktion mehr ein. Näheres ergibt sich aus folgender Tabelle:

Reaktion von Benzidin mit Ferri-Ferrochloridgemischen.

Verhältnis Ferri : Ferro	Gesamtmenge Eisen im Liter	Verhalten gegen Benzidinacetat
9 : 1	1000 mg 100 „ 10 „	alle nach 1 Stunde blau-violett
5 : 5	1000 „ 100 „ 10 „	werden allmählich grün
1 : 9	10 „ 1 „ 0,1 „	keinerlei Reaktion

Wir ersehen daraus, daß das Auftreten der Reaktion gar nicht von der gesamten Ferrimenge abhängt, die zugegen ist, **sondern vom Verhältnis Ferri-Ferro.** Hieraus folgt, daß das Benzidin ein Indikator für ein bestimmtes Oxydationspotential ist. Die Bildung der blauen Verbindung aus Benzidin richtet sich **nicht nach der titrierbaren Menge des Oxydans,** sondern nach der **Intensität** dessen oxydierender Wirkung.

Eigentlich liegen die Dinge noch komplizierter. Aus den eingehenden und schönen Untersuchungen von W. M. CLARK, B. COHEN und H. W. GIBBS[1] ergibt sich zwanglos, daß die Oxydationsprodukte von Benzidin und Tolidin nicht stabil sind und bald zersetzt werden[2]. Dies erschwert auch die Anwendung dieser Art Indikatoren zum Nachweis von Oxydationseigenschaften biologischer Systeme. Immerhin vermögen die vorstehend angeführten Versuche die allgemeinen Eigenschaften eines Oxy-Reduktionsindikators deutlich und treffend zu erläutern.

Weil das Oxydationspotential der Mischung eines Oxydans mit einem Reduktor innerhalb weiter Grenzen unbeeinflußt von der Verdünnung ist, so kann auch die Empfindlichkeit eines Indikators für ein bestimmtes Oxydationspotential nicht durch die totale Menge des Oxydans und Reduktors, sondern nur durch deren Verhältnis bedingt sein. Die Indikatoren, welche sich in der beschriebenen Weise verhalten, wollen wir als Oxy-Reduktionsindikatoren oder nach L. MICHAELIS als Redoxindikatoren bezeichnen.

Da man zur Zeit erst so wenige dieser Indikatoren kennt und ihre Anwendung noch sehr gering ist, sehen wir von einer tiefgreifenden theoretischen Behandlung dieses Gegenstandes in unserem Buche ab und beschränken uns auf die wesentlichen allgemeinen Gesichtspunkte[3].

Wenn wir den Übergang der oxydierten Form eines Indikators in seine anders gefärbte reduzierte Form durch die Gleichung ausdrücken:

$$I_{\mathrm{Ox}} + e \xrightarrow{\;\;\;} I_{\mathrm{Red}},$$

wobei I_{Ox} die oxydierte Form, e ein Elektron, I_{Red} die reduzierte Form bezeichnen, so gilt:

$$E = \varepsilon_0 + 0{,}059 \log \frac{[I_{\mathrm{Ox}}]}{[I_{\mathrm{Red}}]} . \qquad (25^0)$$

ε_0 bedeutet hierbei das Normalpotential des Indikator-

---

[1] CLARK W. M., COHEN B, und GIBBS H. D.: Studies on Oxidations and Reductions No. IX Public Health Reports Suppl. No. 54, 1926.

[2] Der Farbumschlag des Benzidins ist nicht reversibel, darum ist es kein geeigneter Indikator in der Oxydimetrie.

[3] In diesem Zusammenhang sei auch auf die jüngst erschienene Monographie von L. MICHAELIS: Oxydations-Reduktionspotentiale, hingewiesen. Berlin: Julius Springer 1929.

systems. Die Farbe des Indikators in einer Lösung ist durch das Verhältnis $[I_{Ox}]$ zu $[I_{Red}]$ bestimmt; sie hängt außer von ε_0 auch vom Oxydationspotential E der Flüssigkeit ab, und zwar ist

$$\log \frac{[I_{Ox}]}{[I_{Red}]} = \frac{E - \varepsilon_0}{0{,}059} \, .$$

Liegt uns ein zweifarbiger Indikator vor, so muß neben überschüssigem I_{Ox} eine meßbare Menge von I_{Red} vorhanden sein, damit unser Auge eine Abweichung von der reinen Farbe des I_{Ox} wahrzunehmen vermag. Umgekehrt ist neben einem Überschuß an I_{Red} eine bestimmte Menge von I_{Ox} erforderlich, um eine Farbtonänderung gegenüber reinem I_{Red} erkennen zu lassen. Im allgemeinen dürfen wir wohl annehmen, daß etwa 10% der einen Form neben der anderen genügen, um einen Unterschied in der Färbung sichtbar zu machen.

Daher ändert für unser Auge ein Indikator seine Farbe zwischen dem Verhältnis $\frac{[I_{Ox}]}{[I_{Red}]} = 10$ (Farbe von I_{Ox}) und $\frac{[I_{Ox}]}{[I_{Red}]} = \frac{1}{10}$ [Farbe von I_{Red}].

Nach obenstehenden Gleichungen entsprechen beide Punkte den Oxydationspotentialen

$$E = \varepsilon_0 \pm 0{,}059 \, . \qquad (25^0)$$

Für den einfachen von uns betrachteten Fall liegt das Umwandlungsintervall des Indikators also zwischen zwei Oxydationspotentialen, deren eines um 59 mVolt größer, deren anderes um 59 mVolt kleiner ist als das Normalpotential des Indikators.

Wo hingegen das Verhältnis von I_{Ox} und I_{Red} durch folgende Gleichung beherrscht wird:

$$I_{Ox} + n\,e \; \rightleftharpoons \; I_{Red} \, ,$$

so ist das Umwandlungsintervall kleiner, und zwar ist es begrenzt durch

$$E = \varepsilon_0 \pm \frac{0{,}059}{n} \, . \qquad (25^0)$$

Wenn wir also das Umwandlungsintervall bzw. Normalpotential des Oxy-Reduktionsindikators kennen, so können wir auch seine Farbe in einer Flüssigkeit von bestimmtem Oxydationspotential voraussagen. Andererseits haben wir in Kapitel 3 gesehen, daß sich die Potentialänderung während einer Titration und besonders der Sprung beim Äquivalenzpunkt berechnen lassen (durch potentiometrische Titration können diese Werte auch praktisch bestimmt werden). Hätten wir nun eine Reihe von Indikatoren verschiedenster Normalpotentiale zur Verfügung, so könnten wir sofort den geeigneten Oxy-Reduktionsindikator für jede bestimmte Titration auswählen.

Wir wollen beispielsweise Cupro- mit Ferrilösung titrieren:

$$Fe^{\cdots} + Cu^{\cdot} \rightleftarrows Fe^{\cdot\cdot} + Cu^{\cdot\cdot} .$$

Ist das Normalpotential des Systems Ferri-Ferro gleich ε_{Fe}, das des Systems Cupri-Cupro gleich ε_{Cu}, so gilt (vgl. S. 71) beim Äquivalenzpunkt:

$$E = \frac{\varepsilon_{Fe} + \varepsilon_{Cu}}{2} .$$

In 0,1% Entfernung auf beiden Seiten des Äquivalenzpunktes gilt:

$$E = \varepsilon_{Fe} - 3 \cdot 0{,}059 \ (\text{Überschuß an Ferri}),$$
$$E = \varepsilon_{Cu} + 3 \cdot 0{,}059 \ (\text{Überschuß an Cupro}).$$

Soll die Titration auf 0,1% genau durchgeführt werden, so müssen wir also einen Indikator verwenden, der sein Umwandlungsintervall hat zwischen den Grenzwerten:

$$E = \varepsilon_{Fe} - 3 \cdot 0{,}059 \ \text{und} \ \varepsilon_{Cu} + 3 \cdot 0{,}059 .$$

Nun ist ε_{Fe} etwa $+ 0{,}71$ Volt; ε_{Cu} etwa $+ 0{,}18$ Volt (bezogen auf die N-Wasserstoffelektrode); das Umwandlungsintervall des Indikators muß also liegen zwischen

$$E_H = + 0{,}54 \ \text{und} \ + 0{,}36 \ \text{Volt} .$$

Für andere Fälle sind die Bedingungen entsprechend aufzufinden (vgl. S. 66).

Wie schon hervorgehoben, sind unsere Kenntnisse von den Oxy-Reduktionsindikatoren leider noch sehr lückenhaft. Es ist eine Aufgabe für die Zukunft, das ganze Gebiet systematisch zu bearbeiten. Einen Anfang damit haben W. M. CLARK und seine Mitarbeiter[1] gemacht. In sehr wertvollen und besonders schönen Untersuchungen hat CLARK theoretisch das Verhalten solcher Indikatoren hergeleitet und bei den Indigosulfonsäuren, Indo-

---

[1] I CLARK, W. M.: Introduction: Public health reports Bd. 38, S. 443. 1923.

phenolen, Lauths Violett und Methylenblau den Einklang zwischen Theorie und praktischer Wirklichkeit festgestellt.

Nun tritt bei all diesen Indikatoren eine Komplikation dadurch auf, daß sie sich alle wie mehrbasische Säuren bzw. Basen verhalten. Daher ist das Potential nicht nur abhängig vom Bruttoverhältnis $[I_{Ox}] : [I_{Red}]$, sondern auch von der Wasserstoffionenkonzentration. Das Normalpotential ändert sich mit der Wasserstoffionenkonzentration, und zwar haben W. M. Clark und B. Cohen[1] in einer Veröffentlichung: „An analysis of the theoretical relations between reduction potentials and p_H" die Theorie für die meist verschiedenen Fälle eingehend besprochen.

---

[1] II Clark, W. M. und B. Cohen: Analysis of the theoretical relations between reduction potentials and p_H. Public health reports Bd. 38, S. 666. 1923.

III Sullivan, M. X., B. Cohen und W. M. Clark: Electrode potentials of mixtures of 1-Naphthol-2-Sulphonic acid indophenol and the reduction product. Public health reports Bd. 38, S. 933. 1923.

IV Sullivan, M. X., B. Cohen und W. M. Clark: Electrode potentials of indigosulphonates each in equilibrium with its reduction product. Public health reports Bd. 38, S. 1669. 1923.

V Cohen, B., H. D. Gibbs und W. M. Clark: Electrode potentials of simple indophenols each in equilibrium with its reduction product. Public health reports Bd. 39, S. 381. 1924.

VI Cohen, B., H. D. Gibbs und W. M. Clark: A preliminary study of indophenols: A. Dibromosubstitution products of phenol indophenol. B. Substituted indophenols of the orthotype. C. Miscellaneous. Public health reports Bd. 39, S. 804. 1924.

VII Gibbs, H. D., B. Cohen und B. K. Cannan: A study of dichlorosubstitution products of phenol indophenol. Public health reports Bd. 40, S. 649. 1925.

VIII Clark, W. M., B. Cohen und H. D. Gibbs: Methyleneblue. Public health reports Bd. 40, S. 1131. 1925.

IX Clark, W. M., B. Cohen und H. D. Gibbs: A potentiometric and spectrophotometric study of meriquinones of the p-phenylene diamine and the benzidine series. Public health reports Bd. 41, Suppl. Nr. 54. 1926.

X Cannan, B. K., B. Cohen und W. M. Clark: Reduction potentials in cell suspensions. Public health reports 1926. Nr. 55.

XI Philips, Max, W. M. Clark und B. Cohen: Potentiometric and spectrophotometric studies of Bindschedler's green and toluylene blue. Public health reports, Suppl. Nr. 61. 1927.

XII Clark, W. M., B. Cohen und M. X. Sullivan: A note on the Schardinger Reaction (in reply to Kodama). Public health reports, Suppl. Nr. 66. 1927.

XIII Gibbs, H. D., W. L. Hall, und W. M. Clark: Preparation of

Von den Indigosulfonsäuren haben SULLIVAN, COHEN und CLARK (IV) die Kaliumsalze von Indigomono-, di-, tri- und -tetrasulfonsäure untersucht. Die Herstellungsweise dieser Salze wird ausführlich in der zitierten Abhandlung mitgeteilt. Die Löslichkeit der Salze steigt mit zunehmender Sulfonierung. Das Monosulfosalz gibt in Wasser eine tiefblaue Lösung, mit weiterer Sulfonierung ändert sich die Farbe deutlich nach rötlich-blau. Die Absorptionsspektra sind genau von W. C. HOLMES (1923) studiert worden. Die reduzierten Formen (Leukoverbindungen) sind farblos.

Aus der sehr schönen Untersuchung ergab sich nun, daß das Potential der Indigosulfonsäuren im Gleichgewicht mit den Leukoverbindungen in die Gleichung gefaßt wird:

$$E_\mathrm{H} = \varepsilon_0 + \frac{0{,}06}{2} \log \frac{[I_\mathrm{Ox}]}{[I_\mathrm{Red}]} + \frac{0{,}06}{2} \log \left\{ K_1\,[\mathrm{H}^\cdot] + [\mathrm{H}^\cdot]^2 \right\}. \qquad (30^0)$$

K_1 ist die Dissoziationskonstante der Säure. In folgender Tabelle sind die Werte zusammengestellt:

System	$\varepsilon_{0\mathrm{H}}$ bei 30^0 in Volt	K_1 bei 30^0
Indigomonosulfonat ⇄ Leukoverbindung . .	+ 0,262	$1{,}6 \cdot 10^{-8}$
Indigodisulfonat ⇄ „ . .	+ 0,291	$4{,}9 \cdot 10^{-8}$
Indigotrisulfonat ⇄ „ . .	+ 0,332	$7{,}7 \cdot 10^{-8}$
Indigotetrasulfonat ⇄ „ . .	+ 0,365	$11{,}2 \cdot 10^{-8}$

Der Wert von ε, bezogen auf die Normalwasserstoffelektrode, ist gültig für eine an H-Ion normale Lösung. Wie die Tabelle zeigt, steigt das Oxydationspotential mit zunehmender Sulfonierung. Dabei liegt es immer noch sehr niedrig, und nur von sehr starken Reduktionsmitteln, wie Titan-III-chlorid, werden die Indigosulfonate zu den farblosen Leukoverbindungen reduziert.

indophenols which may be used as oxidation-reduction indicators. Public health reports, Suppl. Nr. 69. 1928.

XIV HALL, W. L., P. W. PREISLER, und B. COHEN,: Equilibriumpotentials of 2,6-Dibromobenzenone indophenol-2′-sodiumsulphonate, 2,6-Dibromobenzenone indophenol-3′-sodiumsulphonate, 2,6-Dichlorobenzenone indo-2′-chlorophenol and 2,6-Dimethylbenzenone indophenol. Public health reports, Suppl. Nr. 71. 1928.

CLARK, W. M.: Recent Studies on reversible oxidation-reduction in organic system. Chem. Rev. Bd. 2, S. 127. 1925.

Zur praktischen Anwendung können wir die oben gegebene Gleichung an Hand einer Überschlagsrechnung etwas einfacher formen. Es gilt bei

$[H^{\cdot}] > 10^{-8}$: $E_H = \varepsilon_0 + 0{,}03 \log \dfrac{[I_{Ox}]}{[I_{Red}]} + 0{,}06 \log [H^{\cdot}]$
oder
$p_H < 8$ $E_H = \varepsilon_0 + 0{,}03 \log \dfrac{[I_{Ox}]}{[I_{Red}]} - 0{,}06\, p_H$
und bei

$[H^{\cdot}] < 10^{-8}$ $E_H = \varepsilon_0 + 0{,}03 \log \dfrac{[I_{Ox}]}{[I_{Red}]} + 0{,}03 \log [H^{\cdot}]$
oder
$p_H > 8$ $E_H = \varepsilon_0 + 0{,}03 \log \dfrac{[I_{Ox}]}{[I_{Red}]} - 0{,}03\, p_H\,.$

In der dritten Mitteilung beschreiben CLARK und COHEN (l. c.) die Eigenschaften vom Dinatriumsalz des 1-Naphthol-2-Sulfonsäure-Indophenols

$$O = \langle\!\!\!\rangle = N - \langle\!\!\!\rangle \begin{smallmatrix} SO_3Na \\ ONa \end{smallmatrix}$$

Die reduzierte Form hat die Formel:

$$HO\langle\!\!\!\rangle - \overset{H}{N} - \langle\!\!\!\rangle \begin{smallmatrix} SO_3Na \\ ONa \end{smallmatrix}$$

Dieses Dinatriumsalz ist dunkelrot gefärbt und löslich in Wasser, Äthyl- und Methylalkohol und Aceton. Die Farbe der sauren Lösung ist rot, die der alkalischen blau. Die Substanz verhält sich also wie ein Indikator für Wasserstoffionen, und zwar ist ihre Dissoziationskonstante, als Indikator betrachtet, $10^{-8{,}7}$.

Die reduzierte Form dieses Indophenols ist farblos. Die Abhängigkeit des Elektrodenpotentials von der Wasserstoffionenkonzentration ist hier schon viel komplizierter als bei den Indigosulfonsäuren, weil das beschriebene Indophenol drei Dissoziationsstufen und damit drei Dissoziationskonstanten hat. Das Potential ist

$$\left. \begin{aligned}
E_H = \; & + 0{,}544 + 0{,}03 \log \frac{[I_{Ox}]}{[I_{Red}]} \\
& + 0{,}03 \log \{K_2 K_r [H^{\cdot}] + K_r [H^{\cdot}]^2 + [H^{\cdot}]^3\} \\
& - 0{,}03 \log \{K_0 + [H^{\cdot}]\}
\end{aligned} \right\} \quad (30^0)$$

und zwar sind:

$$K_0 = 2{,}1 \cdot 10^{-9}$$
$$K_r = 9{,}0 \cdot 10^{-10}$$
$$K_2 = 2{,}0 \cdot 10^{-11}.$$

K_0 ist die saure Dissoziationskonstante der oxydierten Form, K_r die entsprechende der reduzierten Form, während K_2 die Konstante der Phenolgruppe, die bei der Reduktion entsteht, darstellt. Sobald [H$\cdot$] kleiner ist als 10^{-9}, oder p_{H} größer als 9, dürfen wir die Gleichung folgendermaßen vereinfachen:

$$E_{\mathrm{H}} = + 0{,}544 + 0{,}03 \log \frac{[I_{\mathrm{Ox}}]}{[I_{\mathrm{Red}}]} - 0{,}06\, p_{\mathrm{H}} . \qquad (30^0)$$

In der fünften und sechsten Mitteilung haben CLARK und seine Mitarbeiter (l. c.) das Verhalten von verschiedenen anderen Indophenolen untersucht; sie stellten fest, daß die Einführung von 2 Halogenatomen — wie in 2,6-Dibromphenol-indophenol — die Dissoziationskonstante der Säure so stark erhöht, daß die Substanz auch in ziemlich stark saurer Lösung noch rein blau gefärbt bleibt (vgl. mit dem soeben genannten Dinatriumsalz von 1-Naphthol-2-Sulfonsäure-Indophenol).

Eine Zusammenstellung der gefundenen Werte von ε_0 bei 30^0 gibt folgende Tabelle:

ε_0 von Indophenolen bei 30^0 nach CLARK und Mitarbeitern.

Substanz	$\varepsilon_{0\mathrm{H}}$ in Volt
Phenolindophenol	+ 0,649
o-Bromphenolindophenol	+ 0,659
o-Chlorphenolindophenol	+ 0,663
2,6-Dibromphenolindophenol	+ 0,668
o-Cresolindophenol	+ 0,616
Thymolindophenol	+ 0,592

In allen Fällen gilt dann bei einem p_{H} kleiner als 8:

$$E_{\mathrm{H}} = \varepsilon_0 + 0{,}03 \log \frac{[I_{\mathrm{Ox}}]}{[I_{\mathrm{Red}}]} - 0{,}06\, p_{\mathrm{H}} .$$

Beim Vergleich der Indigosulfonsäuren mit den Phenolindophenolen sehen wir, daß die ersteren bei [H$\cdot$] gleich 1 ein Normalpotential von etwa $+ 0{,}3$ Volt haben, die letzteren aber eins von etwa $+ 0{,}66$ V. Die Indophenole werden daher leichter reduziert als die Indigosulfonsäuren. So müßte bei der Titration von Cupro- mit Ferrisalz in schwach saurer Lösung das 2,6-Dibromphenolindophenol ein geeigneter Indikator sein, während die Indigosulfonsäuren schon zu der blauen Form oxydiert werden, lange bevor der Endpunkt erreicht ist. Nach vorangegangener Ableitung (S. 81) erfordert die Titration von Cupro- mit Ferriion ein Umwandlungsintervall zwischen $E_H = + 0,54$ und $+ 0,36$ Volt. Bei einem p_H von z. B. 4 ist das Normalpotential der Indigosulfonsäuren etwa $+ 0,3 - 4 \cdot 0,06 = + 0,06$ Volt; das des Indophenols $+ 0,66 - 4 \cdot 0,6 = + 0,42$ Volt. Da die Wasserstoffionenkonzentration das Umwandlungsintervall der genannten Indikatoren so wesentlich beeinflußt, kann man durch Aufsuchen und Einstellen der geeignetsten Acidität die günstigen Bedingungen für die Ausführung einer solchen Oxy-Reduktions-Indikatortitration schaffen.

In der achten Mitteilung besprechen W. M. CLARK, BARNETT COHEN und H. D. GIBBS das Verhalten vom Lauthschen Violett und Methylenblau[1]. Eine ausgedehnte Untersuchung ergab, daß ganz reines Methylenblau nicht zu erhalten ist. Alle untersuchten Zubereitungen enthielten sogar nach wiederholter Umkristallisation einen Überschuß an Chlor und Schwefel, zudem kamen elektromotorisch-wirksame Verunreinigungen vor[1].

Die reduzierte Form des Methylenblaus ist in Lösung farblos, im festen Zustande weiß; sie wird Methylenweiß genannt. Die Löslichkeit dieser reduzierten Form entspricht in saurer Lösung einer Konzentration von etwa 0,0005 molar und in alkalischem Mittel von 0,00002 molar. Das Methylenweiß ist lichtempfindlich und wird dabei blau gefärbt.

Das Methylenblau ist eine außerordentlich starke mehrsäurige Base, deren Konstanten zu groß sind, um sie genau bestimmen zu können. Das Methylenweiß hingegen ist eine sehr schwache Base.

Aus den Potentialmessungen ergab sich, daß Salze einen ziemlich großen Einfluß auf das Potential haben. Ebenso wie die Indikatoren der Neutralisationsanalyse unterliegen auch die Oxy-Reduktionsindikatoren einem Salzfehler.

Die Gleichung, welche den Zusammenhang zwischen dem Potential und dem Säuregrad der Lösung wiedergibt, ist sehr kompliziert.

---

[1] Vgl. auch P. HIRSCH und P. RÜTER: Z. anal. Chem. Bd. 69, S. 193. 1926.

Nach CLARK und Mitarbeitern gilt:

$$E_{\mathrm{H}} = \varepsilon_0 + 0{,}03\log\frac{[I_{\mathrm{Ox}}]}{[I_{\mathrm{Red}}]} + 0{,}03\log\frac{K_1[\mathrm{H^{\cdot}}]+k_w}{K_2 K_3[\mathrm{H^{\cdot}}]^2 + K_3[\mathrm{H^{\cdot}}]^3 + [\mathrm{H^{\cdot}}]^4} \quad (30^0)$$

K_1 ist sehr groß, $K_2 = 1{,}35 \cdot 10^{-8}$; $K_3 = 6{,}3 \cdot 10^{-10}$.

K_1 ist die Konstante der polaren Gruppe des Oxydans, K_2 die Konstante der ersten Aminogruppe der reduzierten Form, und K_3 die entsprechende der zweiten Aminogruppe.

Beim $p_{\mathrm{H}} = 0$ ist $E = 0{,}532$ Volt.

Praktisch können wir wohl rechnen, daß zwischen $p_{\mathrm{H}} = 0$ und 5

$$p_{\mathrm{H}} < 5 \qquad E = 0{,}532 + 0{,}03\log\frac{[I_{\mathrm{Ox}}]}{[I_{\mathrm{Red}}]} - 0{,}09\,p_{\mathrm{H}}$$

und bei

$$p_{\mathrm{H}} > 5 \qquad E = 0{,}22\ + 0{,}03\log\frac{[I_{\mathrm{Ox}}]}{[I_{\mathrm{Red}}]} - 0{,}03\,p_{\mathrm{H}}\,.$$

Das Lauthsche Violett wurde von CLARK und Mitarbeitern dargestellt durch Oxydation einer schwefelwasserstoffhaltigen p-Phenylendiaminlösung mit Ferrichlorid (vgl. im Original S. 1138). Das Lauthsche Violett ist das einfachste Thiazin:

$$R_2N\!\!-\!\!\overset{\displaystyle N}{\underset{\displaystyle \overset{\textstyle |}{\text{Cl}}}{S}}\!\!=\!\!RN_2\,. \qquad (\text{Kehrmann})$$

Auch hier wird das Elektrodenpotential durch eine ähnliche komplizierte Gleichung beherrscht, wie sie für das Methylenblau gegeben wurde.

Praktisch können wir jedoch wohl wieder folgende einfache Gleichungen benutzen:

$$p_{\mathrm{H}} < 5 \qquad E_{\text{Lauths Violett}} = 0{,}563 + 0{,}03\log\frac{[I_{\mathrm{Ox}}]}{[I_{\mathrm{Red}}]} - 0{,}09\,p_{\mathrm{H}}\,. \quad (30^0)$$

$$p_{\mathrm{H}} = 5 \text{ bis } 10 \quad E_{\text{Lauths Violett}} = 0{,}26\ + 0{,}03\log\frac{[I_{\mathrm{Ox}}]}{[I_{\mathrm{Red}}]} - 0{,}03\,p_{\mathrm{H}}\,. \quad (30^0)$$

Bei allen Wasserstoffionenkonzentrationen wird das Methylenblau (und auch das Lauthsche Violett) leichter reduziert als die Indigocarmine, jedoch schwerer als die Indophenole. Übrigens ist der Einfluß der Wasserstoffionenkonzentration sehr groß, besonders wenn das p_{H} kleiner als 6 ist. So ist ε_0 des Methylenblaus beim $p_{\mathrm{H}} = 0$ gleich 0,53, beim $p_{\mathrm{H}} = 6$ gleich 0,04 Volt. Bei der Anwendung des Methylenblaus als Indikator muß man dieser Tatsache also Rechnung tragen und die günstigsten Aciditätsbedingungen ausfindig machen.

Die teilweise Oxydation der Diamine führt zu intensiv gefärbten Substanzen, welche nach WILLSTÄTTER und PICCARD[1] mit Chinhydronen vergleichbar sind. Beide Forscher geben diesen Produkten den Namen Merichinone (d. h. teilweise oxydiert), zum Unterschied von den völlig oxydierten Substanzen, welche sie Holochinone nennen. W. M. CLARK, B. COHEN und H. D. GIBBS[2] haben eingehende potentiometrische und spektrophotometrische Untersuchungen an der Oxydation von Diaminen angestellt. Deren ganzes Verhalten erwies sich durch Auftreten von Nebenreaktionen so kompliziert, daß Verbindungen wie Benzidin, Tolidin und p-Phenylendiamin, welche besonders in der biologischen und physiologischen Chemie gern benutzt werden, in physiko-chemischer Beurteilung als Oxy-Reduktionsindikatoren weniger geeignet sind. Oxydiert man die genannten Stoffe, so bleibt das Potential im Verlaufe dieses Vorganges nicht konstant, sondern verschiebt sich schneller oder langsamer nach negativeren Werten zu. Zum Teil erklären dies CLARK und Mitarbeiter daraus, daß sich das primäre Oxydationsprodukt, das sich wie ein Chinon verhält, mit dem ursprünglichen Amin (dem Reduktor) zu einem Mono- oder Dianilid verbindet, wie es folgendes Reaktionsschema für p-Phenylendiamin angibt:

<hr>

[1] WILLSTÄTTER, R. und E. MAYER: Ber. Bd. 37, S. 1494. 1904; WILLSTÄTTER, R. und A. PFANNENSTIEL: Ber. Bd. 38, S. 4605. 1905; WILLSTÄTTER, R. und J. PICCARD: Ber. Bd. 41, S. 1458. 1908.

[2] CLARK, W. M., B. COHEN und H. D. GIBBS: Studies on oxidation and Reduction Nr. IX. A potentiometric and spectrophotometric study of

Es findet also eine Art Autoxydation und -reduktion statt, wobei das Oxydans verschwindet. Dabei spielen sich aber noch verschiedene andere Vorgänge ab. Zunächst ist zu erwähnen, daß sich die Merichinone in wässeriger Lösung nicht wie die Chinhydrone praktisch vollständig in ihre Komponenten aufspalten, sondern je nach dem p_H· ziemlich stark assoziiert bleiben. Nach CLARK und Mitarbeitern zeigt das Oxydationsprodukt von p-Phenylendiamin (WURSTERS Rot) unter bestimmten Verhältnissen noch eine Assoziation von 80%, während diese beim Tolidinsystem nur etwa 8% beträgt.

Bei Anwendung der Gleichung:

$$E = E_0 - 0{,}0301 \log \frac{[\text{Red}]}{[\text{Ox}]}\,, \tag{30^0}$$

hat man also die Bildung des assoziierten Merichinons durch eine Korrektur zu berücksichtigen. Ist dessen Menge gleich [M], und ist die totale Konzentration der reduzierten Form des Diamins gleich [Red], die der oxydierten Form [Ox], dann ist:

$$E = E_0 - 0{,}0301 \log \frac{[\text{Red}] - [\text{M}]}{[\text{Ox}] - [\text{M}]}\,.$$

Der Wert von E_0 ist natürlich wieder in starkem Maße vom p_H abhängig.

Wir wollen diese Verhältnisse jedoch nicht eingehend erörtern; wegen Einzelheiten sei auf die genannte Veröffentlichung von CLARK, COHEN und GIBBS hingewiesen, zumal die zeitlichen Änderungen des Potentials und die auftretenden Seitenreaktionen einer vielseitigen Benutzung dieser Indikatoren sowieso im Wege stehen.

Benzidin: Während des Oxydationsvorganges ist das System viel weniger stabil als Tolidin.

Bei p_H zwischen 0 und 3 ist:

$$E_0 = 0{,}921 - 0{,}060\,p_H\,. \tag{30^0}$$

o-Tolidin (gibt bei der Oxydation eine blau oder grün gefärbte Lösung): Zwischen $p_H = 0$ bis 3:

$$E_0 = 0{,}873 - 0{,}060\,p_H\,. \tag{30^0}$$

---

meriquinones of the p-phenylene diamine and benzidine series. Public health reports, Suppl. Nr. 54. 1926.

p-Aminodimethylanilin liefert bei der Oxydation das sogenannte WURSTERS Rot[1], das nach WILLSTÄTTER und PICCARD (l. c.) folgende Zusammensetzung hat (Oxydation durch Brom):

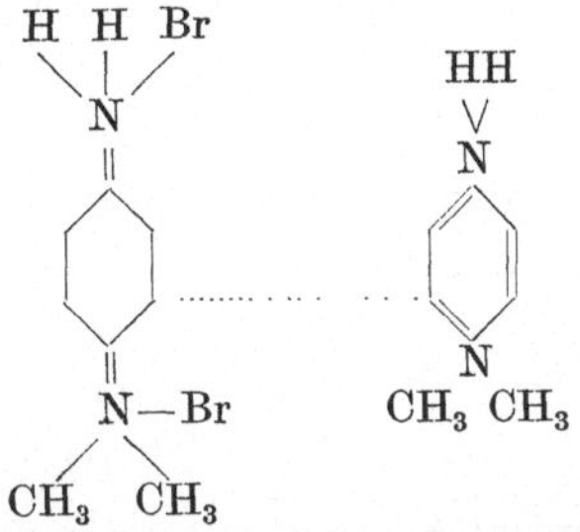

$$\text{H H Br} \qquad \text{HH}$$

Eine Wurstersrot-Lösung zersetzt sich um so schneller, je kleiner deren Wasserstoffionenkonzentration ist.

Zwischen $p_H = 0$ bis 3:

$$E_0 = 0{,}751 - 0{,}060\, p_H\,.$$

Das sogenannte WURSTERS Blau wird bei der teilweisen Oxydation von Tetramethyl-p-phenylendiamin-Lösungen gebildet. Nach WILLSTÄTTER und PICCARD ist es ein Merichinon von wechselnder Zusammensetzung.

In der elften Mitteilung beschreiben MAX PHILLIPS, W. M. CLARK und B. COHEN[2] die Eigenschaften von BINDSCHEDLERS Grün und Toluylenblau. (Herstellung vgl. Original[1].) Beide Substanzen sind basische Farbstoffe, die freien Basen sind unbeständig und zersetzen sich schnell (besonders BINDSCHEDLERS Grün). Man hat sie daher mit Vorsicht zu gebrauchen. Außerdem stehen andere beständigere Indikatoren mit ähnlichen Reduktionspotentialen zur Verfügung. BINDSCHEDLERS Grün, ein Indamin, hat folgende Konstitution:

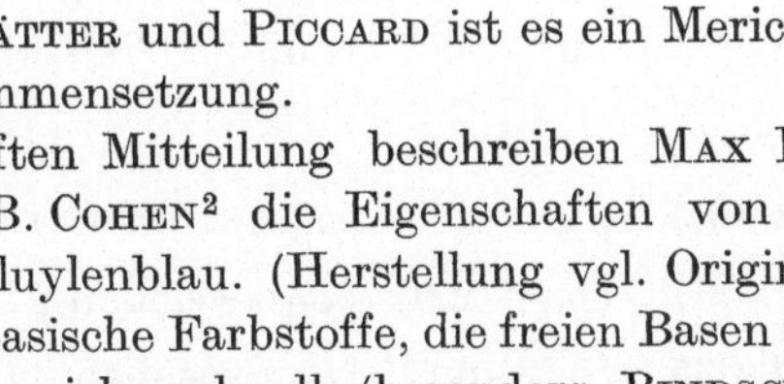

$$(CH_3)_2N\text{—}N=\text{}=N(CH_3)_2\cdot Cl\,.$$

---

[1] WURSTER, E. und R. SENDTNER: Ber. Bd. 12, S. 1803. 1879.

[2] PHILLIPS, M., W. M. CLARK, B. COHEN: Public health reports Nr. 61. 1927.

Dem Toluylenblau entspricht eine der beiden Formeln:

$$\text{H}_3\text{C}\!\!\diagup\!\!\diagdown\;\text{N}\!\!=\!\!\diagup\!\!\diagdown\;\qquad \text{oder} \qquad \text{CH}_3\!\!\diagup\!\!\diagdown\;=\!\!\text{N}\!-\!\!\diagup\!\!\diagdown$$

Das Reduktionspotential hängt folgendermaßen vom Konzentrationsverhältnis der oxydierten Form [Ox] und der reduzierten Form [Red] ab:

$$E = E_0 - 0{,}030 \log \frac{[\text{Red}]}{[\text{Ox}]}. \tag{30^0}$$

Das Normalpotential E_0 wechselt in komplizierter Weise mit der Wasserstoffionenkonzentration. Für praktische Zwecke genügen folgende aus der zitierten Mitteilung abgeleitete Zahlen:

BINDSCHEDLERs Grün:

$$E_0 = 0{,}66\ \ -0{,}057 \cdot p_\text{H} \qquad [p_\text{H} \text{ zwischen } 0 \ \ \rightarrow\ \ 3{,}0] \ (30^0)$$
$$E_0 = 0{,}49\ \ -0{,}076 \cdot (p_\text{H}-3{,}0) \quad [p_\text{H} \text{ zwischen } 3{,}0 \rightarrow\ \ 5{,}5]$$
$$E_0 = 0{,}30\ \ -0{,}051 \cdot (p_\text{H}-5{,}5) \quad [p_\text{H} \text{ zwischen } 5{,}5 \rightarrow\ \ 7{,}0]$$
$$E_0 = 0{,}232-0{,}034 \cdot (p_\text{H}-7{,}0) \quad [p_\text{H} \text{ zwischen } 7{,}0 \rightarrow 10{,}0]$$

Toluylenblau:

$$E_0 = 0{,}60\ \ -0{,}085\ \ \cdot p_\text{H} \qquad [p_\text{H} \text{ zwischen } 0 \ \ \rightarrow\ \ 2{,}0]$$
$$E_0 = 0{,}43\ \ -0{,}0675 \cdot (p_\text{H}-2{,}0) \quad [p_\text{H} \text{ zwischen } 2{,}0 \rightarrow\ \ 6{,}0]$$
$$E_0 = 0{,}16\ \ -0{,}035\ \ \cdot (p_\text{H}-6{,}0) \quad [p_\text{H} \text{ zwischen } 6{,}0 \rightarrow 10{,}0].$$

Es sei hier noch erwähnt, daß E. BIILMANN und J. H. BLOM[1] das Potential einiger Azo-Hydrazoverbindungen bestimmt haben.

L. RAPKINE, A. P. STRUYK und R. WURMSER[2] haben von einigen Vitalfarbstoffen, welche für die Oxydationspotentialbestimmung des Zellinneren verwandt werden können, die angenäherten Redoxpotentiale nach der CLARKschen Methode bestimmt. Die reduzierte Form der Farbstoffe ist farblos; dabei sei bemerkt, daß das Janusgrün zwei Farbumschläge liefert: zunächst

---

[1] BIILMANN, E. und J. H. BLOM: J. chem. Soc. Lond. Bd. 125, S. 1719. 1924.

[2] RAPKINE, STRUYK u. WURMSER: J. chim. Phys. Bd. 26, S. 340. 1929.

Farbstoff	Formel	Oxydations-potential	im p_H-Bereich
Kresol-blau (GRÜBLER)	H_3C ... N ... $(C_2H_5)_2N$ ... O ... NH_2 ... Cl	$\varepsilon_{0H} = 0,200-0,065(p_H-4)$ $\varepsilon_{0H} = 0,060-0,033(p_H-6)$	4—6 6—9
Toluidin-blau (GRÜBLER)	N ... CH_3 ... $(CH_3)_2N$ ... S ... NH_2 ... Cl	$\varepsilon_{0H} = 0,170-0,065(p_H-4)$ $\varepsilon_{0H} = 0,040-0,033(p_H-6)$	4—6 6—9
Nilblau (GRÜBLER)	N ... $(C_2H_5)_2N$ ... O ... NH_2 ... SO_3H	$\varepsilon_{0H} = 0,060-0,065(p_H-4)$	4—7
Kresyl-violett (KROLL)	N ... H_2N ... O ... NH_2 ... Cl	$\varepsilon_{0H}=-0,080-0,045(p_H-5)$ $\varepsilon_{0H}=-0,170-0,022(p_H-7)$	5—7 7—9
Janusgrün (KROLL)	N ... $(CH_3)_2N$ ... N ... Cl ... N ... N ... N ... $(CH_3)_2$	$\varepsilon_{0H}=-0,115-0,072(p_H-5)$	5—9
Neutral-rot (GRÜBLER)	N ... CH_3 ... $(CH_3)_2N$ ... N ... $NH_2 \cdot HCl$	$\varepsilon_{0H}=0,205-0,062(p_H-5)$	5—9

von blau nach rosa und weiter von rosa nach farblos. Nur der zweite Umschlag ist reversibel.

Aus den von den Autoren wiedergegebenen Kurvendarstellungen habe ich für die in vorstehender Tabelle (S. 93) aufgeführten p_H-Werte die Oxydationspotentiale näherungsweise berechnet.

Diphenylamin und Diphenylbenzidin.

1924 hat J. KNOP[1] in Diphenylamin einen vorzüglichen Indikator für die Ferrobestimmung mit Dichromat erkannt (vgl. Band II); der Umschlag des Indikators von farblos nach violettblau verläuft reversibel. Nach späterer Feststellung eignet sich auch Diphenylbenzidin für den gleichen Zweck.

Diphenylamin und Diphenylbenzidin scheinen sich demnach wie ideale Redoxindikatoren zu verhalten, und darüber haben J. M. KOLTHOFF und S. L. SARVER[2] eingehende Studien angestellt. Dabei zeigte sich nun, daß Diphenylamin in saurem Medium von starken Oxydationsmitteln, wie Dichromat oder Permanganat, zunächst irreversibel zu Diphenylbenzidin oxydiert wird

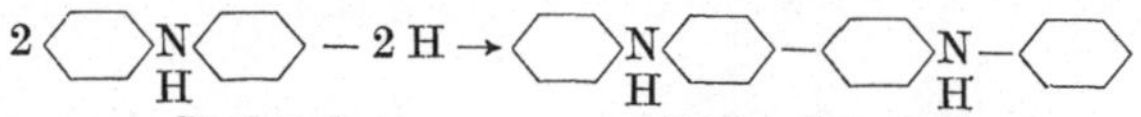

$$2\ \langle \bigcirc \rangle\!-\!\underset{H}{N}\!-\!\langle \bigcirc \rangle \ -\ 2\,H \rightarrow \langle \bigcirc \rangle\!-\!\underset{H}{N}\!-\!\langle \bigcirc \rangle\!-\!\langle \bigcirc \rangle\!-\!\underset{H}{N}\!-\!\langle \bigcirc \rangle$$

Dyphenylamin   Diphenylbenzidin

Letzteres wird weiter reversibel zu einer violetten (oder in stark saurer Lösung blauen) holochinoiden Verbindung oxydiert:

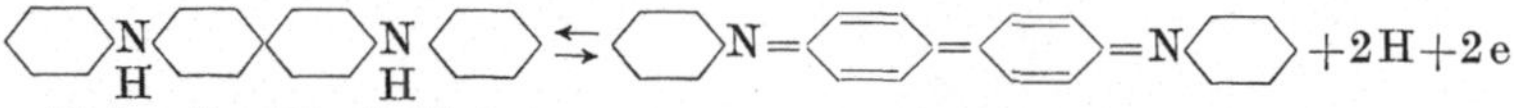

$$\langle \bigcirc \rangle\!-\!\underset{H}{N}\!-\!\langle \bigcirc \rangle\!-\!\langle \bigcirc \rangle\!-\!\underset{H}{N}\!-\!\langle \bigcirc \rangle \ \underset{\rightarrow}{\leftarrow}\ \langle \bigcirc \rangle\!-\!N\!=\!\langle \bigcirc \rangle\!=\!\langle \bigcirc \rangle\!=\!N\!-\!\langle \bigcirc \rangle +2\,H+2\,e$$

Diphenylbenzidin (farblos)   Diphenylbenzidin violett

Der Farbumschlag nach Violett (bzw. von violett nach farblos) erfolgt bei $E_H = 0{,}76 \pm 0{,}1$ Volt (gegen die Normal-Wasserstoffelektrode), dieser Wert ist praktisch von der Wasserstoffionenkonzentration unabhängig.

Bei der Benutzung von Diphenylamin oder -benzidin begegnet man mancherlei Schwierigkeiten, welche im folgenden kurz zusammengefaßt sind (wegen Einzelheiten vgl. KOLTHOFF und SARVER l. c.).

---

[1] KNOP, J.: J. Am. Chem. Soc. Bd. 46, S. 263. 1924.

[2] KOLTHOFF, J. M. u. S. L. SARVER: Z. Elektrochem Bd. 36, S. 139. 1930. J. Am. Chem. Soc. Bd. 52. 1930.

1. Die Oxydation des Diphenylamins zu Diphenylbenzidin ist irreversibel. Besonders in stärker sauren Lösungen kann nach Zusatz einer kleinen Menge des Oxydationsmittels schon ein Teil des Benzidins weiter oxydiert werden, bevor alles Amin in Diphenylbenzidin umgesetzt ist.

2. Das holochinoide violette Oxydationsprodukt bildet mit dem unverbrauchten Diphenylbenzidin ein sehr schwer lösliches, grünes Merichinoid. Die Abscheidung dieser grünen Molekularverbindung kann unter Umständen auch bei analytischen Bestimmungen stören.

3. Diphenylbenzidin ist in Wasser sehr schwer löslich, etwa 0,06 mg je L. Da die Dissoziationskonstante der Base sehr klein ist (nach unseren Versuchen etwa 2×10^{-14}), nimmt die Löslichkeit in saurer Lösung nur langsam zu.

4. Die holochinoide violette Verbindung ist nicht stabil und wird leicht irreversibel durch überschüssiges Dichromat, Permanganat usw. zu nicht oder nur schwach gefärbten Endprodukten oxydiert.

Von analytischer Bedeutung sind demnach folgende Punkte:

a) Wenn Diphenylamin als Indikator bei der Bestimmung von reduzierenden Substanzen (wie Ferro) mit Bichromat benutzt wird, so muß eine äquivalente Menge des letzteren verbraucht werden zur Umsetzung des Diphenylamins zu Diphenylbenzidin, ehe die gefärbte Holochinoidverbindung entstehen kann. Wir sind zur Zeit noch mit systematischen Untersuchungen beschäftigt, um einen quantitativen Ausdruck für die Korrekturen zu finden, welche unter wechselnden Umständen anzubringen sind.

b) Bei der Titration von Chromat, Vanadat usw. mit Ferrolösung und Diphenylbenzidin als Indikator ist eine Korrektur erforderlich, weil die violette oder blaue Holochinoidverbindung nicht ganz wieder zu farblosem Diphenylbenzidin, sondern nur bis zum grünen, unlöslichen Merichinoidkörper reduziert wird. Ferner hängt der Betrag der Korrektur von der Zeitdauer zwischen Indikatorzusatz und Beobachtung des Endpunktes ab, da die Holochinoidverbindung in Gegenwart überschüssigen Oxydationsmittels unbeständig ist. Wird Diphenylamin zu diesen Titrationen verwandt, so muß die Korrektur entsprechend noch größer ausfallen.

Zusammenfassend werden in untenstehender Tabelle die Oxydationspotentiale der wichtigsten Oxy-Reduktionsindikatoren vereinigt:

E_0-Werte verschiedener Oxydations-Reduktionsindikatoren bei 30° bei p_H zwischen 5,0 und 9,0 (nach CLARK und Mitarbeitern).

p_H	Indigo-disul-fonat	Indigo-trisul-fonat	Indigo-tethra-sulfonat	Me-thylen-blau	To-luen-blau	1 Naph-thol-2 Sulfon-Indo-3′ 5′ Di-chloro-phenol	1 Naph-thol-2 Sulfon-Indo-phenol	2,6 Di-chloro-phe-nol-In-do o-Cresol	2,6 Di-chloro-phe-nol-In-dophe-nol	m. Bro-mo-phe-nol-indo-phe-nol
5,0	−0,010	+0,032	+0,065	+0,101	0,221	+0,261	—	+0,335	+0,366	+ —
5,4	−0,034	+0,008	+0,041	+0,077	0,196	+0,236	—	0,307	0,339	—
5,8	−0,057	−0,016	+0,017	+0,056	0,173	+0,210	—	0,277	0,310	—
6,2	−0,081	−0,039	−0,006	+0,039	0,152	+0,181	+0,171	0,245	0,279	—
6,6	−0,104	−0,061	−0,027	+0,024	0,132	+0,150	+0,147	0,212	0,247	—
7,0	−0,125	−0,081	−0,046	+0,011	0,115	+0,119	+0,123	0,181	0,217	0,248
7,4	−0,143	−0,099	−0,062	−0,002	0,101	+0,088	+0,099	0,152	0,189	0,221
7,8	−0,160	−0,114	−0,077	−0,014	0,088	+0,060	+0,074	0,125	0,162	0,193
8,2	−0,174	−0,127	−0,090	−0,026	0,075	+0,034	+0,049	0,099	0,137	0,163
8,6	−0,187	−0,140	−0,102	−0,038	0,063	+0,010	+0,023	0,075	0,113	0,133
9,0	−0,199	−0,152	−0,114	−0,050	0,041	−0,012	−0,003	0,050	0,089	0,103

Man verwendet bisweilen in der Oxydimetrie (bzw. Redukto-metrie) auch Indikatoren, deren Farbumschlag nicht reversibel ist. Im allgemeinen sind derartige Indikatoren nicht zu emp-fehlen, weil durch örtlichen Überschuß an Reagens ein Teil des Indikators leicht zerstört wird und die Farbe schon vor dem Endpunkt abzublassen beginnt. Unter Umständen können diese Indikatoren von Nutzen sein, besonders wenn sie mit großer Empfindlichkeit einen Überschuß an Oxydans nachzuweisen vermögen. Zu diesem Indikatortypus gehören z. B. die Diazo-farbstoffe, von denen besonders Methylrot und Methylorange sehr geeignet sind. In saurer Lösung sind sie intensiv rot gefärbt, von starken Oxydationsmitteln, wie Permanganat, Brom usw. werden sie entfärbt. Vergleichbar mit diesen Diazoindikatoren ist der Indigo, dessen Sulfosäuren zum gleichen Zweck verwendet werden.

Im praktischen Teil wird die Empfindlichkeit dieser Indika-toren für Oxydationsmittel ausführlicher zu besprechen sein.

§ 3. **Die Indikatoren der Neutralisationsanalyse.** Die Indika-toren der Neutralisationsanalyse lassen sich unter einheitlichem Gesichtspunkt behandeln, weil sie alle, gleichviel welcher chemischen Natur sie sind, spezifisch auf Wasserstoff- bzw. Hydroxyl-ionen reagieren. Sie sind ein dankbares Studienobjekt, einmal wegen ihrer Bedeutung für die analytische Praxis, und mehr noch dadurch, daß ihre praktische Anwendung auf einer strengen theoretischen Begründung fußt.

Wir wollen hier die Eigenschaften der gebräuchlichsten Indikatoren besprechen und diejenigen außer acht lassen, die im allgemeinen in der Maßanalyse nicht verwendet werden (wie ammoniakalische Kupferlösung, welche von Säuren entfärbt wird, oder Ferrisalicylat, oder Schwermetallsalze, welche von einem Basenüberschuß ausgefällt werden).

Alle praktisch benutzten Farbenindikatoren sind organische Substanzen; sie verhalten sich wie schwache Säuren oder Basen, die im nicht dissoziierten Zustande anders gefärbt sind als in Form ihrer Ionen. Diese Definition von WILHELM OSTWALD ist öfters angefochten worden[1], strenggenommen ist sie dahingehend zu erweitern: „Indikatoren sind Säuren oder Basen, deren ionogene Form eine andere Farbe und Konstitution hat als die Pseudo- oder normale Form". In didaktischer Hinsicht mag man ruhig an der Ostwaldschen Definition festhalten, kann man doch mit ihrer Hilfe einfach und übersichtlich das Verhalten der Indikatoren qualitativ und rechnerisch verstehen.

Ein Indikator, als Säure betrachtet, wird in wässeriger Lösung zu bestimmten Teilen mit seinen Ionen im Gleichgewicht stehen nach der Gleichung:

$$HI \rightleftharpoons H^{\cdot} + I'.$$

Hierin stellt HI die saure Form vor, welche die „saure Farbe" hat, und I' die alkalische Form mit der „alkalischen Farbe". Das Verhältnis zwischen HI und I' wird quantitativ beherrscht durch die Gleichung:

$$\frac{[H^{\cdot}]\,[I']}{[HI]} = K_{HI},$$

so daß

$$\frac{[I']}{[HI]} = \frac{K_{HI}}{[H^{\cdot}]}.$$

Die Farbe des Indikators hängt nun ab vom Verhältnis $[I'] : [HI]$.

---

[1] Für Einzelheiten, auch über die Eigenschaften von den Farbindikatoren vgl. J. M. KOLTHOFF: Der Gebrauch von Farbindikatoren. 3. Aufl. Berlin 1926.

In Lösungen, wo $[\text{H}^{\cdot}] = [K_{\text{HI}}]$, muß $[\text{I}']$ gleich $[\text{HI}]$ sein; die Konzentration der sauren Form ist dann der der alkalischen gleich; der Indikator ist zur Hälfte „umgeschlagen". Aus der Gleichung folgt weiter, daß der Farbumschlag nicht plötzlich eintritt, sondern allmählich mit einer Änderung der Wasserstoffionenkonzentration. Bei jeder $[\text{H}^{\cdot}]$ sind bestimmte Mengen in der sauren und in der alkalischen Form vorhanden. Da man aber nur bestimmte Anteile der einen Form neben der andern wahrnehmen kann, ist der Umschlag des Indikators praktisch an bestimmte Wasserstoffionenkonzentrationen gebunden. Die Grenzen haben zwar keine theoretische Bedeutung, sondern geben nur praktisch an, zwischen welchen Wasserstoffionenkonzentrationen oder besser zwischen welchen Wasserstoffexponenten sich die Farbe des Indikators für unser Auge von der einen nach der anderen Seite ändert. Das Gebiet zwischen den beiden Grenzwerten des Wasserstoffexponenten nennen wir das Umwandlungsintervall oder Umschlagsgebiet des Indikators. Die Größe dieses Intervalls ist nicht für alle Indikatoren die gleiche, weil man bei dem einen Indikator die Färbung des sauren oder alkalischen Anteils empfindlicher neben dem anderen Teil erkennen kann als bei einem anderen.

Nehmen wir nun an, daß in einem gegebenen Falle etwa 10% der alkalischen Form vorhanden sein müssen, um neben der sauren sichtbar zu sein, so gilt:

$$\frac{[\text{I}']}{[\text{HI}]} = \frac{K_{\text{HI}}}{[\text{H}^{\cdot}]} = \frac{1}{10}.$$

Dann ist

$$[\text{H}^{\cdot}] = 10\,K_{\text{HI}},$$
$$p_{\text{H}} = p_{\text{HI}} - 1.$$

p_{HI} bedeutet hierin den negativen Logarithmus von K_{HI}; wir nennen ihn den Indikatorexponenten. Seine Größe entspricht also dem p_{H}, bei dem der Indikator zur Hälfte umgeschlagen ist.

Machen wir nun die weitere Annahme, daß der Indikator praktisch nur mehr in der Farbe seiner alkalischen Form zu erkennen ist, wenn etwa 91% dahin umgesetzt sind, so ist:

$$\frac{[\text{I}']}{[\text{HI}]} = \frac{K_{\text{HI}}}{[\text{H}^{\cdot}]} = 10.$$

Dann ist

$$[\text{H}^{\cdot}] = \frac{1}{10}\,K_{\text{H}}$$

und

$$p_{\text{H}} = p_{\text{HI}} + 1\,.$$

Das Umwandlungsintervall dieses Indikators liegt also zwischen einem p_{H} von $p_{\text{HI}} - 1$ und $p_{\text{HI}} + 1$.

Das Umschlagsgebiet umfaßt dann bei diesem Indikator zwei Einheiten im p_{H}. Bei den meisten Indikatoren beträgt dies Grenzgebiet in der Tat ungefähr 2. Es sei aber nochmals mit Nachdruck darauf hingewiesen, daß das „Umwandlungsintervall" nur eine praktische — aber gar keine theoretische — Bedeutung hat. In diesem Gebiet bewegt sich bei einer hundertfachen Änderung der Wasserstoffionenkonzentration das Verhältnis [HI] : [I'] etwa zwischen 10 und $\frac{1}{10}$; wir kommen also von einem großen Überschuß der sauren Form in ein Gebiet, wo ein großer Überschuß der alkalischen Form vorhanden ist.

Ändern wir außerhalb des Umschlaggebietes die [H$^{\cdot}$] hundertfach, so ändert sich das Verhältnis [HI] zu [I'] in gleichem Maße. Weil die eine Form jedoch von vornherein in großem Überschuß vorliegt, kann unser Auge eine weitere Farbänderung nicht mehr verfolgen. Spektrophotographische Untersuchungen bestätigen jedoch eine weitergehende Verschiebung der Absorptionsgrenzen.

Die folgende Tabelle verzeichnet die Umwandlungsintervalle derjenigen Indikatoren, welche für die Maßanalyse von Bedeutung sind (betr. Einzelheiten und anderer Indikatoren sei verwiesen auf KOLTHOFF: „Der Gebrauch von Farbindikatoren"). Zugleich ist die Konzentration der Indikatorlösung und die geeignete Menge, welche bei einer Titration hinzugefügt werden soll, angegeben.

Der Übersichtlichkeit halber bringen wir in der Tafel S. 100 nochmals die Umwandlungsintervalle; dort ist unter p_{T} (vgl. S. 104) der geeignetste Anwendungsbereich, ausgedrückt auch in p_{H}, aufgeführt.

Weiter sei erwähnt, daß für Indikatorbasen genau die gleichen Betrachtungen gelten wie für Indikatorsäuren.

$$\text{I OH} \rightleftarrows \text{I}^{\cdot} + \text{OH}'$$

$$\frac{[\text{I}^{\cdot}]}{[\text{I OH}]} = \frac{[\text{saure Form}]}{[\text{alkalische Form}]} = \frac{[K_{\text{IOH}}]}{k_w}\,[\text{H}^{\cdot}] = K'\,[\text{H}^{\cdot}]\,.$$

Umwandlungsintervall und Anwendungsbereich der wichtigsten Indikatoren in der Neutralisationsanalyse.

p_T	Indikator	saure Farbe	alkalische Farbe	Intervall
3	Trop. 00	rot	gelb	1,3 — 3,2
3	Thymolblau	rot	gelb	1,2 — 2,8
3—4	β-Dinitrophenol	farblos	gelb	2,4 — 4,0
3—4	Dimethylgelb	rot	gelb	2,9 — 4,0
3—4	Methylorange	rot	orange	3,1 — 4,4
3—4	Bromphenolblau	gelb	purpur	3,0 — 4,6
4—5 / 5—6	Alizarin-Na	gelb	violett	3,7 — 5,2
4—5 / 5—6	Bromkresolgrün	gelb	blau	4,0 — 5,6
4—5 / 5—6	Methylrot	rot	gelb	4,4 — 6,2
4—5 / 5—6	Lakmoid	rot	blau	4,4 — 6,2
5—6	Bromkresolpurpur	gelb	purpur	5,2 — 6,8
5—6	Chlorphenolrot	gelb	rot	5,4 — 6,8
5—6	Bromthymolblau	gelb	blau	6,2 — 7,6
5—6	p-Nitrophenol	farblos	gelb	5,0 — 7,0
5—6	Azolithmin	rot	blau	5,0 — 8,0
7—8	Phenolrot	gelb	rot	6,8 — 8,0
7—8	Neutralrot	rot	gelb	6,8 — 8,0
7—8	Rosolsäure	gelb	rot	6,8 — 8,0
7—8	Kresolrot	gelb	rot	7,2 — 8,8
7—8	α-Naphtholpht.	rosa	grün	7,3 — 8,7
8—9	Phenolphthalein	farblos	rot	8,0 — 10,0
8—9	Thymolblau	gelb	blau	8,0 — 9,6
8—9	Tropäolin 000	gelb	rosarot	7,6 — 8,9
9—10	α-Naphtholbenzein	gelb	blau	9,0 — 11,0
9—10	Thymolphthalein	farblos	blau	9,4 — 10,6
10—11	Alizaringelb	gelb	lila	10,0 — 12,0
10—11	Salicylgelb	gelb	orangebraun	10,0 — 12,0
11	Tropäolin 0	gelb	orangebraun	11,0 — 13,0
11	Nitramin	farblos	orangebraun	11,0 — 13,0

Umwandlungsintervall der wichtigsten Indikatoren für die Maßanalyse.

Indikator	Intervall im p_H	Indikatormenge auf 10 cm³				saure Farbe	alkalische Farbe
Tropäolin 00 (B)	1,3— 3,2	1 Tropfen	1	% in	Wasser	rot	gelb
Thymolblau (S)	1,2— 2,8	1—2 „	0,1 „	„	20proz. Alkohol	rot	gelb
β-Dinitrophenol (S)	2,4— 4,0	1—2 „	0,1 „	„	50proz. „	farblos	gelb
Dimethylgelb (B)	2,9— 4,0	1 „	0,1 „	„	90proz. „	rot	gelb
Bromphenolblau (S)	3,0— 4,6	1 „	0,1 „	„	20proz. „	gelb	blauviolett
Methylorange (B)	3,1— 4,4	1 „	0,1 „	„	Wasser	rot	orange
Alizarin-Natrium (S)	3,7— 5,2	1 „	0,1 „	„	„	gelb	violett
Bromkresolgrün (S)	4,0— 5,6	1 „	0,1 „	„	20proz. Alkohol	gelb	blau
Methylrot (S)	4,4— 6,2	1 „	0,2 „	„	90proz. „	rot	gelb
Lakmoid (S)	4,4— 6,6	1 „	0,5 „	„	90proz. „	rot	blau
Bromkresolpurpur (S)	5,2— 6,8	1 „	0,1 „	„	20proz. „	gelb	purpur
Chlorphenolrot (S)	5,4— 6,8	1 „	0,1 „	„	20proz. „	gelb	rot
Bromthymolblau (S)	6,2— 7,6	1 „	0,1 „	„	20proz. „	gelb	blau
p-Nitrophenol (S)	5,0— 7,0	1—5 „	0,1 „	„	Wasser	farblos	gelb
Phenolrot (S)	6,8— 8,0	1 „	0,1 „	„	20proz. „	gelb	rot
Neutralrot (B)	6,8— 8,0	1 „	0,1 „	„	70proz. „	rot	gelb
Rosolsäure (S)	6,8— 8,0	1 „	0,1 „	„	90proz. „	gelb	rot
Azolithmin (S)	5,0— 8,0	5 „	0,5 „	„	Wasser	rot	blau
Kresolrot (S)	7,2— 8,8	1 „	0,1 „	„	20proz. Alkohol	gelb	rot
α-Naphtholphthalein (S)	7,3— 8,7	1—5 „	0,1 „	„	70proz. „	rosa	grün
Tropäolin 000 (B)	7,6— 8,9	1 „	0,1 „	„	Wasser	gelb	rosarot
Phenolphthalein (S)	8,0—10,0	1—5 „	0,1 „	„	70proz. „	farblos	rot
Thymolblau (S)	8,0— 9,6	1—5 „	0,1 „	„	20proz. „	gelb	blau
α-Naphtholbenzein (S)	9,0—11,0	1—5 „	0,1 „	„	90proz. „	gelb	blau
Thymolphthalein (S)	9,4—10,6	1 „	0,1 „	„	90proz. „	farblos	blau
Alizaringelb (S)	10,0—12,0	1 „	0,1 „	„	Wasser	gelb	lila
Salicylgelb (S)	10,0—12,0	1—5 „	0,1 „	„	90proz. Alkohol	gelb	orangebraun
Tropäolin 0 (B)	11,0—13,0	1 „	0,1 „	„	Wasser	gelb	orangebraun
Nitramin (B)	11,0—13,0	1—2 „	0,1 „	„	70proz. Alkohol	farblos	orangebraun

Hier stellt K' die Indikatorkonstante dar, deren Wert vom Ionenprodukt k_w des Wassers und der Dissoziationskonstante der Indikatorbase abhängt. In der Tabelle ist hinter dem Indikatornamen angegeben, ob die Substanz sich wie eine Säure (S) oder Base (B) verhält.

Aus der Neutralisationskurve der zu bestimmenden Substanz (vgl. S. 48) und aus dem bekannten Umwandlungsintervall des Indikators ist sofort zu entnehmen, welchen Indikator man bei einer Titration zu verwenden hat. Prinzipiell ist der Gebrauch desjenigen Indikators anzuraten, dessen Umwandlungsintervall eben beim Äquivalenzpunkt liegt. Wenn der p_H-Sprung beim Äquivalenzpunkt sehr groß ist, hat man die Wahl zwischen verschiedenen Indikatoren, deren Umwandlungsintervall ja doch beim Zusatz einer sehr geringen Menge Reagens durchlaufen wird. Nehmen wir als Beispiel die Titration einer 0,1 n-Salzsäure (oder einer anderen starken Säure) mit einer starken Base. Im Äquivalenzpunkt ist dann p_H gleich 7, und alle Indikatoren, welche in der Nähe dieses p_H umschlagen, sind brauchbar.

Bei genauer Betrachtung der Neutralisationskurve sehen wir nun (vgl. S. 48), daß das p_H in einer Entfernung von 0,1% vor dem Äquivalenzpunkt etwa 4, von 0,1% hinter dem Äquivalenzpunkt etwa 10 ist. Wollen wir also auf eine Genauigkeit von 0,1% titrieren, so können wir alle die Indikatoren verwenden, deren Umwandlungsintervall zwischen p_H 4 und 10 liegt. So können wir selbst Dimethylgelb nehmen, wenn wir eben bis zu der rein gelben Farbe titrieren; auch Phenolphthalein und Thymolphthalein, wenn so viel Lauge hinzugefügt wird, bis eben die alkalische Farbe sichtbar ist — vorausgesetzt immer, daß die Lauge kein Carbonat enthält!

Das Vorstehende gilt für Titrationen von 0,1 n-Säure mit 0,1 n-Lauge. Sobald wir n-Flüssigkeiten verwenden, geht der Sprung im p_H zwischen 0,1% Überschuß und 0,1% Unterschuß an Säure von 3—11. Wir können hier sogar noch Tropäolin 00 einerseits und Nitramin andererseits wählen. Bei der Titration von 0,01 n-Flüssigkeiten aber liegt der Sprung zwischen p_H 5 und 9, und wir sind auf eine engere Auswahl unter den Indikatoren beschränkt.

Anders liegen die Verhältnisse für Titrationen schwacher Säuren. Betrachten wir. z. B. die Neutralisationskurve von

0,1 n-Essigsäure (vgl. S. 50). Wenn 99 % der Säure neutralisiert sind, ist p_H gleich 6,75; nach Neutralisation von 99,9 % 7,75; im Äquivalenzpunkt 8,87; und bei einem Überschuß von 0,1 % Lauge 10,0.

Will man also mit einer Genauigkeit von 0,1 % titrieren, so ist man auf Indikatoren mit einem Umwandlungsintervall zwischen p_H 7,75 und 10 angewiesen. Theoretisch ist dann Phenolphthalein oder Thymolblau am geeignetsten, jedoch sind auch Phenolrot und Kresolrot verwendbar, wenn man ganz bis auf die alkalische Farbe titriert. Indikatoren, welche im sauren Gebiet umschlagen, sind jedoch gänzlich unbrauchbar, weil sie den Endpunkt viel zu früh anzeigen.

Im allgemeinen soll man schwache Säuren in Gegenwart solcher Indikatoren bestimmen, welche bei schwach alkalischer Reaktion umschlagen. Bei Besprechung des Titrierfehlers (vgl. S. 118) und im praktischen Teil komme ich ausführlicher auf diese grundlegenden Feststellungen zurück. Für die Titration schwacher Basen mit starken Säuren gilt das entsprechend Umgekehrte von dem, was hier für die Essigsäure dargelegt wurde. Wenn wir z. B. 0,1 n Ammoniak mit Salzsäure titrieren, so ist nach 99 proz. Neutralisation der Base das p_H gleich 7,25 ($k_w = 10^{-14}$); nach 99,9 % 6,25; im Äquivalenzpunkt 5,13; und bei einem Überschuß von 0,1 % Säure 4,0. Bei einer auf 0,1 % genauen Bestimmung muß man also Indikatoren benutzen, deren Umwandlungsintervall bei einem p_H kleiner als etwa 5,5 liegt. Hierfür kommen etwa Methylrot, p-Nitrophenol, Bromkresolgrün, Dimethylgelb u. a. in Frage. Unter Verwendung von Phenolphthalein würde die rote Farbe schon nach geringem Säurezusatz langsam verblassen; der Übergang nach farblos wäre nicht scharf wahrzunehmen, aber schon lange vor dem Äquivalenzpunkt vollzogen. Man muß daher zur Neutralisation schwacher Basen Indikatoren wählen, deren Umwandlungsintervall im sauren Bereich liegt.

In allen Fällen geben die Neutralisations- (bzw. Verdrängungs-) kurven, insbesondere ihre Teile in unmittelbarer Nähe der Äquivalenzlinie sofortigen Aufschluß über die Wahl des jeweils richtigen Indikators.

Nehmen wir nun den Fall, daß wir eine schwache Säure, etwa Essigsäure, mit einer schwachen Base, wie Ammoniak, zu titrieren haben (vgl. S. 53).

Nach Neutralisation von 99% der Essigsäure ist das p_H gleich 6,65; von 99,9% 6,96; von 100% 7,00 ($k_w = 10^{-14}$); mit 0,1% Überschuß Ammoniak 7,04; mit 1% 7,35. Hieraus ersehen wir, daß das p_H zwischen 0,1% vor und hinter dem Äquivalenzpunkt von 6,96 auf 7,04 steigt (hier kann man fast nicht mehr von einem Sprung sprechen!). Wir sind daher auf ganz wenige Indikatoren beschränkt und müssen auf ein ganz bestimmtes p_H von 7,00 titrieren. Das p_H ändert sich am Äquivalenzpunkt so wenig, daß dieser von keinem einzigen Indikator durch einen scharfen Farbübergang von der sauren nach der alkalischen Seite angezeigt werden kann. Das Umwandlungsintervall wird verhältnismäßig langsam durchlaufen und wenn man noch auf etwa 0,5% genaue Resultate erstrebt, so muß man an Hand einer Vergleichslösung von bestimmtem p_H (in unserem Fall $p_H = 7,00$) titrieren.

Häufig lassen sich Substanzen, die sonst schwer genau zu titrieren sind, dadurch einfach bestimmen, daß man, wie oben bereits angedeutet, ebensoviel Titerlösung hinzufügt, daß das erreichte p_H genau demjenigen der im Äquivalenzpunkt theoretisch vorliegenden Lösung (z. B. Ammonacetat) entspricht.

Einen solchen bei einer Titration einzuhaltenden Wasserstoffexponenten bezeichnet man nach BJERRUMS Vorgang als den Titrierexponenten p_T (vgl. auch die Tafel S. 100). Im praktischen Teil kommen wir an Hand von Beispielen ausführlicher auf diesen Titrierexponenten zurück. Jedoch sei immer schon in diesem Zusammenhang einiges über die Abhängigkeit der Farbe eines Indikators von seiner Konzentration bemerkt. Wenn wir mit einem einfarbigen Indikator arbeiten, so ist seine Färbung nicht nur vom p_H und vom Indikatorexponenten p_{HI} bedingt, sondern auch von der totalen Konzentration des Indikators. Wir haben doch gesehen, daß

$$\frac{[I']}{[HI]} = \frac{K_{HI}}{[H^\cdot]}.$$

Nun ist HI farblos; die Farbe wird also nur durch die Konzentration an I' bestimmt, und zwar gilt

$$[I'] = \frac{K_{HI}}{[H^\cdot]}[HI].$$

Stellen wir uns nun eine Lösung vor, deren p_H festgelegt ist (eine Pufferlösung), und die an einem Indikator dessen Übergangsfärbung hervorruft. Dann muß die Farbintensität der Lösung proportional der totalen Indikatorkonzentration so lange zunehmen, bis die Flüssigkeit am Indikator gesättigt ist.

Um daher genau einen bestimmten Titrierexponenten zu erreichen, hat man bei Verwendung eines einfarbigen Indikators, wie Phenolphthalein, sorgsam darauf zu achten, daß in der Vergleichslösung wie in der zu titrierenden Flüssigkeit die gleiche Indikatorkonzentration eingehalten ist. Selbstverständlich müssen auch die Durchsichtschichten beider Lösungen die gleiche Höhe haben.

Alle in Tabelle S. 101 angegebenen Umwandlungsintervalle beziehen sich auf Zimmertemperatur. Mit geänderter Temperatur verschiebt sich das Umschlagsbereich, insbesondere bei den basischen Indikatoren. Gilt doch für die letzten die Gleichung:

$$\frac{[\text{I}']}{[\text{IOH}]} = \frac{K_{\text{IOH}}}{k_w} [\text{H}^{\cdot}].$$

Nun wächst k_w stark mit der Temperatur; und wenn K_{IOH} sich dabei nur wenig ändert, so muß der Indikator bei steigender Temperatur unempfindlicher für Wasserstoffionen werden.

In der folgenden Tabelle sind die Umwandlungsintervalle einiger Indikatoren bei 18^0 und 100^0 verzeichnet.

Umwandlungsintervall bei 18^0 und 100^0: p_w bei $18^0 = 14{,}2$; bei $100^0 = 12{,}2$.

Indikator	Intervall bei 18^0	Intervall bei 100^0
Tropäolin 00 (B)	1,3— 3,3	0,8— 2,2
Thymolblau (S)	1,2— 2,8	1,2— 2,6
Dimethylgelb (B)	2,9— 4,0	2,3— 3,5
Methylorange (B)	3,1— 4,4	2,5— 3,7
Bromphenolblau (S)	3,0— 4,6	3,0— 4,5
Methylrot (S)	4,4— 6,2	4,0— 6,0
Bromkresolgrün (S)	4,0— 5,6	4,0— 5,6
p-Nitrophenol (S)	5,0— 7,0	5,0— 6,5
Bromkresolpurpur (S)	5,2— 6,8	5,4— 6,8
Bromthymolblau (S)	6,0— 7,6	6,2— 7,8
Phenolrot (S)	6,8— 8,2	7,0— 8,4
Kresolrot (S)	7,2— 8,8	7,6— 8,8
Phenolphthalein (S)	8,2—10,0	8,0— 9,2
Thymolblau (S)	8,0— 9,6	8,2— 9,4
Thymolphthalein (S)	9,4—10,6	8,9— 9,6
Nitramin (B)	11,0—13,0	9,0—10,5

Aus der Zusammenstellung können wir entnehmen, daß die Empfindlichkeit[1] für Wasserstoffionen bei den Indikatoren sauren Charakters bei erhöhter Temperatur etwa ungeändert bleibt, während sie bei Indikatoren basischer Natur merklich abnimmt. Daher ist z. B. Dimethylgelb (oder Methylorange) zur Titration von 0,1 n-Salzsäure bei Siedetemperatur ungeeignet, wo hingegen Bromphenolblau, das bei 18⁰ etwa gleich empfindlich für Wasserstoffionen ist wie das Dimethylgelb, auch bei 100⁰ verwendet werden kann.

Man muß allerdings bedenken, daß ein Gleichbleiben der Empfindlichkeit für Wasserstoffionen bei höherer Temperatur zugleich bedeutet, daß der Indikator für Hydroxylionen bedeutend unempfindlicher wird, und zwar etwa 100mal, da k_w (100⁰) ungefähr 100mal größer ist als k_w (18⁰). Dies ist besonders von Interesse für solche Indikatoren, die im alkalischen Gebiet umschlagen, etwa Thymolphthalein, welches bei Zimmertemperatur auf $1 \cdot 10^{-5}$ n OH′, bei 100⁰ aber nur auf $30 \cdot 10^{-5}$ n OH′ empfindlich ist.

Zum Schluß wollen wir noch eine kurze Bemerkung über den Einfluß des Lösungsmittels auf den Umschlag der Indikatoren beifügen. Zu verschiedenen Zwecken wird oft Alkohol einer Flüssigkeit zugesetzt, so daß Titrationen in mehr oder weniger stark alkoholischer Lösung vorgenommen werden müssen. Der Alkohol hat nun eine bedeutende Einwirkung auf die Dissoziationskonstante aller Indikatoren. Diese sinkt mit steigendem Alkoholgehalt. Dadurch werden die Indikatorsäuren bei Anwesenheit von Alkohol empfindlicher für Wasserstoffionen, die Indikatorbasen hingegen unempfindlicher. Freilich ist zu berücksichtigen, daß der Alkohol nicht nur das Umwandlungsintervall der Indikatoren ändert, sondern auch die Dissoziationskonstanten schwacher Säuren oder Basen, welche titriert werden, herabdrückt. Wenn man das Umwandlungsintervall der Indikatoren bei wechselndem Alkoholgehalt kennt und zugleich die Dissoziationskonstanten der Säuren oder Basen, so lassen sich genau dieselben Betrachtungen anwenden, die wir für wässerige Lösungen angestellt haben. Ausführlichere Angaben über das Verhalten

---

[1] Die Empfindlichkeit eines Indikators für eine bestimmte Ionenart wird nach der geringsten Konzentration der letzteren bemessen, auf die der Indikator noch mit Farbänderung anspricht.

der Indikatoren bei Anwesenheit von Alkohol finden sich bei KOLTHOFF: „Der Gebrauch von Farbindikatoren".

§ 4. Die Indikatoren der Fällungs- und Komplexbildungsanalyse. 1. Zunächst wollen wir kurz die Fälle streifen, wo sich die Indikatoren der Neutralisationstitration auf Fällungs- und Komplexbildungsanalysen anwenden lassen. Bildet ein Kation mit dem Anion einer sehr schwachen Säure eine schwer lösliche — oder sehr wenig dissoziierte Verbindung, so können wir als Titerlösung das Alkalisalz der schwachen Säure und zur Bezeichnung des Endpunktes einen Indikator der Neutralisationsanalyse wählen. So kann man z. B. ein Erdalkaliion mit einer neutralen Seifenlösung titrieren. Solange das Calciumsalz der Fettsäure ausfällt, ändert sich das p_H praktisch nicht; bei Anwesenheit eines Seifenüberschusses wird die Lösung infolge der weitgehenden Hydrolyse der gelösten Alkaliseifen stark alkalisch. Bei Verwendung von Phenolrot, Kresolrot, Phenolphthalein u. dgl. Substanzen als Indikator lassen sich gute Resultate erhalten (vgl. Näheres im praktischen Teil). Eine ähnliche Anwendung der Neutralisationsindikatoren auf Komplexbildungsanalysen ist dann möglich, wenn die gebildeten Komplexe sehr stabil, d. h. sehr wenig aufgespalten sind. Dies gilt z. B. vom Mercuricyanid: Man kann eine neutrale Mercurisalzlösung mit Kaliumcyanid bis zum Rotumschlag des Phenolphthaleins titrieren (vgl. auch S. 53).

Ist das Löslichkeitsprodukt des entstandenen Niederschlages oder ist die Dissoziationskonstante der wenig dissoziierten Verbindung bekannt, und kennen wir außerdem die Dissoziationskonstante der schwachen Säure (oder Base), deren Salz zur Titerlösung benutzt wird, so können wir leicht die Änderung des p_H während der Titration und insbesondere in der Nähe des Äquivalenzpunktes berechnen und dadurch den geeignetsten Indikator ausfindig machen.

2. Titration ohne Zusatz eines Indikators. Eine sehr alte Methode der Fällungsanalyse beruht darauf, daß man so lange Reagens hinzufügt, bis eine Probe des Filtrats mit weiterem Reagens keinen Niederschlag mehr gibt. Die Methode leidet an dem Übelstande, daß der Endpunkt umständlich und schwer zu erkennen ist. GAY-LUSSAC[1] hat sie schon 1828 für die Sulfat-

---

[1] GAY-LUSSAC: Ann. de chim. et de physique Bd. 39, S. 352. 1828.

bestimmung mit Bariumlösung beschrieben; besonders WILDEN-STEIN[1] hat ihre praktische Ausführung vereinfacht. In späteren Jahren ist die Methode öfters von neuem vorgeschlagen worden, jedoch hat sie — wie zu erwarten war — keine allgemeine Anwendung gefunden. In einigen Fällen führt Auszentrifugieren schneller zum Ziele, u. a. bei der Bariumbestimmung mit Chromat oder umgekehrt[2].

Eine spezielle Verfeinerung hat das Verfahren bei der Silberbestimmung mit Natriumchlorid erfahren. Auch hier gelangte GAY-LUSSAC[3] durch seine scharfen Beobachtungen und sorgfältigen Untersuchungen zu einer Vorschrift, die heute fast noch unverändert Anwendung findet. Von praktischem Vorteil ist hier, daß das Chlorsilber, welches während der Titration noch in kolloider Lösung verbleibt, sich in der Nähe des Endpunktes zusammenballt und ausflockt. Kräftiges Schütteln befördert die Abscheidung. Man entnimmt dann eine Probe und prüft mit einer zehnfach verdünnten Reagenslösung, ob noch eine Trübung eintritt. Man titriert weiter und prüft so lange, bis nach erneutem Zusatz keine Trübung mehr wahrzunehmen ist. Noch schärfer stellt man den Endpunkt fest, indem man gegen Ende der Titration zwei Proben herausnimmt, zu der einen eine Spur Silbernitrat, zu der anderen die äquivalente Menge Natriumchlorid gibt und unter geeigneter Beleuchtung die in beiden Gläsern entstandenen Trübungen auf ihre Gleichheit hin beobachtet. Genau im Äquivalenzpunkt ist nämlich die über dem Niederschlag befindliche Flüssigkeit eine reine, gesättigte Silberchloridlösung. Fügt man nun zu dieser Lösung gleiche Mengen an Silber- bzw. Chlorion, so ist die durch den Ionenüberschuß bewirkte Chlorsilberfällung in beiden Proben gleich stark. War hingegen eines der beiden Ionen schon in geringem Überschuß vorhanden, so nimmt man einen Unterschied in der Trübung beider Lösungen wahr (nephelometrisches Verfahren). Diese Methode von

---

[1] WILDENSTEIN: Z. anal. Chem. Bd. 1, S. 432. 1861; vgl. auch BRÜGEL-MANN: Z. anal. Chem. Bd. 16, S. 19. 1877; LE GUYON, R. F.: C. r. Bd. 184, S. 945. 1927.

[2] Vgl. J. VOGEL: Monatsh. f. Chem. Bd. 46, S. 266. 1925.

[3] GAY-LUSSAC: Instruction sur l'essai des matières d'argent par la voie humide Paris 1832. Vgl. BECKURTS: Die Methoden der Maßanalyse. Braunschweig 1913.

Gay-Lussac gehört zu den genauesten aller Titrationen, wenn sie unter den richtigen Bedingungen ausgeführt wird. Sie ist von bleibender Bedeutung für die grundlegenden Atomgewichtsbestimmungen von Silber, Chlor und den anderen Halogenen (vgl. die klassischen Arbeiten von Richards). Im praktischen Teil kommen wir weiter darauf zurück.

Bei einigen Komplexbildungsanalysen bedarf es keiner besonderen Indikatorzugabe, sobald nämlich das zu titrierende System schon in sich eine Indikatorwirkung hat. Wird z. B. Jodid mit einem Mercurisalz titriert, so bildet sich zuerst das komplexe HgJ_4-Ion. Am Ende der Titration reagiert dieser Komplex mit weiteren Mercuriionen nach dem roten schwer löslichen Mercurijodid hin:

$$Hg^{\cdot\cdot} + 4\,J' \leftrightarrows HgJ_4'',$$

$$HgJ_4'' + Hg^{\cdot\cdot} \leftrightarrows HgJ_2.$$

Die Genauigkeit der Bestimmung hängt vom Werte der Zerfallskonstante des Komplexions, von dem Löslichkeitsprodukt (bzw. auch der Dissoziationskonstante) der ausfallenden Verbindung und von der Verdünnung ab. So tritt bei der vorerwähnten Jodidtitration mit Mercurichlorid der Umschlag gewöhnlich zu früh auf; bei der Cyanidtitration in alkalischer Lösung mit Silbernitrat (Liebig) ein klein wenig zu spät. Im praktischen Teil werden diese Spezialfälle näher zu behandeln sein.

3. Der Indikator ändert die Farbe der Lösung beim Endpunkt. In praktischer Hinsicht können wir diesen Fall mit der Indikatorwirkung bei der Neutralisationsanalyse vergleichen. Wenn man ein Kation mit einem Anion titriert, und dabei eine schwer lösliche — eine komplexe — oder wenig dissoziierte Verbindung entsteht, so kann man ganz allgemein einen Indikator verwenden, der entweder mit dem Kation oder mit dem Anion eine neue gefärbte Substanz bildet. Vorbedingung für das Gelingen der Titration ist natürlich, daß eben beim Äquivalenzpunkt oder ganz in dessen Nähe die Konzentration des verschwindenden Ions so gering wird, daß es nicht mehr mit dem Indikator zu reagieren vermag, oder die des auftretenden Ions so groß wird, daß eine Reaktion mit dem Indikator eben beim Äquivalenzpunkt auftritt. Bekanntlich benutzt man bei der Silbertitration mit Rhodanid in saurer Lösung ein Ferrisalz als Indikator. Die Lös-

lichkeit des ausfallenden Silberrhodanids ist nun so gering, daß dessen gesättigte Lösung noch nicht mit dem Ferriion reagiert. Bei Anwesenheit eines minimalen Rhodanidüberschusses wird jedoch die Lösung rosabraun gefärbt. Kennt man die Empfindlichkeit des Indikators und das Löslichkeitsprodukt der ausgefällten Verbindung, so ist die Brauchbarkeit des Indikators unschwer zu beurteilen. Dabei ist dann auch noch praktisch nachzuprüfen, ob der Indikatorumschlag reversibel ist. So zeigt es sich z. B., daß eine Rhodanidtitration mit Silbersalz unter Verwendung von Ferriion als Indikator schwer auszuführen ist, weil das Ferrirhodanid zum Teil vom ausfallenden Silberrhodanid okkludiert wird. Hingegen gelingt die Titration gut, sobald man statt Silbernitrat ein gut dissoziiertes Mercurisalz als Titerlösung wählt.

4. **Der Indikator bildet einen gefärbten Niederschlag.** Wenn der ausfallende Niederschlag farblos oder leicht gefärbt ist, kann man prinzipiell einen Indikator verwenden, der mit dem Reagens oder dem titrierten Ion einen schwer löslichen, dunkel gefärbten Niederschlag bildet. Das bekannteste Beispiel haben wir im Verhalten von Chromat als Indikator bei der Mohrschen Halogentitration. Ist alles Chlorid ausgefällt, so liefert ein kleiner Silberüberschuß das rot gefärbte unlösliche Silberchromat.

Die Empfindlichkeit des Indikators hängt wieder von dem Löslichkeitsprodukt der schwer löslichen Verbindung, weiter von der Indikatorkonzentration, die man zur Lösung hinzufügt, und gelegentlich auch von der Wasserstoffionenkonzentration der Lösung (wie beim Chromat) ab.

Nehmen wir das Silberchromat als Beispiel:

$$\underset{\text{rot}}{Ag_2CrO_4} \rightleftarrows 2\,Ag^{\cdot} + CrO_4^{\prime\prime}\,.$$

Das Silberchromat wird ausfallen, wenn

$$[Ag^{\cdot}]^2[CrO_4^{\prime\prime}] > L_{Ag_2CrO_4} \text{ also etwa } 2\cdot 10^{-12} \text{ ist},$$

oder wenn

$$[Ag^{\cdot}] > \sqrt{\frac{L_{Ag_2CrO_4}}{[CrO_4^{\prime\prime}]}} \text{ oder } > \sqrt{\frac{2\cdot 10^{-12}}{[CrO_4^{\prime\prime}]}}\,.$$

Wenn wir also so viel Chromat zur Lösung geben, daß seine Konzentration 10^{-4} molar ist, so ist die (theoretische) Empfindlichkeit für Silberionen:

$$[Ag^{\cdot}] \gtrless \sqrt{\frac{2 \cdot 10^{-12}}{10^{-4}}} = 1,4 \cdot 10^{-4} \,.$$

Lassen wir jedoch die Chromatkonzentration 10^{-2} molar werden, so wächst die Empfindlichkeit auf:

$$[Ag^{\cdot}] \gtrless \sqrt{\frac{2 \cdot 10^{-12}}{10^{-2}}} = 1,4 \cdot 10^{-5} \,.$$

Durch geeignete Änderung der Indikatorkonzentration kann man also auch die Empfindlichkeit für Silberionen variieren. Jedoch sei wieder ausdrücklich betont, daß solche theoretische Ableitungen immer praktisch nachzuprüfen sind. Es ist ja doch möglich, daß der Niederschlag sich unter den verschiedenen Verhältnissen nicht immer momentan bildet, und daß bei den verschiedenen Bedingungen unser Auge nicht mit derselben Empfindlichkeit die gleiche Menge der gefärbten Verbindung, etwa bei höherer Chromatkonzentration gegenüber dessen intensiver Eigenfarbe!, wahrnimmt. Auch soll man den Temperatureinfluß bedenken: Die Empfindlichkeit nimmt allgemein bei höherer Temperatur ab. Wir haben schon oben bemerkt, daß auch die Wasserstoffionenkonzentration der Lösung die Empfindlichkeit beeinträchtigen kann. Wenn das Indikatoranion einer schwachen Säure angehört, wie es z. B. beim Chromat der Fall ist, so werden die Chromationen durch einen Überschuß an Wasserstoffionen gebunden:

$$CrO_4'' + H^{\cdot} \rightleftarrows HCrO_4' \,,$$

daher sinkt die Empfindlichkeit für Silberionen bei steigendem Säuregrad. Mit Rücksicht auf gute Resultate muß das p_H bei der Mohrschen Titration gleich oder größer als 7 sein. Endlich sei noch erwähnt, daß der Umschlag bei den hier besprochenen Methoden oft nicht streng reversibel ist. Liegt etwa ein Silberüberschuß bei Anwesenheit von Chromat vor, so ist letzteres völlig als Silberchromat ausgeschieden. Fügt man nun Chlorid hinzu, so erfordert die Umsetzung des Silberchromats zu Chlorsilber immer einige Zeit. Dazu kommt noch, daß das Silberchromat vom ausfallenden Silberchlorid umhüllt bleibt und daher nicht leicht mehr mit den Chlorionen zu reagieren vermag. Weitere Einzelheiten betr. der Empfindlichkeit behalten wir uns für den praktischen Teil vor.

Die Beurteilung der Brauchbarkeit des Indikators für eine Titration wie die Mohrsche Chloridbestimmung können wir auf den allgemeinen Fall zurückführen, daß zwei in einer Lösung vorhandene Anionen mit ein und demselben Kation zwei schwer lösliche, aber doch verschieden schwer lösliche Verbindungen ergeben (vgl. S. 14).

Es besteht dann die Möglichkeit, daß beide Salze schon nebeneinander ausfallen, bevor der Äquivalenzpunkt erreicht ist.

Betrachten wir die Reaktionen:

$$Ag^{\cdot} + Cl' \leftrightarrows AgCl\,,$$

$$2\,Ag^{\cdot} + CrO_4'' \leftrightarrows Ag_2CrO_4\,,$$

so wissen wir (S. 15), daß nur Silberchlorid gefällt wird, bis

$$\frac{[Cl']}{\sqrt{[CrO_4'']}} = \frac{L_{AgCl}}{\sqrt{L_{Ag_2CrO_4}}} = \frac{1,1 \cdot 10^{-10}}{1,4 \cdot 10^{-6}} = 8 \cdot 10^{-5}\,.$$

Sobald

$$[Cl'] = \text{ oder } < 8 \cdot 10^{-5} \sqrt{[CrO_4'']}$$

wird, beginnt auch schon die Fällung des Silberchromats.

Nehmen wir die Chromationenkonzentration gleich 10^{-2} molar, so wird Silberchromat gefällt, sobald die Chlorionenkonzentration kleiner als $8 \cdot 10^{-6}$ geworden ist. In diesem Falle haben wir soeben den Äquivalenzpunkt passiert, denn in einer gesättigten Chlorsilberlösung ist $[Cl'] = \sqrt{L_{AgCl}} = \sqrt{1,1 \cdot 10^{-10}} = 10,5 \cdot 10^{-6}$. Ist die Chromationenkonzentration gleich $4 \cdot 10^{-2}$ molar, so beginnt die Silberchromatfällung, wenn $[Cl']$ gleich $16 \cdot 10^{-6}$; d. h.: ganz knapp vor dem Äquivalenzpunkt. In beiden Konzentrationen ist der Indikator also noch brauchbar. Besonders bei der Titration sehr verdünnter Lösungen spielen diese Betrachtungen eine wesentliche Rolle (vgl. den praktischen Teil).

Hat das schwer lösliche Silbersalz des zu bestimmenden Ions ein größeres Löslichkeitsprodukt als etwa Chlorsilber, so werden die Bedingungen für die Verwendung von Chromat als Indikator ungünstiger. Lassen wir z. B. das Löslichkeitsprodukt des ausfallenden Silbersalzes AgA gleich 10^{-8} werden (wobei A′ das zu bestimmende Anion), so wird schon Silberchromat gefällt, wenn

$$[A'] \lesseqgtr 8 \cdot 10^{-3} \sqrt{[CrO_4'']}\,.$$

Wählen wir wieder $[CrO_4'']$ gleich 10^{-2} molar, so beginnt die

Silberchromatfällung bei $[A'] = 8 \cdot 10^{-4}$, also fast 0,001 n. Dann kann die Titration also keine guten Resultate mehr geben.

Man müßte deshalb

a) entweder einen Überschuß an Silbernitrat hinzufügen und im Filtrat diesen Überschuß zurücktitrieren (wie bei der Bestimmung der Kirschner-Zahl in flüchtigen Fettsäuren);

b) oder zu einer Tüpfelmethode greifen, wie etwa bei der Phosphatbestimmung mit Uranyllösung oder der Zinkbestimmung mit Sulfid. Bei solcher Tüpfelprobe ist mit Vorsicht ein Tropfen klarer Lösung ohne Anteile des Niederschlags zu entnehmen, denn solche könnten durch Umsetzung mit dem Indikator vorzeitig den Endpunkt vorspiegeln.

§ 5. Adsorptionsindikatoren. Eine neue Art Indikatoren hat FAJANS mit seinen Mitarbeitern aufgefunden; ich möchte sie als Adsorptionsindikatoren bezeichnen.

Zum guten Verständnis seien folgende Versuche von K. FAJANS und O. HASSEL[1] mitgeteilt, welche ich mit dem gleichen Ergebnis wiederholen konnte.

„Nimmt man 20 cm³ einer Eosinnatriumlösung von der Konzentration $^1/_{80000}$ molar (Farbe rosa), so kann man bis zu 1 cm³ einer 0,1 n-Silbernitratlösung zusetzen, ohne daß eine Farbänderung sichtbar wird. Bei dieser Konzentration ist also das Silbersalz des Eosins noch löslich und dissoziiert. Fügt man nun zu der Silber enthaltenden Lösung einen Tropfen 0,1 n-Alkalibromid hinzu, so tritt ein Umschlag zu einem rot-violetten Ton ein, der sich bei weiterem Zusatz von Bromionen vertieft, wobei die Fluorescenz der vollkommen klar bleibenden Lösung stark zurückgeht; bei einem ganz kleinen Überschuß an Bromid über den Äquivalenzpunkt hinaus schlägt jedoch die Farbe scharf zum ursprünglichen Farbton der Eosinlösung um. Von jetzt ab ist der Farbenumschlag umkehrbar und kann beliebig oft durch Zufügen von $AgNO_3$ (Umschlag nach rot-violett) bzw. KBr (Umschlag nach rosa) wiederholt werden. Die Anwesenheit von kolloid-verteilten Silberbromidpartikeln ist die Vorbedingung für den Farbenumschlag."

„Der Mechanismus der Titration ist folgender: Bei einem ganz kleinen Überschuß von Silberionen in der Lösung werden die-

---

[1] FAJANS und HASSEL: Z. Elektrochem. Bd. 29, S. 495. 1923.

selben durch die Bromsilberteilchen adsorbiert, lagern ihrerseits die Farbstoffanionen an und deformieren[1] diese unter Farbänderung. Durch überschüssige Bromionen werden jedoch die Farbstoffionen von der Oberfläche verdrängt und kehren in die Lösung mit der ihnen im freien Zustand eigenen Farbe zurück."

Soll der Indikator gut wirken, so muß der Niederschlag bei Anwesenheit eines kleinen Kationenüberschusses dieselben stark adsorbieren. Dann ist auch die Bedingung günstig für die Adsorption der Indikatoranionen, wobei sich auf der Oberfläche des Niederschlags infolge von Deformationserscheinungen die stark gefärbte Verbindung des Kations mit dem Indikatoranion bildet. Das Farbstoffanion ist also ein Indikator für die adsorbierten Silberionen am Silberhalogenid.[2]

Die Silberhalogenide sind nun nicht nur befähigt, silberionenhaltigen Lösungen diese durch Adsorption zu entziehen, sondern sie können auch umgekehrt Halogenionen, wenn solche im Überschuß vorhanden, stark adsorbieren. So adsorbiert Silberbromid bei Anwesenheit von wenig Bromionen die letzteren beträchtlich auf seiner Oberfläche. Demnach wäre zu erwarten, daß in diesem Falle ein basischer Farbstoff dieselbe Indikatoreigenschaft für das adsorbierte Bromion besitzt wie ein saurer Farbstoff (etwa Eosin) für Silberionen. In der Tat konnten K. FAJANS und H. WOLFF[3] nachweisen, daß der basische Farbstoff „Rhodamin 6 G" als Indikator zu einer Silbertitration mit Bromid sehr geeignet ist. Solange die Silberionen im Überschuß sind, bedecken sie die Oberfläche des Bromsilbers, und die Adsorption von Farbstoff ist so geringfügig, daß dessen Hauptmenge mit der dem freien Kation eigenen Farbe in Lösung verbleibt. Erst in unmittelbarer Nähe des Äquivalenzpunktes, und besonders bei dessen Überschreiten, werden die Farbstoffkationen in beträchtlicher Menge an die

---

[1] Über die interessante Erscheinung der Deformation vgl. besonders K. FAJANS: Naturwiss. Bd. 11, S. 165. 1923.

[2] Über die Adsorption an Silberhalogeniden:
FAJANS, K. und v. BECKERATH: Z. physik. Chem. Bd. 97, S. 478. 1921.
FAJANS, K. und W. FRANKENBURGER: Z. physik. Chem. Bd. 105, S. 255. 1923, wo weitere Literatur zu finden ist.

[3] FAJANS, K. und H. WOLFF: Z. anorg. u. allg. Chem. Bd. 137, S. 221. 1924.

durch die Bromionen negativ aufgeladenen Bromsilberteilchen adsorbiert, womit eine starke Farbänderung verbunden ist. Genügend scharfe Umschläge erzielt man freilich nur dann, wenn wenigstens ein Teil des bei der Titration entstehenden Halogensilbers in Solform bestehen bleibt. Bei zu starker Koagulation wird einerseits die adsorbierende Oberfläche zu stark verkleinert, andererseits vollzieht sich die Farbänderung nicht in der ganzen Flüssigkeit, sondern ist auf die Oberfläche des Niederschlags beschränkt. Es wäre interessant, den Einfluß von Schutzkolloiden auf den genannten Vorgang näher zu verfolgen.

Grundbedingung für eine brauchbare Indikatorwirkung (z. B. für Kationen) ist, daß der Niederschlag sich nicht färbt, bevor ein geringer Überschuß bestimmter Ionen vorhanden ist, oder eben erst im Äquivalenzpunkt. Nehmen wir an, wir titrieren eine Chloridlösung mit Silbernitrat und verwenden dabei ein Indikatoranion wie Fluorescein oder Eosin. Zu Beginn der Titration wird Silberchlorid gebildet, welches Chlorionen adsorbiert. Nun kann unter Umständen das Indikatoranion stärker adsorbiert werden als das Chlorion: dann färbt sich der Niederschlag, schon lange bevor der Äquivalenzpunkt erreicht ist. Der Indikator ist dann also unbrauchbar. In Wirklichkeit trifft dies z. B. bei der Chloridtitration mit Eosin als Indikator zu, wobei keine guten Resultate erhalten werden. Andererseits wird Fluorescein weniger stark adsorbiert als Eosin und ermöglicht bei der Chloridbestimmung vorzügliche Ergebnisse.

Wesentlich ist also die Adsorptionsfähigkeit eines Indikatoranions gegenüber derjenigen des Halogenanions, das noch im Überschuß vorhanden ist. Bekanntlich nimmt die Adsorbierbarkeit in der Reihenfolge Cl′ — Br′ — J′ zu, und daher rührt es, daß Eosin wohl ein geeigneter Indikator für die Bromid- und Jodidtitration ist, jedoch nicht für die Chloridbestimmung. Hingegen wird Erythrosin (Tetrajodfluorescein) so stark adsorbiert, daß der Umschlag selbst bei der Jodtitration nicht mehr genügend scharf ist. Das für die Anionen Gesagte gilt — mutatis mutandis — auch für die Kationen.

Eingehender hat H. Mc COLLOCH WEIR[1] die Adsorption von Erythrosin an negativen Silberbromidsolen untersucht. Die Ad-

---

[1] Mc COLLOCH WEIR, H.: Dissertation. München 1926.

sorption des Erythrosins sinkt mit steigendem Bromidgehalt der Lösung. Auch Rhodanid wirkt stark verdrängend auf den Farbstoff, Chlorid hat hingegen fast keinen, Jodat, Carbonat, Phosphat, Sulfat und Nitrat haben überhaupt keinen Einfluß.

Ebenso wurde die Wirkung verschiedener Anionen auf die Adsorption an negativen Chlorsilbersuspensionen studiert. Chlorid vermindert die Adsorption des Farbstoffanions, Jodat, Carbonat, Oxalat, Phosphat und Sulfat üben gar keinen Einfluß aus.

Andererseits wurde die Adsorption der basischen Farbstoffe Phenosafranin und Rhodamin 6 G an positiven Bromsilbersuspensionen untersucht. Hier nimmt die Adsorption des Farbstoffs mit zunehmendem Silbergehalt ab. Bei Rhodamin 6 G ändert sich die Adsorption beim Äquivalenzpunkte sprungweise, daher ist es bei der Silbertitration mit Bromid ein ausgezeichneter Indikator. Für Phenosafranin ist die Adsorptionsänderung am Äquivalenzpunkt sehr gering, doch eignet es sich sehr gut als Indikator zur Silbertitration mit Bromid, weil die Farbe von Blau (Überschuß Silber) nach Rot wechselt (Überschuß Bromid). Der Mechanismus dieses Farbenumschlags konnte noch nicht aufgeklärt werden.

Die günstigsten Voraussetzungen für eine gute Indikatorwirkung sind nicht so einfach zu treffen, sie sind auch noch nicht eingehend genug studiert worden, als daß wir sie schon exakt festlegen könnten. Im praktischen Teil werden wir einige Anwendungen dieser Adsorptionsindikatoren besprechen. Hier wollen wir nur noch kurz den Einfluß der Wasserstoffionenkonzentration auf den Farbenumschlag berühren.

Bei Benutzung einer Farbstoffsäure als Indikator ist zu bedenken, daß solche Stoffe, wie Fluorescein, Eosin u. a. schwache Säuren sind. Bei Titrationen in stark saurer Lösung können womöglich die Wasserstoffionen die Dissoziation der Indikatorsäure so weit zurückdrängen, daß nicht mehr genügend Anionen für die Bildung der gefärbten Adsorptionsschicht in der Lösung verbleiben. Die Brauchbarkeit eines Indikators hängt wesentlich von der Dissoziationskonstante der Säure, dem Löslichkeitsprodukt des gefärbten Indikatorsalzes und vom Adsorptionspotential des Niederschlages für die Farbstoffanionen ab.

Wenn wir auch theoretisch das Verhalten der Farbstoffindikatoren noch nicht ganz übersehen, so lehrt doch die praktische

Erfahrung, daß die Chloridtitration mit Fluorescein als Indikator in saurer Lösung keinen Umschlag gibt, dagegen kann die Bromidbestimmung mit Eosin noch mit gutem Erfolge durchgeführt werden, sobald die Wasserstoffionenkonzentration unter 0,1 n bleibt.

Für die Verwendung von Farbstoffbasen als Indikatoren liegen die Bedingungen günstiger. Jedoch können hier die Wasserstoffionen den Farbstoff aus der Adsorptionsschicht verdrängen und dadurch den Indikator unwirksam machen. Zudem wirken Wasserstoffionen koagulierend und vermindern daher die wirksame Oberfläche. Praktisch hat sich gezeigt (FAJANS und WOLFF), daß die Titration von Bromid mit Rhodamin 6 G als Indikator bis zu einer Säurekonzentration von 0,5 n noch wertvolle Resultate liefert.

Nicht nur Silberionen neigen dazu, einen deformierenden Einfluß auf Anionen unter Bildung gefärbter Verbindungen auszuüben, sondern auch Mercuri-, Blei-, Kupfer- und andere Ionen sind hierzu befähigt. Daher sind die Adsorptionsindikatoren nicht spezifisch allein für Silberhaloide, sie können auch anderweit für Titrationen mit anderen Kationen oder Anionen verwandt werden. Ganz allgemein hat doch ein schwer löslicher Niederschlag die Eigenschaft, besonders die Ionen an seinem Raumgitter festzuhalten, die er selbst enthält. So adsorbieren die Silberhalogenide besonders Silberionen einerseits, Halogenionen andererseits — Bleisulfat Bleiionen oder auch Sulfationen. Hier liegt noch ein weites Arbeitsfeld offen, und viele neue Methoden sind auf diesem Gebiete an Hand systematischer Untersuchungen zu erwarten[1].

Am Schluß dieses Kapitels wollen wir nochmals mit Entschiedenheit betonen, daß die theoretische Erörterung der Empfindlichkeit und Brauchbarkeit der Indikatoren bei Titrationen von größter Bedeutung ist, um die günstigsten Arbeitsbedingungen festzustellen (vgl. auch das nächste Kapitel über den „Titrierfehler").

Jedoch versäume man nie, die theoretischen Ableitungen auch praktisch zu prüfen, statt sich nur mit dem Resultat der Berechnungen zufrieden zu geben. Die Empfindlichkeit der Indikatoren und ihr sonstiges Verhalten

---

[1] Vgl. in dieser Beziehung auch O. HASSEL: Kolloid-Z. Bd. 34, S. 305. 1924.

sind ja doch von so vielen äußeren Faktoren abhängig, wie Beleuchtung, Temperatur, Indikatormenge, Durchsichthöhe, subjektiver Wahrnehmung u. a.; und all diesen Momenten hat man in der praktischen Maßanalyse Rechnung zu tragen.

Fünftes Kapitel.

Der Titrierfehler.

§ 1. Definition. Als „Titrierfehler" bezeichnen wir in erster Linie den Fehler, der dadurch entsteht, daß ein Indikator nicht genau im Äquivalenzpunkt umschlägt, sondern etwas früher oder später.

Von den methodischen Fehlern jeder Bestimmung, deren Ursache in technischen Mängeln der Meßapparate und ihrer Handhabung liegt: etwa Einteilungs-, Ablesungs- und Nachlauffehlern, wollen wir hier absehen. Auch den Tropfenfehler wollen wir außer acht lassen. N. Bjerrum[1] sagt von diesem: „Bei einer Titration setzt man die Titerflüssigkeit zu, bis gerade die zuletzt zugesetzte Menge, gewöhnlich ein Tropfen, einen bestimmten Effekt in der Lösung hervorgerufen hat. Selbst wenn nun auch der gewünschte Effekt ganz scharf eintritt und z. B. durch einen Zusatz von 0,001 cm^3 Titrierflüssigkeit hervorgerufen werden kann, so wird doch bei diesem Verfahren wahrscheinlich zu viel von der Titerflüssigkeit zugefügt, und zwar eine Menge von der Größenordnung der zuletzt zugefügten Portion. Der hiervon herrührende Fehler ist der Tropfenfehler." Es sei darauf hingewiesen, daß man in verschiedenen Fällen (für sehr verfeinerte Analysen) den Tropfenfehler noch experimentell bestimmen kann, wenn etwa Farbenindikatoren den Umschlag bezeichnen. Bei einer Neutralisationsanalyse könnte man nach Zusatz des letzten Tropfens die Wasserstoffionenkonzentration in der titrierten Flüssigkeit elektrometrisch oder colorimetrisch bestimmen und daraus den vorhandenen Überschuß an Reagens berechnen. Bei sehr genauen oxydimetrischen Versuchen mit Permanganat wird es als ein Nachteil empfunden, daß die rote Farbe des Reagens nicht allzu empfindlich wahrzunehmen ist. Hier

---

[1] Bjerrum, N.: Die Theorie der alkalimetrischen und acidimetrischen Titrierungen. Sammlung Herz. S. 74. Stuttgart 1914.

kann man aber den Tropfenfehler bestimmen, indem man den kleinen Überschuß an Reagens jodometrisch zurücktitriert, oder in einem Blindversuch colorimetrisch die überschüssige Menge Titerlösung bestimmt.

Der Titrierfehler hängt von verschiedenen Faktoren, wie Empfindlichkeit des Indikators, Art des zu titrierenden Systems, Temperatur, Verdünnung u. a. ab. Wir werden diese nunmehr für verschiedene Fälle ausführlicher besprechen und uns dabei bemühen, die Theorie möglichst einfach zu gestalten.

§ 2. Der Titrierfehler in der Fällungsanalyse. Am einfachsten sind die Titrierfehler in der Fällungsanalyse zu beurteilen.

Denken wir uns, wir titrieren ein bestimmtes Kation $B^{\cdot}$ (etwa Silber), und setzen die Empfindlichkeit des verwendeten Indikators für $B^{\cdot}$ gleich „a"; hierbei sei „a" ausgedrückt in Gramm-Äquivalenten im Liter. Wenn nun das Endvolumen der Flüssigkeit (also beim Umschlagpunkte des Indikators) gleich v ist, so beträgt die Konzentration von $B^{\cdot}$ in Gramm-Äquivalenten

$$[B^{\cdot}] = \frac{a}{1000} \cdot v \, .$$

In erster Annäherung können wir nun annehmen, daß der bei der Titration unterlaufende Fehler dieser B-Ionenkonzentration beim Umschlagpunkt entspricht.

Sind wir nun ausgegangen von V cm³ einer $B^{\cdot}$-Lösung, von einer Normalität n, so enthält diese

$$V \frac{n}{1000} \text{ Gramm-Äquivalente } B^{\cdot}.$$

Der Titrierfehler ausgedrückt in Prozenten ist dann:

$$T.F. = \frac{a\,v}{V\,n} \cdot 100\% \tag{130}$$

(angenäherte Gleichung)

Wie schon gesagt, gibt obenstehende Gleichung nur angenähert richtige Werte. Praktisch wird man sie meist zur Berechnung des Titrierfehlers benutzen dürfen. In besonderen Fällen, vor allem, wenn man in sehr verdünnten Lösungen arbeitet, oder bei größeren Löslichkeitsprodukten, empfiehlt sich die Verwendung eines exakteren Ansatzes.

Wir haben bei der bisherigen Ableitung einen Fehler gemacht durch die Annahme, daß die Empfindlichkeit „a" des Indikators genau der B-Ionenkonzentration entspricht, die nicht mehr mit titriert wurde. Das stimmt nicht genau, denn im Äquivalenzpunkt ist die B-Ionenkonzentration nicht 0, sondern $\sqrt{L}$, sofern L das Löslichkeitsprodukt der gebildeten schwer löslichen Verbindung BA bedeutet. Wenn nun der Indikator bei einer Konzentration „a" an B-Ionen umzuschlagen beginnt, so läßt sich die Menge an B-Ionen einfach berechnen, welche vom Niederschlag geliefert wird. Ist doch:

$$[\mathrm{B^\cdot}]\,[\mathrm{A'}] = L\,.$$

$$[\mathrm{A'}] = \frac{L}{[\mathrm{B^\cdot}]} = \frac{L}{a}\,.$$

Nun sendet der Niederschlag gleiche Mengen A- und B-Ionen in Lösung, beide haben die Konzentration $\frac{L}{a}$. Beim Sichtbarwerden des Umschlags sind daher nicht ganz a Mole B-Ionen untitriert geblieben, sondern nur $a - \frac{L}{a}$; und der genaue Ausdruck für den Titrierfehler lautet dann:

$$T.F. = \frac{a^2 v - L v}{a \cdot V \cdot n} \cdot 100\% \quad \text{(genaue Gleichung)} \quad (131)$$

wobei L wieder das Löslichkeitsprodukt von BA ist.

Hat der Niederschlag nicht die Zusammensetzung BA, sondern $\mathrm{B_2A}$, so ist beim Umschlagpunkt der wirkliche Überschuß an B-Ionen:

$$a - 2\,\frac{L_{\mathrm{B_2A}}}{a^2}\,.$$

Kennen wir die Empfindlichkeit a des Indikators für B-Ionen und ebenso auch das Löslichkeitsprodukt der schwer löslichen Verbindung, so läßt sich in allen Fällen die Größe des Titrierfehlers bestimmen.

Der Fehler kann natürlich nach beiden Seiten liegen, positiv oder negativ sein, je nachdem, ob wir $\mathrm{B^\cdot}$ mit $\mathrm{A'}$ oder $\mathrm{A'}$ mit $\mathrm{B^\cdot}$ titrieren.

Als Beispiel betrachten wir die Titration von Chlorid nach Mohr. Praktisch hat sich eine Indikatorkonzentration entsprechend 10^{-2} molar Chromat in der Lösung als sehr geeignet erwiesen. Das Löslichkeitsprodukt von Silberchromat ist etwa $2 \cdot 10^{-12}$. Die „theoretische" Empfindlichkeit des Indikators für Silberionen beträgt unter diesen Verhältnissen also:

$$[\text{Ag}^{\cdot}] = \sqrt{\frac{L_{\text{Ag}_2\text{CrO}_4}}{[\text{C} \cdot \text{O}_4'']}} = \sqrt{\frac{2 \cdot 10^{-12}}{10^{-2}}} = 1{,}4 \cdot 10^{-5}.$$

Durch Versuche kann man unter günstigen Umständen auch wirklich diese theoretische Empfindlichkeit für 0,01 molare Chromatlösung nachweisen. Die sehr schwache Farbänderung bei der Grenzempfindlichkeit ist aber bei einer Titration nur sehr schwer wahrzunehmen. Man titriert besser auf eine Silberionenkonzentration gleich $3 \cdot 10^{-5}$, entsprechend einem p_{Ag} von 4,5.

Der Titrierexponent beträgt hier also $p_{\text{T}} = 4{,}5$.

Wenn wir so z. B. 50 cm^3 0,1 n-Natriumchlorid mit 0,1 n-Silbernitrat bestimmen, so ist am Umschlagpunkt des Indikators

$$a = 3 \cdot 10^{-5}.$$

Bei Anwendung der angenäherten Gleichung gilt:

$$T.F. = \frac{a \, v}{V \cdot n} \cdot 100\% . \tag{130}$$

Dabei ist $v = 100$; $V = 50$; n ist 0,1; und

$$T.F. = \frac{3 \cdot 10^{-5} \cdot 100}{50 \cdot 0{,}1} \cdot 100 = 0{,}06\% .$$

Unter Benutzung der genauen Gleichung:

$$T.F. = \frac{a^2 v - L v}{a \cdot V \cdot n} \cdot 100\% . \tag{131}$$

Da L_{AgCl} abgerundet $1 \cdot 10^{-10}$,

$$T.F. = \frac{9 \cdot 10^{-10} \cdot 100 - 10^{-10} \cdot 100}{3 \cdot 10^{-5} \cdot 50 \cdot 0{,}1} \cdot 100 = 0{,}05\% .$$

Es macht hier also sehr wenig aus, ob wir die angenäherte oder genaue Gleichung anwenden. Dies rührt daher, daß bei einem Silberionenüberschuß von $3 \cdot 10^{-5}$ die Löslichkeit des Silberchlorids vernachlässigbar klein wird, nämlich abgerundet $3 \cdot 10^{-6}$. Der zugefügte Überschuß an Silberionen beträgt statt $3 \cdot 10^{-5}$ noch $2{,}7 \cdot 10^{-5}$; der geringe Unterschied ist also ohne Belang.

Wenn wir aber an Stelle von 0,1 n-Lösungen 0,01 normale titrieren, so wird n in den obenstehenden Gleichungen 0,01 statt 0,1, und der Titrierfehler wird 0,6% (angenähert) oder 0,5% (genau berechnet) betragen.

Die nähere Betrachtung der Gleichung (131) für den Titrierfehler lehrt, daß dieser um so kleiner wird:

1. je größer die Empfindlichkeit des Indikators, also je kleiner a ist;

2. je kleiner das Löslichkeitsprodukt L ist;

3. je kleiner das Endvolumen v ist. Daher ist immer zu empfehlen, mit nicht zu verdünnter Titerlösung zu titrieren. Allerdings darf die zugefügte Menge nicht zu klein gewählt werden, andernfalls die methodischen Fehler (Ablesefehler u. dgl.) zu stark ins Gewicht fallen;

4. je größer V ist. Praktisch besteht natürlich ein enger Zusammenhang zwischen dem Endvolumen v und dem Anfangsvolumen V. Um das Verhältnis $v:V$ möglichst klein zu halten, empfiehlt es sich, die Titerlösung möglichst konzentriert zu wählen (vgl. unter 3). Dies trifft natürlich besonders dort zu, wo der Titrierfehler Werte von praktischer Bedeutung annimmt;

5. je größer n ist. Bei der Titration konzentrierterer Lösungen ist der Titrierfehler kleiner als bei verdünnteren Flüssigkeiten, und zwar wächst der Fehler umgekehrt proportional zur Normalität.

§ 3. Der Titrierfehler in der Neutralisationsanalyse. Bei der Berechnung des Titrierfehlers für die Titration starker Säuren mit starken Basen können wir praktisch immer mit der angenäherten Gleichung auskommen, die wir für die Fällungsanalyse abgeleitet haben (S. 119).

Als Beispiel betrachten wir die Titration von 50 cm³ 0,1 n-Salzsäure mit 0,1 n-Natron unter Verwendung von Dimethylgelb als Indikator. Nehmen wir den Titrierexponenten zu $p_T = 4{,}0$ an, so ist $a = [\text{H}^\cdot] = 10^{-4}$.

$$T.F. = \frac{a\,v}{V\,n} \cdot 100 = \frac{-10^{-4} \cdot 100}{50 \cdot 0{,}1} \cdot 100 = -0{,}2\,\% \,.$$

Führen wir die Titration auf Phenolphthalein aus und ist $p_T = 9$, so ist p_{OH} bei Zimmertemperatur gleich 5, und $[\text{OH}'] = a = 10^{-5}$.

$$T.F. = +0{,}02\,\% \,.$$

Bei der Dimethylgelbtitration von 0,1 n-Salzsäure mit 0,1 n-Lauge tritt der Umschlag also etwa um 0,2% zu früh ein, bei Phenolphthalein um 0,02% zu spät. Die Spanne zwischen beiden Indikatorumschlägen entspricht also einer Differenz von 0,22% bei der Titration 0,1 normaler Lösungen. Praktisch läßt sich dies auch bestätigen, wenn man nur dafür Sorge trägt, daß die Flüssigkeit keine Kohlensäure und die Lauge kein Carbonat enthält. Wir kommen auf diesen sehr wichtigen Punkt im praktischen Teil zurück.

Bei der Titration von 0,01 n-Lösungen beträgt der Titrierfehler auf Dimethylgelb -2%, auf Phenolphthalein $0,2\%$. Dimethylgelb ist daher für diesen Fall nicht mehr geeignet, man muß einen Indikator wie Methylrot verwenden, der näher am Neutralpunkt ($p_H = 7$) umschlägt. Ist der Titrierexponent für Methylrot z. B. 6, so ist $a = 10^{-6}$ und der Titrierfehler nur $-0,02\%$.

Für die Ableitung des Titrierfehlers bei der Bestimmung schwacher Säuren oder Basen, oder bei der Titration starker Basen, die an schwache Säuren gebunden sind (Borax, Soda) oder umgekehrt, oder bei der Titration von Gemischen verschiedener Säuren bzw. Basen, reicht die einfache Gleichung nicht mehr aus.

Nehmen wir als Beispiel die Titration von 0,1 n-Essigsäure mit 0,1 n-Lauge!

$p_T = 5$. Titrieren wir bis zu einer Wasserstoffionenkonzentration von 10^{-5}, so läßt sich aus der Dissoziationskonstante der Essigsäure leicht das Verhältnis der Anteile neutralisierter und freier Säure [HAc] ermitteln[1].

Aus der Gleichung:

$$\frac{[\mathrm{H^{\cdot}}][\mathrm{Ac'}]}{[\mathrm{HAc'}]} = K_{\mathrm{HAc}} = \text{abger. } 2 \cdot 10^{-5}$$

finden wir:

$$\frac{[\mathrm{HAc}]}{[\mathrm{Ac'}]} = \frac{[\mathrm{H^{\cdot}}]}{K_{\mathrm{HAc}}} = \frac{10^{-5}}{2 \cdot 10^{-5}} = 0,5.$$

Daraus folgt also, daß bei einem Titrierexponenten von 5 erst zwei Drittel der Essigsäure neutralisiert sind. Der Titrierfehler ist daher $-33,3\%$.

Bei einem p_H von 6 ist das Verhältnis $[\mathrm{HAc}] : [\mathrm{Ac'}] = 0,05$, der Titrierfehler etwa -5%.

Bei einem p_T von 7 ist das genannte Verhältnis 0,005 und der Titrierfehler nur noch $-0,5\%$; bei einem $p_T = 8$ endlich ist das Verhältnis auf 0,0005 und der Titrierfehler auf $-0,05\%$ gesunken.

---

[1] Wir nehmen dabei an, daß das Salz vollständig dissoziiert, m. a. W., daß die Aktivität der Ionen gleich der Salzkonzentration ist.

Im letzteren Falle ist der Titrierfehler sogar noch etwas kleiner, denn die nach der einfachen Gleichung berechnete Menge Essigsäure stammt zum kleinen Teil aus der Hydrolyse des gebildeten Natriumacetats. Für eine genaue Berechnung des Titrierfehlers müßten wir diese Menge in Abzug bringen.

Wenn wir 0,1 n-Essigsäure mit 0,1 n-Lauge neutralisieren, so ist beim $p_H = 8$ die Acetatkonzentration 0,05 n, hingegen die Konzentration der Essigsäure:

$$[HAc] = \frac{[H^{\cdot}][Ac']}{K_{HAc}} = \frac{10^{-8} \cdot 5 \cdot 10^{-2}}{2 \cdot 10^{-5}} = 2{,}5 \cdot 10^{-5}.$$

Die Hydrolysengleichung besagt:

$$Ac' + H_2O \rightleftharpoons HAc + OH'.$$

Wir setzen die Konzentration der Säure, die durch Hydrolyse entstanden ist, gleich x. Denselben Wert hat die Konzentration der gleichzeitig gebildeten Hydroxylionen. Weil nun in unserem Falle $p_H = 8$, so ist $p_{OH} = 6$ und $[OH'] = 10^{-6}$. Die durch Hydrolyse entstandene Menge Essigsäure beträgt also auch 10^{-6} Mol $= L$ und die Menge Säure, welche bei $p_H = 8$ noch titriert werden muß, ist $2{,}5 \cdot 10^{-5} - 0{,}1 \cdot 10^{-5}$. Die hydrolytisch gebildete Menge Essigsäure ist also sehr klein und zu vernachlässigen; und wir können mit Hilfe der einfachen Gleichung für die Dissoziationskonstante bei jedem p_H das Verhältnis [freie Säure] : [neutralisierte Säure] berechnen und daraus direkt den Titrierfehler ableiten. Aus dem Obenstehenden ergibt sich nun, daß der Titrierfehler weitgehend von der Verdünnung unabhängig ist. Dies trifft auch praktisch bei der Essigsäure zu, wenn man bis zum p_T von 8 bis 9 titriert; in Verdünnungen größer als 0,001 n aber nicht mehr. Dann nimmt nämlich die Hydrolyse relativ stark zu, und dem muß in der Nähe des Äquivalenzpunktes Rechnung getragen werden.

Titriert man bis zu einem p_T von 9, so ist, wie sich leicht ableiten läßt, der Titrierfehler kleiner als 0,2 %, falls man mit 0,1 n-Lösung arbeitet und die Dissoziationskonstante der Säure größer als $4{,}5 \cdot 10^{-7}$ ist.

Will man unter denselben Verhältnissen bis zu einem p_T gleich 10 titrieren, so muß die Konstante der Säure größer als $2{,}5 \cdot 10^{-8}$ sein.

Diese Grenze geht aus einer einfachen Berechnung hervor.

Wir stellen uns die Titration von 50 cm³ 0,1 n-Lösung der schwachen Säure mit 0,1 n-Lauge vor. Das Gesamtvolumen wächst dabei auf 100 cm³. p_T nehmen wir gleich 9; wir titrieren also bis zu einem p_H von 9 — oder einem p_{OH} von 5 — oder einer [OH'] von 10^{-5}.

Ist nun ein Fehler von $-0,2\%$ zulässig, so bedeutet dies, daß beim Endpunkt (also $p_T = 9$) noch 0,1 cm³ 0,1 n-Säure auf 100 cm³ des Säure-Basen-Gemisches neutralisiert werden muß. Dem entspricht eine Konzentration:

$$[HA] = 10^{-4}.$$

Nun ist [OH'] beim Endpunkt 10^{-5}; die totale Menge an HA also

$$[HA] = 10^{-4} + 10^{-5} = 1,1 \cdot 10^{-4}.$$

Weil $[H^{\cdot}] = 10^{-9}$ und $[A'] = 5 \cdot 10^{-2}$, so berechnen wir einen Wert für K_{HA}:

$$K_{HA} = \frac{[H^{\cdot}][A']}{[HA]} = 4,5 \cdot 10^{-7}.$$

Soll die Titration also wenigstens bis auf $-0,2\%$ genau ausfallen, so muß K_{HA} größer sein als $4,5 \cdot 10^{-7}$.

Nehmen wir nun den Fall an, daß wir eine Mischung von 0,01 n schwacher Säure mit 0,01 n-Lauge auf eine Genauigkeit von $-0,2\%$ bis zu einem p_T von 9 titrieren wollen. Ein Fehler von $-0,2\%$ entspricht dann im Endpunkt einer Konzentration von 10^{-5} n-Säure, welche noch neutralisiert werden muß. Dann ist

$$[HA] = 10^{-5} + 10^{-5} = 2 \cdot 10^{-5};$$
$$[H^{\cdot}] = 10^{-9}; \quad [A'] = 5 \cdot 10^{-3}$$

und

$$K_{HA} = \frac{5 \cdot 10^{-3} \cdot 10^{-9}}{2 \cdot 10^{-5}} = 2,5 \cdot 10^{-7}.$$

Auf gleiche Weise berechnen wir, daß für die Titration von 0,001 n-Säure bis $p_T = 9$ die Konstante K_{HA} größer sein muß als $4,5 \cdot 10^{-8}$.

Hieraus könnte man schließen, daß die Genauigkeit mit steigender Verdünnung der Flüssigkeit zunehmen muß. Diese Folgerung ist jedoch nicht richtig, denn praktisch erreicht man nicht genau den Wert von $p_H = 9,0$, sondern muß eine Abweichung von etwa $\pm 0,2$ in Kauf nehmen. Weiterhin ist die Farbänderung in den verdünnten Lösungen viel unschärfer als in konzentrierten und daher auch die absolute Genauigkeit kleiner[1].

Bei der exakten Berechnung des Titrierfehlers haben wir darauf schon hingewiesen.

Im großen und ganzen lassen sich jedoch die Angaben der folgenden Tabelle zur Beurteilung der Möglichkeit einer Titration verwenden.

Titrierfehler kleiner als 0,2%.

Titration von schwachen Säuren.

$$p_T = 9 \quad \ldots \ldots \quad K_{HA} \text{ muß größer sein als } 3 \cdot 10^{-7}$$
$$p_T = 10 \quad \ldots \ldots \quad K_{HA} \quad \text{,,} \quad \text{,,} \quad \text{,,} \quad \text{,,} \quad 2 \cdot 10^{-8}$$

Titration von schwachen Basen.

$$p_T = 5 \quad \ldots \ldots \quad K_{B} \text{ muß größer sein als } 3 \cdot 10^{-7}$$
$$p_T = 4 \quad \ldots \ldots \quad K_{B} \quad \text{,,} \quad \text{,,} \quad \text{,,} \quad \text{,,} \quad 2 \cdot 10^{-8}.$$

Falls die Dissoziationskonstanten noch kleiner sind als die Werte, welche die Tabelle verzeichnet, so kann man unter günstigen Verhältnissen in bestimmten Fällen noch brauchbare Resultate erzielen, indem man bis zu einem anderen Titrierexponenten titriert und dabei eine Vergleichslösung benutzt von demjenigen p_H, und mit genau derselben Menge Indikator, wie sie die zu titrierende Lösung im Endpunkte haben soll. Wir wollen beispielsweise eine 0,1 n-Lösung einer Base von der Dissoziationskonstante $K_{BOH} = 10^{-9}$ titrieren. Im Äquivalenzpunkt ist dann

$$p_H = 7 - \frac{1}{2} p_{BOH} - \frac{1}{2} \log c = 7 - 4,5 + 0,65 = 3,15 \,.$$

Titriert man also genau bis zu einem $p_T = 3,15$, so findet man richtige Werte. Jedoch ist der Farbumschlag nicht scharf, und praktisch kann man nie ganz genau bis zu einem bestimmten p_T gelangen. Ein Irrtum in der Wahrnehmung vom p_H von $\pm\, 0,2$ ist immer möglich, und daher ist die Genauigkeit in diesem Fall nicht größer als 1%, selbst wenn man unter den günstigsten Bedingungen arbeitet.

Für jede Titration einer schwachen Säure oder einer schwachen Base läßt sich der Titrierfehler in der Weise, wie oben angegeben, genau berechnen, und man kann innerhalb eines Beobachtungsfehlers von $\pm\, 0,2$ dem richtigen p_H nahekommen.

---

[1] Im praktischen Teil kommen wir hierauf eingehend zurück.

Für jeden anderen Fall läßt sich der Titrierfehler immer berechnen, sofern die Werte der Konstanten bekannt sind.

Betrachten wir zuerst die Titration einer schwachen Säure, wie Essigsäure mit einer schwachen Base, z. B. Ammoniak. Praktisch wird man eine derartige Bestimmung nie direkt vornehmen. Will man jedoch eine ammonchloridhaltige Lösung von Essigsäure bestimmen, so läßt sich die direkte Bestimmung gar nicht umgehen. Auch für die Herstellung von Lösungen, welche genau äquivalente Mengen Essigsäure (oder einer anderen schwachen Säure) und Ammoniak enthalten, ist das genannte Problem von Bedeutung.

Wir arbeiten mit 0,1 n-Essigsäure und 0,1 n-Ammoniak; der Äquivalenzpunkt liegt genau bei $p_H = 7$; der Titrierexponent p_T ist in diesem Falle 7,0. Erkennt man nun den Endpunkt mit einer Genauigkeit von $\pm 0,2$ im p_H (was praktisch leicht möglich ist bei Gebrauch einer guten Vergleichslösung), so können wir aus der Änderung vom p_H in der Nähe des Äquivalenzpunktes leicht den Titrierfehler berechnen. Auf S. 52 haben wir gesehen, daß beim $p_H = 6,8$ 99,5% der Essigsäure neutralisiert sind, beim $p_H = 7,2$ ein Überschuß von 0,5% Ammoniak vorliegt. Daher beträgt in unserem Falle bei einer Genauigkeit von 0,2 im p_H der Titrierfehler 0,5%.

Die Berechnung des Titrierfehlers bei der Bestimmung einer mäßig starken Säure neben einer sehr schwachen, oder bei der Titration einer zweibasischen Säure bis zum sauren Salz ist von großem praktischem Interesse. Als Beispiel wählen wir den häufigen Fall der Kohlensäuretitration mit Lauge bis zum Natriumbicarbonat oder der Carbonattitration mit Säure bis zum gleichen Punkt. Dabei wollen wir die Ableitung möglichst einfach fassen und auf die exakten theoretischen Gleichungen verzichten.

Die erste Dissoziationskonstante K_1 der Kohlensäure ist $3 \cdot 10^{-7}$, während K_2 gleich $6 \cdot 10^{-11}$. Die Wasserstoffionenkonzentration einer Bicarbonatlösung kann leicht berechnet werden (vgl. S. 34) nach der Gleichung:

$$[H^\cdot] = \sqrt{K_1 K_2} = 4.25 \cdot 10^{-9} ,$$
$$p_H = 8,37 .$$

Experimentell fand M. Cox[1] ein p_H von 8,4, also in guter Übereinstimmung mit dem theoretischen Wert.

Dies p_H ist der Titrierexponent, wenn wir Kohlensäure oder Carbonat bis zum Bicarbonat titrieren wollen. Welche sind nun die Fehler, wenn wir einerseits Kohlensäure z. B. bis $p_H = 8{,}0$, andererseits Carbonat auf $p_H = 8{,}7$ titrieren? Aus der Gleichung für die erste Dissoziationskonstante der Kohlensäure berechnet sich die Gesamtmenge Kohlensäure bei $p_H = 8{,}0$. Wir wollen annehmen, daß wir bei der Titration von 0,1 n-Lösungen ausgegangen sind; die Bicarbonatkonzentration beim Endpunkt ist mithin gleich $5 \cdot 10^{-2}$. Dann ist:

$$[H_2CO_3] = \frac{[H^\cdot][HCO_3']}{K_1} = \frac{10^{-8} \cdot 5 \cdot 10^{-2}}{3 \cdot 10^{-7}} = 1{,}7 \cdot 10^{-3}\,.$$

Diese Gesamtmenge Kohlensäure ist jedoch größer als die, welche noch titriert werden muß. Infolge der Hydrolyse des Natriumbicarbonats wird nämlich auch ein wenig Kohlensäure gebildet, welche also beim Äquivalenzpunkt nicht „neutralisiert" ist. Wir müssen daher bei einem p_H gleich 8 die Menge Kohlensäure hydrolytischen Ursprungs berechnen und diese vom obengenannten Wert von $1{,}7 \cdot 10^{-3}$ molar abziehen.

Zur Berechnung betrachten wir die Gleichung:

$$2\,HCO_3' \rightleftarrows H_2CO_3 + CO_3''\,.$$

Es werden also durch Hydrolyse aus Bicarbonation bei diesem, wie bei einem anderen p_H gleiche Mengen Kohlensäure und Carbonat gebildet.

Nun wissen wir, daß:

$$\frac{[H^\cdot][HCO_3']}{[H_2CO_3]} = K_1 = 3 \cdot 10^{-7}\,,$$

$$\frac{[H^\cdot][CO_3'']}{[HCO_3']} = K_2 = 6 \cdot 10^{-11}\,.*$$

Hieraus ergibt sich, daß:

$$[H_2CO_3]\,[CO_3''] = [HCO_3']^2 \cdot \frac{K_2}{K_1}\,.$$

---

[1] COY, MAC: Amer. J. Chem. Bd. 31, S. 503. 1904.

* Neu bestimmte Zahlenwerte der Diss.-Konstanten sind im Anhang, Tab. 2, zu finden; hier und wie auch auf der nächsten Seite für die Phosphorsäure wird mit vielgebrauchten älteren Werten gerechnet.

In unserem Falle ist $[HCO_3'] = 5 \cdot 10^{-2}$; so daß

$$[H_2CO_3]\,[CO_3''] = 5 \cdot 10^{-7}\,.$$

Wir sahen oben, daß beim $p_H = 8,0$ die totale Menge freier Kohlensäure gleich $1,7 \cdot 10^{-3}$ ist.

Dann wird

$$[CO_3''] = \frac{5 \cdot 10^{-7}}{1,7 \cdot 10^{-3}} = 3 \cdot 10^{-4}\,.$$

Die Menge der durch Hydrolyse entstandenen Kohlensäure ist also auch gleich $3 \cdot 10^{-4}$, und die Konzentration der Kohlensäure, die noch titriert werden muß, beträgt

$$1,7 \cdot 10^{-3} - 0,3 \cdot 10^{-3} = 1,4 \cdot 10^{-3}\,.$$

Und da wir mit 0,1 n-Lösungen arbeiten, ist der Titrierfehler 2,8 % bei einem p_H von 8,0.

Übrigens läßt sich einfach nachweisen, daß der Titrierfehler in diesem Falle unabhängig von der Verdünnung ist. Nur wenn wir zu sehr kleiner Endkonzentration kommen (kleiner als 0,001 n), bleiben die abgeleiteten Gleichungen nicht mehr streng gültig.

Wir wollen nun den Titrierfehler berechnen, wenn wir Carbonat statt zu $p_T = 8,4$ zu einem p_H von 8,7 titrieren (oder $[H\cdot] = 2 \cdot 10^{-9}$). Bei diesem p_H ist die Gesamtkonzentration der Carbonationen:

$$[CO_3''] = \frac{[HCO_3']}{[H\cdot]}\,K_2 = \frac{5 \cdot 10^{-2}}{2 \cdot 10^{-9}} \cdot 6 \cdot 10^{-11} = 1,5 \cdot 10^{-3}\,.$$

Die Carbonatkonzentration, welche dann noch titriert werden muß, um den Äquivalenzpunkt zu erreichen, ist kleiner als dieser Wert, weil ja ein Teil der Carbonationen durch Hydrolyse entsteht.

Wir haben oben schon abgeleitet, daß der Hydrolyse zufolge die gebildeten Mengen Kohlensäure und Carbonat einander gleich sind, und wir können wieder die Gleichung anwenden:

$$[H_2CO_3]\,[CO_3''] = [HCO_3']^2 \cdot \frac{K_2}{K_1} = 5 \cdot 10^{-7}\,.$$

Beim $p_H = 8,7$ haben wir gefunden, daß $[CO_3''] = 1,5 \cdot 10^{-3}$; also ist:

$$[H_2CO_3] = \frac{5 \cdot 10^{-7}}{1,5 \cdot 10^{-3}} = 3,3 \cdot 10^{-4}\,.$$

Daher ist die noch zu titrierende Konzentration des Carbonats:

$$[CO_3''] = 1,5 \cdot 10^{-3} - 0,33 \cdot 10^{-3} = 1,2 \cdot 10^{-3} \, .$$

Bei Benutzung von 0,1 n-Lösungen ist der Titrierfehler in diesem Falle $-2,4\%$; er ist auch hier wieder unabhängig von der Verdünnung.

Aus unseren Erörterungen geht hervor, daß bei der Titration von Carbonat zu Bicarbonat oder der Kohlensäure als einbasischer Säure bis zu einem $p_T = 8,4$ der Titrierfehler, falls wir den Endpunkt auf 0,3 im p_H genau wahrnehmen können, rund $\pm 2,5\%$ beträgt. Daher können diese Titrationen nur unter ganz bestimmten Vorsorgen brauchbare Resultate liefern, und eine größere Genauigkeit als 1% ist wohl überhaupt nicht zu erreichen. Dies lehrt auch die praktische Erfahrung; selbst bei Benutzung einer Vergleichslösung von $p_H = 8,4$ läßt sich Carbonat nicht genau bis zum Bicarbonat titrieren. Auch hiervon werden wir später im praktischen Teil des Buches weiter zu sprechen haben.

Ähnliche Beziehungen, wie sie hier für die Kohlensäure mitgeteilt wurden, lassen sich für die Phosphorsäure ableiten; man kann diese als ein- und zweibasische Säure titrieren. $K_1 = 1,1 \cdot 10^{-2} = 10^{-1,96}$; $K_2 = 1,95 \cdot 10^{-7} = 10^{-6,7}$; $K_3 = 3,6 \cdot 10^{-13} = 10^{-12.44}$.*

Beim ersten Äquivalenzpunkt, wo also die Phosphorsäure in erster Stufe neutralisiert ist, ist

$$p_H = \frac{1,96 + 6,7}{2} = 4,33 \, ,$$

demnach auch p_T gleich 4,3. Die Titration kann auf Methylorange oder Dimethylgelb ausgeführt werden. Im letzteren Falle wird so viel Lauge hinzugefügt, bis die Farbe des Indikators eben rein gelb geworden ist. Die Verwendung einer Vergleichslösung mit einem p_H gleich 4,3 ist jedoch zu empfehlen. Die Genauigkeit der Titration ist nicht viel größer als 0,5%.

Am Neutralisationspunkt der zweiten Stufe der Phosphorsäure ist

$$p_H = \frac{6,7 + 12,44}{2} = 9,57 \, ,$$

der Titrierexponent also 9,6. Will man auf Phenolphthalein titrieren, so ist eine Vergleichslösung von $p_H = 9,6$ unbedingt

---

* Vgl. Fußnote S. 128.

erforderlich. Denn die Rosafärbung des Indikators beginnt schon bei viel kleinerem p_T; man würde also viel zu wenig Säure verbrauchen und einen beträchtlichen Fehler machen. Besser verwendet man Thymolphthalein und titriert bis zum ersten wahrnehmbaren Blau. Auch kann man die Flüssigkeit halb mit Natriumchlorid sättigen und dann bis zur schwach Rosafärbung von Phenolphthalein titrieren. Im praktischen Teil werden wir die Arbeitsbedingungen noch näher erläutern.

Was für die mehrbasischen Säuren ausgeführt wurde, gilt sinngemäß für die Ableitung des Titrierfehlers bei mehrsäurigen Basen oder bei Gemischen von Basen verschiedener Stärke. Chinin hat z. B. ein $K_1 = 10^{-5,97}$, ein $K_2 = 10^{-9,7}$. Bei der Neutralisation der ersten Stufe ist

$$p_H = 14 - \frac{(5,97 + 9,7)}{2} = 6,17 \text{ einzuhalten,}$$

$$(k_w = 10^{-14}),$$

der Titrierexponent ist also 6,2. In Wirklichkeit erhalten wir auch gute Resultate, wenn wir mit Methylrot bis eben auf dessen alkalische Farbe titrieren, oder wenn wir, von der basischen Seite kommend, die gelbe Farbe dieses Indikators gerade nach Orange umschlagen lassen.

§ 4. Der Titrierfehler bei Komplexbildungstitrationen. Die Bestimmung von Jodid mit Mercurisalz. Aus der Komplexzerfallskonstante und der Empfindlichkeit des Indikators läßt sich immer der Titrierfehler in gleicher Weise berechnen, wie wir dies für die Titration schwacher Säuren besprochen haben.

Als besonderes Beispiel wählen wir die Bestimmung von Jodid mit einem Mercurisalz. Gibt man zu einer Jodidlösung Mercurichlorid hinzu, so bleibt die Lösung zuerst klar, weil sich das komplexe HgJ_4-Ion bildet:

$$Hg^{\cdot\cdot} + 4J' \leftrightarrows HgJ_4''.$$

In der Nähe des Äquivalenzpunktes tritt nun eine rote Trübung von Mercurijodid auf, welche den Endpunkt anzeigt.

$$HgJ_4'' + Hg^{\cdot\cdot} \leftrightarrows 2HgJ_2.$$

Sofern man nun mit nicht zu verdünnten Lösungen arbeitet, tritt diese Trübung schon vor Erreichung des Äquivalenzpunktes auf. Das komplexe Mercurijodidion zerfällt nämlich teilweise im

Sinn der Gleichung:

$$HgJ_4'' \leftrightarrows HgJ_2 + 2\,J'\,.$$

Quantitativ werden die Konzentrationen der beteiligten Stoffe von der Komplexzerfallskonstante K beherrscht:

$$\frac{[HgJ_2]\,[J']^2}{[HgJ_4'']} = K = \text{abger. } 10^{-7}\,. \ *$$

Wenn nun in einer solchen Lösung von reinem Kaliummercurijodid die Mercurijodidkonzentration ihren Sättigungswert überschreitet, so bleibt das Salz nicht mehr klar in Wasser gelöst; es scheidet sich das rote Mercurijodid ab. Infolgedessen wird auch der Endpunkt bei einer Jodidtitration zu früh wahrgenommen. Wir können aber die Korrektur berechnen, welche dementsprechend angebracht werden muß. Im Endpunkt der Titration ist die Flüssigkeit eben an Mercurijodid gesättigt; es muß dann noch so viel Reagens hinzugefügt werden, als der Menge Mercurijodid entspricht, die beim Äquivalenzpunkt, d. h. in reiner Lösung des Komplexsalzes abgeschieden ist.

Nach der Gleichung:

$$HgJ_4'' \leftrightarrows HgJ_2 + 2\,J'$$

ist beim Äquivalenzpunkt die totale Menge an Mercurijodid gleich der halben Jodionenkonzentration. Vermindert man nun die Hälfte dieser Jodionenkonzentration um die Konzentration einer gesättigten Mercurijodidlösung, die wir c_{HgJ_2} nennen wollen, so findet man die Konzentration k der Titerlösung, welche für die Korrektur zu berücksichtigen ist. Aus dem Endvolumen der Titration kann man sofort die gesuchte Korrektur, ausgedrückt in cm^3 0,1 n-Reagens berechnen. Ist das Endvolumen gleich v, so beträgt die

$$\text{Korrektur} = v \cdot k \cdot 10\ cm^3\ 0{,}1\ \text{n-Reagens}\,.$$

Aus der Gleichung der Komplexzerfallskonstante des Mercurijodidions ergibt sich:

$$[J'] = \sqrt{\frac{K}{c_{HgJ_2}}\,[HgJ_4'']}\,.$$

---

* Nach SHERILL: Z. physik. Chem. Bd. 47, S. 104. 1904 schwankt K zwischen 1,7 und $3{,}2 \cdot 10^{-7}$. FR. AUERBACH und PLÜDEMANN: Experim. und krit. Beiträge zur Neubearbeitung der Vereinbarungen, herausgeg. vom Kais. Ges.-Amt Bd. 1, S. 209. 1911, nahmen einen Wert an von $1 \cdot 10^{-7}$; den wir auch für richtiger halten; vgl. auch KOLTHOFF: Pharmaceut. Weekbl. Bd. 57, S. 836. 1920.

Weiter folgt aus Vorstehendem für die Konzentration k, die wir zur Berechnung der Korrektur kennen müssen:

$$k = \frac{1}{2} \sqrt{\frac{K}{c_{HgJ_2}} [HgJ_4'']} - c_{HgJ_2} \, .$$

Nach SHERILL[1] ist die Löslichkeit c_{HgJ_2} des Mercurijodids bei 25^0 gleich $1{,}3 \cdot 10^{-4}$ molar, während K, wie wir sahen, gleich 10^{-7} ist. Dann wird:

$$k = 1{,}4 \cdot 10^{-2} \sqrt{[HgJ_4'']} - 1{,}3 \cdot 10^{-4}$$

und die

$$\text{Korrektur} = v \left(1{,}4 \cdot 10^{-2} \sqrt{HgJ_4''} - 1{,}3 \cdot 10^{-4}\right) \cdot 10 \text{ cm}^3 \, 0{,}1 \text{ n} \, .$$

Beispiel: Wir titrieren 25 cm^3 0,1 n-Kaliumjodid mit 0,05 m Mercurichlorid. Beim Endpunkt beträgt das Volumen v etwa 37 cm^3. Die Konzentration des Mercurijodidions $[HgJ_4'']$ ist dann

$$\frac{25}{37} \cdot \frac{1}{4} = 1{,}65 \cdot 10^{-2} \text{ molar.}$$

Dann ist also:

$$k = 1{,}4 \cdot 10^{-2} \sqrt{1{,}65 \cdot 10^{-2}} - 1{,}3 \cdot 10^{-4} = 1{,}7 \cdot 10^{-3}$$

und die Korrektur $= 37 \cdot 1{,}7 \cdot 10^{-3} \cdot 10 = 0{,}63 \text{ cm}^3$ 0,1 n-Reagens ($= 0{,}05$ molar).

Die Trübung von Mercurijodid tritt also um $0{,}63 \text{ cm}^3$ 0,05 n-Jodidlösung zu früh auf, und diese Menge muß als Korrektur zum Verbrauch hinzugezählt werden. Daß die berechnete Korrektur in Einklang mit der praktisch gefundenen steht, ergibt sich aus den Werten in folgender Tabelle. In der zweiten Reihe sind die von mir experimentell bestimmten Werte angegeben; in der dritten die berechneten.

Korrektur bei der Titration von 25 cm^3 0,1 n Jodid mit Mercurisalz.

Endvolumen v	Bestimmte Korrektur	Berechnete Korrektur
37 cm^3	$0{,}60 \text{ cm}^3$ 0,05 molar	$0{,}63 \text{ cm}^3$
50 „	0,73 „ 0,05 „	0,70 „
75 „	0,91 „ 0,05 „	0,86 „
100 „	1,05 „ 0,05 „	1,02 „
125 „	1,14 „ 0,05 „	1,07 „

---

[1] SHERILL: Z. physik. Chem. Bd. 47, S. 104. 1904.

Für andere Verdünnungen kann man die Korrekturen einfach auf graphischem Wege ableiten.

Die vorliegende Berechnung habe ich möglichst einfach gestaltet. Man könnte wohl solche von strengerer und allgemeinerer Gültigkeit ableiten, die aber auch unübersichtlicher und umständlicher im Gebrauch wären. Für die meisten Fälle reichen die oben aufgeführten Ausdrücke vollkommen aus.

§ 5. Titrierfehler in der Oxydimetrie bzw. Reduktometrie. Bei Oxydations- bzw. Reduktionsreaktionen hängt der Titrierfehler außer von der Art des zu titrierenden Systems noch von der Natur des Indikators ab. Im vorigen Kapitel sahen wir, daß uns zwei verschiedene Typen von Indikatoren zur Verfügung stehen:

a) Indikatoren, welche spezifisch sind für die titrierte Substanz oder die Titerlösung. Wenn wir die Empfindlichkeit des Indikators und die Gleichgewichtskonstante des titrierten Systems kennen, können wir den Titrierfehler in analoger Weise berechnen, wie es in dem vorangehenden Paragraphen beschrieben wurde. Der Titrierfehler nimmt mit steigender Verdünnung zu. Im praktischen Teil werden wir darauf bei Besprechung der Jodometrie und der Permanganattitrationen näher eingehen.

b) Oxy-Reduktionsindikatoren: Wenn uns das Umwandlungsintervall des Indikators — ausgedrückt in E_H — und zugleich auch die Oxydationspotentiale von zu titrierender Substanz und Reagens bekannt sind, so ist auch hier der Titrierfehler leicht zu ermitteln. Er ist weitgehend unabhängig von der Verdünnung, da die Potentialänderung bei der Titration praktisch nicht an die Gesamtkonzentration gebunden ist. Weil jedoch die Oxy-Reduktionsindikatoren praktisch noch kaum verwendet werden, wollen wir hier von einer eingehenden Besprechung der entsprechenden Titrierfehler absehen.

Sechstes Kapitel.

Reaktionsgeschwindigkeit; Katalyse und induzierte Reaktionen.

§ 1. Allgemeine Grundlagen. Reaktionen, welche auf dem Zusammentreten von Ionen beruhen, wie wir ihnen in der Neutralisations- und Fällungsanalyse begegnen, verlaufen praktisch momentan. Es mag zwar vorkommen, daß sich ein kristallinischer Niederschlag mehr oder weniger verzögert aus seiner übersättigten Lösung abscheidet, doch kann man dieser Schwierigkeit durch Zusatz eines Lösungsmittels abhelfen, das die Löslichkeit des Niederschlags verringert. So beschleunigen Alkohol oder Aceton die quantitative Fällung von Bariumsulfat, Calciumoxalat u. a.

Im Gegensatz zu den Reaktionen, welche unter Ionenkombination verlaufen, kennen wir bei den Oxydations- und Reduktionserscheinungen solche, die nur langsam vonstatten gehen. Obgleich derartige Reaktionen praktisch auch quantitativ nach einer bestimmten Richtung zustreben können, sind sie oft wegen ihrer geringen Reaktionsgeschwindigkeit keine geeignete Grundlage für maßanalytische Methoden. In solchen Fällen kann die Zugabe eines passenden Stoffes, welcher den Reaktionsverlauf beschleunigt, von großem Vorteil sein. Derartige Substanzen nennen wir Katalysatoren. Die Reaktion zwischen Wasserstoffperoxyd und Jodid in saurer Lösung, welche in folgender Gleichung zum Ausdruck kommt:

$$\mathrm{H_2O_2 + 2\,J' + 2\,H^{\cdot} \rightarrow 2\,H_2O + J_2},$$

geht besonders in verdünnten Lösungen sehr langsam vor sich. Molybdat wirkt auf sie als ein stark positiver Katalysator ein, so daß die Reaktion bei Anwesenheit dieses Anions praktisch momentan verläuft. Bei der jodometrischen Peroxydtitration ist daher der Zusatz einiger Tropfen einer Molybdatlösung erforderlich, damit man sofort nach dem Mischen der Reagenzien das freigesetzte Jod mit Thiosulfat titrieren kann (vgl. Band II, Praxis der Maßanalyse).

Eine Reaktion kann auch unter Umständen durch die Gegenwart geeigneter Substanzen verzögert werden; wir sprechen dann von einer negativen Katalyse. So wird z. B. die Luftoxydation von Sulfit- und Bisulfitlösungen durch Zusatz verschiedener Stoffe, wie Äthylalkohol, polyvalenter Alkohole, Alkaloidsalze usw. hintangehalten. Sulfit und Bisulfit werden als Reagenzien bei Aldehydbestimmungen benutzt; um solchen Lösungen eine größere Haltbarkeit zu verleihen, macht man Gebrauch von der negativen katalytischen Wirkung genannter Zusätze.

Eine andere Gruppe von Erscheinungen, welche eng mit den katalytischen zusammenhängen, sind die induzierten Reaktionen, welche bei vielen titrimetrischen Bestimmungen eine wichtige Rolle spielen. Weiter unten werden wir solche induzierte Reaktionen ausführlicher besprechen; zur Erläuterung begnügen wir uns zunächst mit einem Beispiel. Die Oxydation verschiedener Reduktionsmittel durch Luftsauerstoff findet oftmals sehr langsam statt. Rhodanid-, saure Ferro- und andere Lösungen sind längere Zeit an der Luft haltbar. Wenn man jedoch eine Rhodanidlösung mit Permanganat oder Jodat bei Gegenwart von Luft titriert, so wird ein geringer Teil des Rhodanids auch vom Sauerstoff oxydiert. Die Reaktion zwischen Sauerstoff und Rhodanid, welche an und für sich nur sehr langsam verläuft, wird also induziert durch die schnell verlaufende Oxydation des Rhodanids mittels Permanganat, Jodat oder anderer Oxydationsmittel. Eine langsame Reaktion zwischen zwei Substanzen kann also beschleunigt werden, wenn eine von beiden mit einer dritten schnell reagiert. Die langsam verlaufende Reaktion wird dabei von der rascheren induziert.

Andere induzierte Reaktionen, bei welchen etwa starke Oxydationsmittel wie Permanganat, die sich nur sehr langsam unter Sauerstoffentwicklung von selbst zersetzen, bei stattfindender schneller Reduktion auch eine beschleunigte Eigenzersetzung erfahren, sind noch wenig untersucht worden. Doch können sie gerade für mancherlei Fehler verantwortlich gemacht werden.

Die heterogene Katalyse spielt in der Titrieranalyse nur eine untergeordnete Rolle. Einer solchen begegnen wir bei der Selbstzersetzung von Permanganatlösungen, welche bekanntlich durch Anwesenheit von fein verteiltem Braunstein gefördert wird. Adsorptionserscheinungen, die eine Anhäufung der reagierenden Substanzen an einer Oberfläche zur Folge haben, können häufig auch positiv-katalytische Wirkung ausüben. (Kontaktwirkung.)

§ 2. Theoretische Betrachtungen. Bei einer streng-wissenschaftlichen Behandlung der Maßanalyse bereiten uns die katalytischen Erscheinungen große Schwierigkeiten. Unser Bestreben ist doch, aus den verschiedenen Gleichgewichtsbedingungen den Reaktionsablauf rechnerisch zu fassen, und daraus wieder den Fehler einer Titration unter bestimmten Arbeitsverhältnissen abzuleiten. Noch läßt sich leider mit unseren gegenwärtigen Kenntnissen von der Katalyse und den induzierten Reaktionen über diese Dinge quantitativ nichts und auch qualitativ gewöhnlich nur wenig voraussagen.

Wir haben uns dabei an die empirisch gefundenen Tatsachen zu halten und sie für unsre Zwecke zu verwerten. Eine eingehende theoretische Besprechung der in Frage stehenden Erscheinungen nach den modernen Anschauungen wird uns daher noch von keinem großen Nutzen sein. Wir können uns im allgemeinen noch keine Vorstellung davon machen, ob eine Substanz — und in welchem Maße sie — bei bestimmten Reaktionen eine katalytische Wirkung ausüben wird, und welche Reaktionen induziert werden. Besonders die letzte Art von Reaktionen scheint noch recht zufällig und willkürlich zu sein. So wird z. B. die Reaktion zwischen Permanganat und Salzsäure bei der Ferrotitration merkbar induziert, hingegen liefert die Titration der arsenigen Säure mit Permanganat in salzsaurer Lösung gute Resultate.

Und weil uns die modernen Theorien noch wenig helfen können, wollen wir dieselben nur ganz kurz darstellen; ausführlichere Angaben bringen neuere Handbücher der allgemeinen und physikalischen Chemie.

Die katalytischen Erscheinungen äußern sich alle in einem Einfluß auf die Geschwindigkeit einer bestimmten Reaktion; und wir müssen daher, ehe wir näher auf die Katalyse zu sprechen kommen, die modernen Anschauungen über die Reaktionsgeschwindigkeit kurz betrachten.

Sv. ARRHENIUS[1] nahm schon an, daß bei einer Reaktion nicht alle Moleküle miteinander zu reagieren vermögen, sondern nur die aktiven unter ihnen. Wir müssen uns daher in einer Lösung ein Gleichgewicht zwischen inaktiven und aktivierten Molekülen vorstellen, von denen nur die letzteren reaktionsfähig sind. Eine Katalysatorwirkung bestünde dann darin, daß das Gleichgewicht zwischen aktiven und inaktiven Molekülen zugunsten der ersteren verschoben wird. Diese Folgerung kann jedoch nicht zutreffend sein, denn eine Vermehrung der Anzahl aktiver Moleküle würde eine Änderung der Gleichgewichtsbedingungen der katalytisch beeinflußten Reaktion zur Folge haben, was mit der Erfahrung in Widerspruch steht. Nach der Theorie von ARRHENIUS können wir daher nur annehmen, daß ein Katalysator die Gleichgewichtseinstellung zwischen aktiven und inaktiven Molekülen beschleunigt. Aber dies sagt uns nicht mehr, als wir schon

---

[1] ARRHENIUS, Sv.: Z. physik. Chem. Bd. 4, S. 226. 1889.

wissen, nämlich, daß ein Katalysator die Reaktionsgeschwindigkeit beeinflußt. Auf das „warum" gibt uns die Theorie keine Antwort, und sie kann daher keine befriedigende Arbeitshypothese sein.

Eine Folgerung aus der Theorie von ARRHENIUS ist die moderne „Strahlungstheorie", welche besonders von W. C. Mc. C. LEWIS und J. PERRIN entwickelt worden ist. LEWIS geht von der Annahme von TRAUTZ aus, daß eine Reaktion nur dann stattfindet, wenn die Moleküle durch Absorption von infraroter Strahlung aktiviert sind. Die Energie der Moleküle wird zu einem kritischen Wert gesteigert, bei dem sie chemisch aktiv werden. Die Reaktionsgeschwindigkeit ist daher nicht abhängig von der Gesamtzahl der Molekülzusammenstöße. Nur ein Teil der aufeinander treffenden Moleküle kann in Reaktion treten, und zwar derjenige, welcher die dazu hinreichende Energie besitzt. Die Anzahl der effektiven Zusammenstöße ist daher gleich dem Produkt aus der totalen Anzahl der Zusammenstöße und der Wahrscheinlichkeit, daß den Molekülen die nötige Energiemenge innewohnt. Eine katalytische Wirkung hat man sich dann so vorzustellen, daß die reagierenden Substanzen infra-rote Strahlung absorbieren, welche vom Katalysator ausgesandt wird. Induzierte Reaktionen muß man sich in ähnlicher Weise verlaufend denken: Eine Substanz, welche an sich nur wenig reaktionsfähig ist, wird durch einen begleitenden Vorgang aktiviert und kann demzufolge eine intensivere Wirkung ausüben, als wenn sie allein in Reaktion tritt. Zweifellos versprechen diese modernen Anschauungen viel für die Zukunft, weil sie wohl zur quantitativen Verfolgung der Energieänderungen bei chemischen Reaktionen werden beitragen können[1].

In qualitativer Hinsicht mögen wir uns die katalytischen Vorgänge so veranschaulichen, daß ein Katalysator mit einer oder mehreren der reagierenden Substanzen reaktionsfähige Komplexe bildet, wie man es sich etwa auch bei der Esterkatalyse durch Wasserstoff- und Hydroxylionen denkt. Eine quantitative Deu-

---

[1] Man beachte z. B. die Diskussion über die Radiationstheorie in der Sammlung der „Faraday Society" in 1922, veröffentlicht in den „Transactions of the Faraday Society" Bd. 17. 1922; vgl. weiterhin W. C. Mc. C. LEWIS: „A system of physical Chemistry", besonders Bd. 3. London: Longmans, Green & Co. Auch „A Treatise on physical Chemistry" edited by H. S. Taylor (Liverpool), besonders Bd. 2, S. 898. London: Mc Millan & Co. Ltd. 1924; und RIDEAL und TAYLOR: Catalysis in theory and practice.

tung der geänderten Reaktionsgeschwindigkeit kann jedoch aus der Annahme von Komplexbildungen nicht gezogen werden, weil sie ja nichts über den geänderten Energieaustausch aussagt. Immerhin dürfte ein gewisser kausaler Zusammenhang zwischen den Komplexbildungen einerseits (vgl. Kosselsche Theorie) und der wechselnden Energieabsorption andererseits bestehen.

J. BÖESEKEN[1] hat zur Erklärung der katalytischen Erscheinungen die sogenannte Dislokationstheorie aufgestellt. Daß der Katalysator mit einer der reagierenden Substanzen ein Zwischenprodukt bildet, hält er auf Grund experimenteller Tatsachen für sehr unwahrscheinlich, zudem gibt die Bildung intermediärer Verbindungen uns noch keine Erklärung für das Wesen der Katalyse. Vielmehr muß man nach BÖESCKEN die Katalyse mehr als ein physikalisches und weniger als ein chemisches Phänomen auffassen; beim Zusammenstoß des Katalysators mit der einen Art reagierender Moleküle ändert sich die Aktivität der letzteren, und das hat Dislokation zur Folge. Die Katalysatoren, die gewöhnlich einen polaren Charakter und ein offenes Kraftfeld haben, sind durch eine Art Induktion imstande, diese Eigenschaften einem geschlossenen System aufzudrängen, so daß dieses wieder beim Zusammenstoß andere Moleküle mehr oder weniger polarisiert. Umgekehrt ist es auch möglich, daß der Katalysator andere polare Moleküle in einen weniger polaren oder sogar unpolaren Zustand überführt, was sich dann als negative Katalyse äußert.

Nach BÖESEKENs Vorstellungen läßt sich erklären, warum die Katalyse einer und derselben Substanz unter dem Einfluß verschiedener Katalysatoren in ganz verschiedener Weise verlaufen kann; denn jeder Katalysator verursacht eine ganz spezifische Dislokation.

Wegen Einzelheiten und Beispielen sei auf die zusammenfassende Mitteilung von BÖESEKEN verwiesen.

Einige Worte müssen hier über die sehr wichtige moderne „Kettenreaktionstheorie" (chainreaction) von CHRISTIANSEN[2] an-

---

[1] BÖESEKEN, J.: Chem. Weekbl. Bd. 25, S. 135. 1928.

[2] CHRISTIANSEN, J. A.: J. physic. Chem. Bd. 28, S. 145. 1924; vgl. besonders BÄCKSTRÖM: J. amer. chem. Soc. Bd. 49, S. 460. 1927; Med. f. K. Vet. Ak. Nobelinstitut Bd. 6, Nr. 15 u. 16. 1926/27; ALYEA, H. N. und BÄCKSTRÖM: J. amer. chem. Soc. Bd. 51, S. 90. 1929.

gefügt werden, die besonders viel für die Deutung der „negativen Katalyse" oder, besser gesagt, der „Reaktionsverzögerung" und der „induzierten Reaktionen" zu versprechen scheint.

Die Reaktion zwischen Sulfit und Sauerstoff ist eine Kettenreaktion. Nach modernen Anschauungen können wir uns den Reaktionsverlauf so vorstellen, daß die energiereicheren Moleküle bzw. Ionen der einen Art (Sulfit) mit Molekülen der anderen Art (Sauerstoff) reagieren (vgl. auch ARRHENIUS). Die primär gebildeten Reaktionsprodukte enthalten sofort nach ihrer Bildung einen viel größeren Energiebetrag als normalen Verhältnissen entspricht; nicht nur die kritische Energie, welche überhaupt zum Eintritt der Reaktion erforderlich ist, sondern außerdem noch den beträchtlichen Betrag an primärer Reaktionswärme, der ja für Kettenreaktionen charakteristisch ist. Diese Energiemenge liegt in den primären Reaktionsprodukten entweder als kinetische oder potentielle Energie vor. Diese „heißen Moleküle" sind energiereich genug, um andere, auf die sie stoßen, zu aktivieren. Dann wird aufs neue eine Reaktion ausgelöst; auf diese Weise kann sich die Reaktion über ein großes Bereich fortpflanzen, und wir sprechen von einer Kettenreaktion. Wann und warum sie zum Stillstand kommt, das läßt sich freilich noch nicht ohne weiteres erklären.

An Hand dieser CHRISTIANSENschen Theorie können wir nun auch viele Verzögerungserscheinungen (Inhibitionen) verstehen. Es ist schon oft bemerkt worden, daß gegenüber Selbstoxydationen (z. B. von Sulfit durch Luftsauerstoff) nur solche Substanzen reaktionsverzögernd wirken, die ihrerseits oxydierbar sind, etwa organische Substanzen, wie mehrwertige Alkohole, Hydrochinon u. v. a. Diese Reaktionsverzögerungen sind befähigt, die Reaktionskette zu durchbrechen. Wenn die fortgepflanzte Energie auf ein Molekül des Verzögerers trifft, so kann auch dieses aktiviert werden und mit Sauerstoff reagieren. Die hierbei entwickelte Reaktionswärme ist aber so gering oder in solcher Form vorhanden, daß sie nicht weiter übertragen wird: die Kette ist damit abgerissen, und die Hauptreaktion bleibt stehen.

Es muß freilich hervorgehoben werden, daß der Reaktionsverzögerer dabei selbst oxydiert wird; wir dürfen daher nicht mehr von einer negativen Katalyse im Sinne der OSTWALDschen Definition sprechen.

Betrachten wir nun die induzierten Reaktionen: Auch hier läßt sich ein Teil der Erscheinungen auf Grund der gleichen Theorie erklären, obwohl, wie zu bemerken ist, mit ihrer Hilfe noch keine quantitativen Aussagen gemacht werden konnten und von den meisten induzierten Reaktionen noch gar nicht bekannt ist, ob sie kettenartig oder in anderer Weise verlaufen.

Die Luftoxydation von Sulfit ist mit Sicherheit eine **Kettenreaktion** und geht schnell vonstatten. Arsenit wird nur äußerst langsam oxydiert, kann aber als ein Reaktionsverzögerer auf die Sulfitoxydation einwirken und wird dabei selbst oxydiert. Mischt man nun Sulfit und Arsenit zusammen, so tritt eine merkbare Luftoxydation des Arsenits ein. Die Sulfit-Sauerstoff-Kettenreaktion induziert also die Arsenit-Sauerstoff-Reaktion in positivem Sinne; und warum? Bei der Kettenreaktion zwischen Sulfit und Sauerstoff kann ein Arsenition getroffen werden, dieses wird aktiviert und ist damit reaktionsfähig. Die kettenartig verlaufende Reaktion zwischen Sulfit und Sauerstoff induziert deshalb die Arsenitoxydationen, weil es die letztere Art Ionen in höheren Energiezustand überführt.

Die quantitative Seite dieser viel versprechenden Theorie steht noch in den Anfängen der Entwicklung; dürfte aber in Zukunft manche Fragen dieses verwickelten und dunklen Gebietes aufklären.

Bei unseren Betrachtungen über die theoretischen Grundlagen der Maßanalyse müssen wir uns daher vorläufig mit den empirischen Tatsachen begnügen und zunächst auf den Versuch verzichten, dieselben auch theoretisch zu deuten.

Mit OSTWALD u. a. wollen wir darum unter Katalysatoren solche Substanzen verstehen, welche die Geschwindigkeit einer bestimmten Reaktion beeinflussen, ohne selbst am Gesamtverlauf stofflich beteiligt zu sein. Wie W. OSTWALD[1] besonders hervorhebt, handelt es sich dabei nur um Gradunterschiede, „im Grunde wirkt jeder fremde Stoff katalytisch, d. h. die Reaktionsgeschwindigkeit ändernd". Die Frage, ob die Wirkung von negativen Katalysatoren — (d. h. Stoffen, welche die Reaktionsgeschwindigkeit herabsetzen!) — auf einer Vernichtung oder Lähmung der anwesenden positiven Katalysatoren beruht, wollen wir offen

---

[1] OSTWALD, W.: Grundriß der allgemeinen Chemie. 4. Aufl. S. 331. Dresden: Theodor Steinkopff 1909.

lassen. Meiner Ansicht nach ist ein direkter Beweis für diese Annahme nie geführt worden.

In § 4 werden wir verschiedene Beispiele von katalytischer Reaktion behandeln, welche für die Maßanalyse von Interesse sind.

§ 3. Die induzierten Reaktionen. Einen wertvollen Beitrag zur Geschichte und Theorie der induzierten Reaktionen hat A. SKRABAL[1] gegeben. Ebenso wie die Katalyse, gehören die Erscheinungen der mitgeteilten oder übertragenen Reaktionsfähigkeit zu den schon altbekannten Tatsachen der Chemie. E. LENSSEN und J. LÖWENTHAL[2] erinnern an einen von LAPLACE und BERTHOLLET aufgestellten Grundsatz, wonach ein durch irgendeine Kraft in Bewegung gesetztes Atom seine eigene Bewegung einem anderen Atom mitteilen kann, welches in Berührung mit dem ersteren kommt". Sie drücken damit also nichts anderes aus, als daß eine Energieübertragung stattfindet, was auch mit den modernen Ansichten voll im Einklang ist.

C. F. SCHÖNBEIN[3] versuchte schon eine scharfe Grenze zwischen katalytischen und induzierten Reaktionen zu ziehen. Letztere bezeichnet er als Fälle von Übertragung der chemischen Tätigkeit eines Körpers auf einen anderen.

F. KESSLER[4] führte für diese Erscheinungen den Begriff „chemischer Induktion" ein. Die vollständige Nomenklatur der induzierten Reaktionen verdanken wir R. LUTHER und N. SCHILOW[5]. Geht eine Reaktion zwischen A und C nicht oder richtiger nur sehr langsam vor sich, so kann der Verlauf dieser Reaktion dadurch erzwungen werden, daß man auf A gleichzeitig einen Stoff B einwirken läßt, der mit A freiwillig und rasch reagiert. Die Reaktion kann dann durch folgendes Schema veranschau-

---

[1] SKRABAL, A.: Die induzierten Reaktionen; ihre Geschichte und Theorie. Sonderausgabe aus der Samml. chem. und techn. Vorträge Ahrens und Herz Bd. 13. Stuttgart: Ferdinand Enke 1908.
Ein Teil der gegebenen Übersicht in § 3 ist diesem klar geschriebenen Büchlein entnommen.

[2] LENSSEN, E. und J. LÖWENTHAL: J. prakt. Chem. Bd. 86, S. 215. 1862.

[3] SCHÖNBEIN, C. F.: Pogg. Ann. Bd. 176, S. 34. 1857.

[4] KESSLER, F.: Pogg. Ann. Bd. 195, S. 218. 1863.

[5] SCHILOW, N.: Z. physik. Chem. Bd. 42, S. 643. 1903; LUTHER und SCHILOW: Z. anorg. u. allg. Chem. Bd. 54, S. 1. 1907.

licht werden:

$$A + B \rightarrow + \qquad\qquad \left.\begin{array}{l} A + B \\ A + C \end{array}\right\} \rightarrow +$$
$$A + C \rightarrow 0 \qquad\qquad\qquad\qquad \rightarrow + .$$

A nennt man nach R. LUTHER und N. SCHILOW den „Aktor, B nach KESSLER den Induktor, und C nach ENGLER[1] den Akzeptor. Die freiwillige, primäre oder induzierende Reaktion zwischen $A + B$ induziert also die mit großem Widerstand behaftete Umsetzung zwischen $A + C$.

Bei der Sauerstoffaktivierung kann der Sauerstoff sowohl die Rolle des Aktors, wie des Akzeptors spielen. So hat J. MOHR[2] gefunden, daß eine Lösung von arseniger Säure in Natriumbicarbonat durch Luftsauerstoff nicht oxydiert wird (in Wirklichkeit findet diese Oxydation sehr langsam statt). Unter gleichen Verhältnissen erfahren Sulfite eine Oxydation. In dem Gemisch beider Lösungen wird aber neben dem Sulfit auch das Arsenit oxydiert. Sauerstoff erscheint hier nach SKRABAL (l. c.) als Aktor. Andererseits fand J. LÖWENTHAL[3], daß die Luftoxydation von Stannochlorid stark beschleunigt wird, wenn man dieses Reduktionsmittel mit Bichromat titriert. Hier nimmt nach SKRABAL (l. c. S. 9) der Sauerstoff die Stelle des Akzeptors ein. Eine Bemerkung möchte ich hier einschieben: die Benennung, die einen strengen Unterschied zwischen Aktor, Induktor und Akzeptor macht, ist mehr von praktischer, als von theoretischer Bedeutung. Was in Wirklichkeit geschieht, wird mit diesem Namen doch nicht ausgedrückt. Betrachten wir nochmals das Schema von LUTHER:

$$A + B \rightarrow + \quad \text{und} \quad A + C \rightarrow 0;$$

usw.

Darin bedeutet 0 noch nicht, daß die Reaktion überhaupt ausbleibt, sondern nur, daß sie sehr langsam vor sich geht. Findet nun die Reaktion zwischen A und B statt, so kann man entweder annehmen, daß ein Teil der Energie auf C übertragen wird, oder daß bei der Reaktion zwischen A und B beide Stoffe vorübergehend in einem energiereicheren — und daher reaktionsfähigeren —

---

[1] ENGLER: Ber. Bd. 33, S. 1097. 1900.

[2] MOHR, F.: Lehrb. chem. anal. Titriermethode. Braunschweig 1855; vgl. jedoch dazu W. P. JORISSEN und C. v. D. POL: Rec. trav. chem. Bd. 44, S. 805. 1925.

[3] LÖWENTHAL, J.: J. prakt. Chem. Bd. 76, S. 484. 1859.

Zustande bestehen. Nicht A und B allein wirken induzierend, sondern die zwischen ihnen verlaufende Reaktion induziert eine andere Reaktion. Dabei kann dann die Reaktion zwischen A und B auch · eine solche zwischen C und D beschleunigen. So induziert z. B. die Oxydation von arseniger Säure durch Chromsäure nach F. KESSLER[1] diejenige von Weinsäure durch Ferrisalz. Man kann aber diesen Fall auch wieder auf den allgemeineren zurückführen.

$$A + B \rightarrow + \qquad\qquad A + B\big\} \rightarrow +$$
$$C + D \rightarrow 0 \qquad\qquad C + D\big\} \rightarrow + \, .$$

Das Schema läßt sich aber auch auf folgende Weise aufstellen:

$$A + B \rightarrow + \qquad\qquad A + B\big\} \rightarrow +$$
$$A + D \rightarrow 0 \qquad\qquad A + D\big\} \rightarrow +$$
$$B + C \rightarrow 0 \qquad\qquad B + C\big\} \rightarrow + \, .$$

Die soeben gemachte Annahme, daß bei einer raschverlaufenden Reaktion zwischen A und B beide Substanzen intermediär in energiereicherem Zustande auftreten, ist eigentlich schon so alt, wie die Wahrnehmung der induzierten Erscheinungen selbst. A. SKRABAL[2] drückt sich folgendermaßen aus: „Man kann ganz allgemein durch Reduktion starke Oxydationsmittel, durch Oxydation starke Reduktionsmittel erzeugen." Aus seinen eingehenden und wertvollen Untersuchungen zieht W. MANCHOT[3] den Schluß: „Bei allen Oxydationsprozessen entsteht ein Primäroxyd, welches im allgemeinen den Charakter eines Peroxyds besitzt"; eine Annahme, die schon auf C. ZIMMERMANN[4] zurückzuführen ist. Die Primäroxyde sind häufig nicht nur stärkere, sondern regelmäßig auch raschere Oxydationsmittel (oder Reduktionsmittel!), als die Stoffe, aus denen sie entstehen, und sind unbeständig. Abweichend von MANCHOT erklärt LUTHER (l. c.) die Induktionserscheinungen durch die Annahme, daß während der Reaktion unbeständige Zwischenstufen des Aktors durchlaufen werden, denen andere energetische und kinetische Eigenschaften zukommen als der

---

[1] KESSLER, F.: Pogg. Ann. Bd. 195, S. 218. 1863.
[2] SKRABAL, A.: Z. anorg. u. allg. Chem. Bd. 42, S. 1. 1904; vgl. auch vom selben Verfasser: Die induzierten Reaktionen usw. l. c.
[3] MANCHOT, W.: Liebigs Ann. Bd. 325, S. 93. 1902.
[4] ZIMMERMANN, C.: Liebigs Ann. Bd. 213, S. 312. 1882.

Ausgangsstufe. R. Lang und J. Zweřina[1] konnten es wahrscheinlich machen, daß bei der Reaktion zwischen Chromsäure und Manganosalz, welche ohne Induktor ausbleibt, bei Anwesenheit der arsenigen Säure als Induktor jedoch stattfindet (Mn^{II} → Mn^{III}), die Reduktion der Chromsäure über vierwertiges Chrom (Cr^{IV}) verläuft.

Lang und Zweřina (l. c.) berechnen die Wertigkeitsstufe des intermediär gebildeten Zwischenprodukts des Aktors aus dem „Induktionsfaktor". Dieser ist das Verhältnis der umgesetzten Äquivalente des Akzeptors zu den umgesetzten Mengen des Induktors. Bezeichnet man die intermediär auftretende Wertigkeitsstufe des Aktors mit A_i, seine ursprüngliche mit A_a, die endgültige mit A_e, so folgt aus der gegebenen Definition:

$$F_i = \frac{A_i - A_e}{A_a - A_i}$$

oder

$$A_i = \frac{(F_i \cdot A_a) + A_e}{F_i + 1}.$$

F_i ist der Induktionsfaktor.

Bei der praktischen Ausführung oxydimetrischer bzw. reduktometrischer Titrationen liegt daher immer die Möglichkeit für induzierte Reaktionen vor; es ist daher erwünscht, Anhaltspunkte dafür zu haben, wie man eine Reaktion zwischen A und B möglichst eindeutig verlaufen lassen kann, ohne daß Störungen durch induzierte Erscheinungen auftreten.

Wir wollen zunächst die praktisch wichtige Reaktion zwischen Oxalsäure und Permanganat ganz kurz besprechen. A. Skrabal[2] hat eingehende Untersuchungen über diesen Gegenstand angestellt und macht sich vom Reaktionsverlauf folgende Vorstellung: Fügt man zu einer sauren Oxalsäurelösung ein wenig Permanganat, so bleibt die Farbe des letzteren zunächst bestehen. Im Anfange geht die Reaktion zwischen der Oxalsäure und dem Oxydans sehr langsam vor sich. Dies Anfangsstadium, währenddessen die Oxalsäure sehr träge zu Kohlensäure oxydiert und das Permanganat zu Mangano reduziert wird, bezeichnet man als die

---

[1] Lang, R. und J. Zweřina: Z. anorg. u. allg. Chem. Bd. 170, S. 389. 1928; vgl. auch C. Wagner: Z. anorg. u. allg. Chem. Bd. 160, S. 265, 279. 1928.

[2] l. c. Z. anorg. u. allg. Chem. Bd. 42, S. 1. 1904.

Inkubationsperiode. Sobald sich etwas Manganosalz gebildet hat (oder wenn man von vornherein ein wenig davon zugesetzt hat), wird die Reaktion zwischen Oxalsäure und Permanganat stark beschleunigt und kann nun praktisch momentan verlaufen. Wahrscheinlich setzt sich das Mangano mit dem Permanganat nach folgendem Schema um:

$$Mn^{II} + Mn^{VII} \rightarrow Mn^{\cdots},$$
$$Mn^{\cdots} \rightarrow Mn^{III}.$$

Die römischen Ziffern stellen die Wertigkeitsstufen des Mangans dar, während $Mn^{\cdots}$ dreiwertige Manganiionen bedeuten. Diese bilden mit der Oxalsäure zum Teil komplexes Manganioxalat (Mn^{III}), zum anderen Teil oxydieren sie die Säure:

$$H_2C_2O_4 + 2 Mn^{\cdots} \rightarrow 2 Mn^{\cdot\cdot} + 2 CO_2 + H_2O.$$

Die Reaktion Mangano-Permanganat **induziert** also die Reaktion Oxalsäure-Permanganat. Wenn wir daher die Inkubationsperiode überschritten haben, in welcher genügend Manganosalz gebildet worden ist, so treten wir in die **Induktionsperiode** ein. Nach der Lutherschen Nomenklatur ist das Permanganat der Aktor, das Mangano der Induktor, und die Oxalsäure der Akzeptor. Nach Ablauf dieser Induktionsperiode zerfällt das Manganisalz in der **Endperiode** mit meßbarer Geschwindigkeit. Nach Skrabal wäre das in der Induktionsperiode gebildete Manganiion eine Art Primäroxyd (oder Intermediäroxyd), das nach Manchot bei allen Oxydationsprozessen entstehen soll. Jedoch halte ich dies nicht für wahrscheinlich, denn das Manganiion hat eine geringere Oxydationsenergie als Permanganat. Richtiger ist es wohl, die intermediäre Bildung eines noch höheren Manganoxyds anzunehmen, das an sich sehr unbeständig ist[1].

Man könnte nun meinen, daß die Oxydationsgeschwindigkeit der Oxalsäure sehr gesteigert wird, wenn man der Lösung einen reichlichen Überschuß des Induktors „Manganosalz" zusetzt. Dies trifft jedoch nicht zu; die Reaktion zwischen Permanganat und Manganosalz verläuft teilweise sehr schnell; jedoch bildet sich dann zum größten Teil das komplexe Manganioxalat, das sich wieder nur mit einer meßbaren Geschwindigkeit zersetzt.

---

[1] Vgl. dazu J. M. Kolthoff: Z. anal. Chem. Bd. 64, S. 185. 1924; auch A. Skrabal und J. Preisz: Mh. Chem. Bd. 27, S. 503. 1904.

Wenn die Oxalsäure-Permanganatmischung nur wenig Mangano-
ionen enthält, wie das bei einer Titration unter normalen Verhältnissen der Fall ist, so verläuft die Induktionsreaktion Mn^{II}
$+ Mn^{VII}$ viel langsamer, und die gebildeten Manganiionen werden,
ehe sie noch Komplexe eingehen, zur Oxydation der Oxalsäure
verbraucht. Aus den beschriebenen und manchen anderen Erscheinungen leitet Skrabal folgende Regel ab, welche schon früher
von F. Kessler[1] in anderer Weise aufgestellt wurde: Wenn
induzierte Vorgänge über den nämlichen wirksamen
Zwischenkörper verlaufen, und dadurch miteinander
vergleichbar werden, so bestimmt einzig und allein
die Geschwindigkeit den Betrag der Induktion. Ist
die induzierte Reaktion ein freiwilliger (aber langsamer) Vorgang, so ist die Induktion um so erheb-
licher, je geringer die Geschwindigkeit der induzierenden Reaktion ist.

Eine Bestätigung dieser Regel können wir in der Behebung
der Salzsäurestörung bei der Oxalsäuretitration finden. Die Reaktion zwischen Permanganat und Salzsäure geht an und für sich
sehr langsam vor sich; sie wird jedoch merkbar induziert durch
die Reaktion Permanganat-Oxalsäure. Besonders in der Inkubationsperiode, wo die induzierende Reaktion zwischen Oxalsäure und Permanganat sehr träge verläuft, wird die
Störung sehr bemerkbar. Steigert man die Geschwindigkeit der
induzierenden Reaktion durch Manganozusatz oder durch Titration bei höherer Temperatur (über 70⁰), so läßt sich der Salzsäurefehler ganz beseitigen.

Auch bei der Ferrotitration mit Permanganat stört die Anwesenheit von Salzsäure. Gegenüber der Oxalsäure-Permanganat-
titration verläuft die Ferro-Permanganat-Reaktion mit unmeßbar
großer Geschwindigkeit. Doch können wir nach A. Skrabal (l. c.)
aus Analogiegründen auch hier drei aufeinanderfolgende Reak-
tionsperioden annehmen, wobei die Keimungsperiode nur von sehr
kurzer Dauer ist. Offenbar wird während dieser induzierenden
Reaktion ein Primäroxyd gebildet, das die Reaktion Salzsäure-
Permanganat induziert. Durch Zusatz von Manganosalz wird
die Keimungsperiode verkürzt, und das gebildete Primäroxyd

---

[1] Kessler, F.: Pogg. Ann. Bd. 195, S. 238. 1863.

sofort vom zugesetzten Manganoion reduziert, ohne daß es induzierend auf die Oxydation der Salzsäure wirken kann.

Die Ausführung einer Ferrotitration in Gegenwart von Salzsäure bei höherer Temperatur setzt den Fehler unter bestimmten Bedingungen wohl herab, aber beseitigt ihn nicht ganz. Auch die Geschwindigkeit, mit der man das Permanganat bei Zimmertemperatur zulaufen läßt, hat Einfluß auf das Resultat. Bei langsamer Titration ist der Salzsäurefehler fast zu vernachlässigen, bei rascher Permanganatzugabe wächst er merkbar an (vgl. den praktischen Teil).

Zur Zeit können wir noch gar nicht voraussagen, ob eine Reaktion von einer anderen induziert wird. Spezifische Faktoren, durch die Art der vorliegenden Substanzen bedingt, spielen dabei eine große Rolle.

So bin ich niemals einer Salzsäurestörung bei der Titration von Wasserstoffperoxyd mit Permanganat begegnet, obgleich hier die Keimungsperiode, wie bei der Oxalsäuretitration, ziemlich groß ist. Wir können nur rein empirisch durch das Experiment feststellen, ob eine Titration von einer störenden induzierten Reaktion begleitet wird. Ist dies der Fall, so können wir gewöhnlich durch geeignete Änderung der Reaktionsgeschwindigkeit den Fehler ausschalten.

Unter Umständen können durch induzierte Erscheinungen auch unerwartete Reaktionsprodukte gebildet werden. So hat man schon seit längerer Zeit bei der Oxalsäuretitration mit Permanganat die Bildung eines peroxydartigen Körpers beobachtet, den man für ein Kohlenstoffsuperoxyd hielt. Aus eigenen Untersuchungen[1] ergab sich, daß diese Substanz nichts anderes ist als Wasserstoffperoxyd, das sich nur dann bildet, wenn die zu titrierende Flüssigkeit freien Sauerstoff enthält[2]. Hier induziert die Reaktion zwischen Permanganat und Oxalsäure eine andere, bei der Sauerstoff in Peroxyd übergeführt wird.

---

[1] KOLTHOFF, J. M.: Z. anal. Chem. Bd. 64, S. 185. 1924. E. DEISZ: Chem.-Zg. Bd. 50, S. 399. 1926 nimmt dagegen primär die Bildung der

$$\text{Peroxalsäure} \quad \begin{matrix} \text{O—COOH} \\ | \\ \text{O—COOH} \end{matrix} \quad \text{an.}$$

[2] SCHRÖDER, K.: Z. öff. Chem. Bd. 16, S. 274, 290. 1900.

Je schneller die Oxydation der Oxalsäure stattfindet, um so mehr
Peroxyd wird gebildet, was im Einklang mit einer Regel steht,
die von A. SKRABAL[1] in folgender Weise formuliert wurde: „Bei
genügend geringer Geschwindigkeit bilden sich die
stabilen Endprodukte. Bei großer Geschwindigkeit
entstehen weniger beständige Produkte, und von da
ab wird die Bildung der definitiven Endprodukte
sehr gehemmt. Solange das Wesen der induzierten Erscheinungen nicht näher aufgeklärt ist, müssen wir uns mit praktischen
Regeln zufrieden geben. Wir fügen daher noch die folgenden zwei
hinzu, welche teilweise aus den oben Gesagten abgeleitet werden
können:

1. Wenn zwei reduzierende Stoffe, (welche wir mit
A_R und B_R andeuten wollen), von sehr verschiedenem
Reduktionspotential in einer Lösung vorliegen, so
daß z. B. A_R quantitativ zu A_O oxydiert werden kann,
ohne daß praktisch B_R angegriffen wird, so wird induzierten Erscheinungen zufolge gewöhnlich ein Teil
von B_R gleichzeitig mit A_R oxydiert. Ist nun die
Reaktionsgeschwindigkeit zwischen A_R und B_O groß,
so kann die Induktion keine Störung verursachen,
weil das oxydierte B_O sofort mit A_R reagiert und zu
B_R zurückgebildet wird, wie wir das aus den Reduktionspotentialen berechnen können. Ist dagegen die
Geschwindigkeit der Reaktion:

$$B_O + A_R \underset{\rightarrow}{\leftarrow} B_R + A_O$$

gering, so wird man im allgemeinen A_R nicht genau
neben B_R bestimmen können.

Daher werden besonders diejenigen reduzierenden
Substanzen bei einer Titration von A_R stören, deren
Oxydation bzw. Reduktion nicht reversibel ist, was
ja bei manchen organischen Stoffen vorkommt.

2. Wenn eine Substanz nur sehr langsam von
einem Reagens oxydiert oder reduziert wird, so wird
die Reaktionsgeschwindigkeit gesteigert, wenn eine

---

[1] SKRABAL, A.: Z. Elektrochem. Bd. 11, S. 653. 1905; Mh. Chem.
Bd. 28, S. 319. 1907; OBERHAUSER, F. und W. HEUSINGER: Ber. Bd. 61,
S. 521. 1928.

schnell verlaufende Reaktion zwischen dem Reagens und einem anderen Stoffe nebenhergeht.

Eine Bestätigung dieser letzten Regel sehen wir z. B. in der oben schon besprochenen Salzsäurestörung bei Permanganattitrationen. Ein treffendes Beispiel haben wir auch im Verhalten von Phosphit. Eine Phosphitlösung wird nur sehr langsam von Permanganat zu Phosphorsäure oxydiert. Gibt man etwa zu einer sauren Phosphitlösung ein wenig Permanganat, so bleibt die Rosafärbung längere Zeit bestehen, und das Oxydans wird nicht angegriffen. Titriert man jedoch eine Ferrolösung bei Anwesenheit von ein wenig Phosphit, so wird zu viel Permanganat verbraucht, weil ein Teil des Phosphits mitoxydiert wird.

Von großer praktischer Bedeutung sind die induzierten Erscheinungen, an denen der Luftsauerstoff beteiligt ist. Wir wollen daher einige Beispiele näher erwähnen.

Eine Lösung von Stannochlorid wird nur allmählich vom Luftsauerstoff oxydiert. LENSSEN und LÖWENTHAL[1] stellten fest, daß diese Luftoxydation während der Titration mit Permanganat oder Bichromat stark beschleunigt wird. Dasselbe fand ich auch bei der Bestimmung mit Jod.

Eigenartig ist, daß diese gesteigerte Oxydationsfähigkeit des Sauerstoffs nicht nur bei oxydimetrischen Vorgängen zutage tritt, sondern selbst bei ganz anderen Reaktionen, etwa bei Neutralisationen. So fand RASCHIG[2] z. B., daß während der Neutralisation des Bisulfits durch Natron eine weit größere Menge in Sulfat übergeführt wird, als dem Übergang in das leichter oxydable normale Sulfit entspricht. Eine nämliche Steigerung der Oxydationsfähigkeit stellte er bei dem umgekehrten Prozeß fest, das heißt bei der Überführung des Sulfits in Bisulfit. Nach der Lutherschen Nomenklatur wäre hier also der Sauerstoff Aktor, Wasserstoff- oder Hydroxylion Induktor und Sulfit bzw. Bisulfit Akzeptor. Eine ganz analoge Sauerstoffinduktion findet nun bei den Oxydationsreaktionen des Sulfits bzw. Bisulfits etwa mit Jod statt. Man drückt dies gewöhnlich so aus, daß das Jodid die Luftoxydation des Sulfits katalytisch beschleunigt; in der Tat wird die langsame Reaktion zwischen Sulfit bzw. Bisulfit mit Sauerstoff von der anderen, schnell verlaufenden induziert. Die induzierte

---

[1] LENSSEN und LÖWENTHAL: J. prakt. Chem. Bd. 76, S. 484. 1859.
[2] RASCHIG: Z. angew. Chem. Bd. 17, S. 580, 1407. 1904.

Luftoxydation des Rhodanwasserstoffs bei einer Titration mit Permanganat oder Jodat in saurer Lösung haben wir am Anfange dieses Kapitels berührt[1].

Ganz allgemein dürfen wir sagen, daß bei der Titration der Lösung eines reduzierenden Stoffes, welche an sich ziemlich luftbeständig ist, jedoch ein Reduktionspotential hat, das kleiner ist, als dem Oxydationspotential des Sauerstoffs unter atmosphärischen Bedingungen entspricht, die Luftoxydation gesteigert wird. Man muß daher beim Titrieren einer reduzierenden Substanz immer empirisch nachprüfen, ob die Luftoxydation störend eingreift. Verschiedene Beispiele induzierter Reaktionen finden sich in der Veröffentlichung von H. WIELAND und W. FRANKE[2].

Bei Besprechung der induzierten Erscheinungen habe ich mit Absicht die „induzierten Fällungen‟ außer acht gelassen, weil das Erklärungsprinzip meiner Ansicht nach hier ein ganz anderes ist, als bei den oxydimetrischen bzw. reduktometrischen Beispielen. Die Mitfällung von einer Substanz mit einem Niederschlag kann meist der Adsorption, Okklusion, Inklusion oder Mischkristallbildung zugeschrieben werden. „Daneben sind aber, wie beim Mitfällen des Zinksulfids am Kupfersulfid und bei der Eisen- und Manganoxalatfällung spezifische Induktionen vorhanden, indem der niedergeschlagene Körper nicht fertig gebildet in der Lösung zugegen ist und einfach mitgerissen wird, sondern erst unter dem Einfluß der gleichartigen Reaktion entsteht‟[3]. Meines Erachtens tritt hier die Induktion jedoch nicht gleichzeitig mit der Fällungsreaktion ein. Die ausfallende Substanz reißt erst sekundär eine andere mit. Die induzierten Erscheinungen sind hier ganz wesentlich durch die spezifische Natur des primären Niederschlags und der mitgerissenen Substanz bedingt. Dabei spielt die Nebenvalenzbetätigung der Ionen des Niederschlags (oder eine Kraftwirkung nach Auffassung der Kosselschen Theorie) die maßgebende Rolle. So zeigen z. B. die

---

[1] Vgl. dazu K. SCHRÖDER: Z. öff. Chem. Bd. 15, S. 321. 1909.

[2] WIELAND, H. und W. FRANKE: Ann. Bd. 464, S. 101. 1928.

[3] Zitiert nach G. WOKER: Die Katalyse. I. Allgemeiner Teil. 8. S. 293. Stuttgart: Ferd. Enke 1910.

Untersuchungen von F. Feigl[1], daß die Nebenvalenzen der Schwefelionen in Säure-unlöslichen Sulfiden das Mitschleppen solcher der Schwefelammoniumgruppe in saurer Lösung verursachen (vgl. Siebentes Kapitel S. 167).

Die „negative induzierte Fällung", wie die Nicht-Fällbarkeit des Calciums als Oxalat in Gegenwart eines großen Überschusses an Magnesiumsalz, hat man auf rein chemische Gründe zurückzuführen. Die Magnesium- und Oxalationen bilden Komplexe, wodurch der Lösung die Oxalationen zur Calciumfällung entzogen werden. Daher ist in solchen Fällen ein reichlicher Überschuß des Fällungsmittels anzuwenden.

Die induzierten Fällungserscheinungen sind auch für die Maßanalyse von großer Bedeutung. Wo die Werte der Löslichkeitsprodukte eine fraktionierte Fällbarkeit erwarten lassen, müssen wir uns immer noch praktisch davon überzeugen, ob keine kombinierten Fällungen störend hineinspielen.

Jedem Chemiker seien folgende Worte von L. L. de Koninck[2] ans Herz gelegt:

„Hüten muß man sich jedoch vor Verfahren, welche man sich durch Deduktion ersonnen hat; denn Reaktionen, welche in ihrer Anwendung auf reine, von anderen geschiedene Stoffe genau sind, sind das häufig nicht mehr, wenn Stoffgemische vorliegen" (Originaltext).

§ 4. Beispiele katalytischer Vorgänge. Wir wollen hier noch einige katalytisch beeinflußte Reaktionen näher behandeln, die sich mit Vorteil in der Maßanalyse anwenden lassen.

Die Geschwindigkeit der Reaktion zwischen Wasserstoffperoxyd und Jodid in saurer Lösung ist eingehend von Noyes und Scott[3] untersucht worden. Eigentlich verläuft sie in zwei Stufen, die durch folgende Gleichungen zum Ausdruck gebracht werden:

$$H_2O_2 + J' \rightarrow H_2O + OJ', \tag{1}$$

$$\frac{OJ' + 2H^{\cdot} + 2J' \rightarrow H_2O + J_2}{H_2O_2 + 2H^{\cdot} + 2J' \rightarrow 2H_2O + 2J_2.} \tag{2}$$

---

[1] Feigl, F.: Z. anal. Chem. Bd. 65, S. 25. 1924; vgl. dazu O. Ruff und B. Hirsch: Z. anorg. u. allg. Chem. Bd. 151, S. 81. 1926.

[2] de Koninck, L. L. und C. Meineke: Mineralanalyse Bd. 1, S. XVI. Berlin 1899; vgl. Skrabal: l. c.

[3] Noyes und Scott: Z. physik. Chem. Bd. 18, S. 118. 1895; Bd. 19, S. 102. 1896.

Vorgang (1) verläuft langsam; der Gleichung nach sollten Wasserstoffionen darauf keinen Einfluß haben, doch scheinen sie die Geschwindigkeit katalytisch zu steigern.

Reaktion (2) verläuft schnell, besonders in saurer Lösung. Verschiedene Autoren haben den Einfluß von Katalysatoren auf die Reaktionsgeschwindigkeit zwischen Peroxyd und Jodid in saurer Lösung untersucht. So erkannte schon TRAUBE[1] den starken katalytischen Einfluß einer Mischung von Kupfer- und Ferrosalz. Von besonderer analytischer Bedeutung ist die eingehende Untersuchung von BRODE[2], der eine außerordentlich starke Katalyse durch Molybdän- und Wolframsäure feststellte. Er erklärt diese mit der intermediären Bildung von Persäuren, welche nachweislich in der Mischung vorhanden sind. Fügt man nämlich zu einer sauren Peroxydlösung Molybdat, so wird diese gelb gefärbt.

Die Molybdatkatalyse kann man mit Vorteil zur jodometrischen Wasserstoffperoxydbestimmung verwenden. Wegen der geringen Reaktionsgeschwindigkeit war man sich in der älteren Literatur nicht schlüssig, ob die Reaktion zur quantitativen Wasserstoffperoxyd-Bestimmung brauchbar ist. Bei Anwesenheit von Molybdat verläuft in saurer Lösung der Vorgang zwischen Peroxyd und Jodid so schnell, daß man sofort nach dem Mischen der Reagenzien mit Thiosulfat titrieren kann. Sogar stark verdünnte Peroxydlösungen lassen sich in dieser Weise direkt bestimmen[3].

In neutraler oder alkalischer Lösung reagieren Peroxyd und Jodid in anderer Weise:

$$H_2O_2 + J' \rightarrow H_2O + OJ' \qquad (1)\ \text{langsam}$$

$$\underline{OJ' + H_2O_2 \rightarrow H_2O + J' + O_2} \qquad (2)\ \text{rasch}$$

$$2\,H_2O_2 \rightarrow 2\,H_2O + O_2.$$

Aus diesen Teilvorgängen erklärt sich, daß Jodidionen die Zersetzung von Peroxyd in Wasser und Sauerstoff katalytisch beschleunigen. Die schnell verlaufende Reaktion (2) hat RUPP[4] zur Bestimmung des Wasserstoffperoxyds mit Hypojodit benutzt.

---

[1] TRAUBE: Ber. Bd. 20, S. 1062. 1884.
[2] BRODE: Z. physik. Chem. Bd. 37, S. 257. 1901.
[3] Vgl. J. M. KOLTHOFF: Z. anal. Chem. Bd. 60, S. 400. 1921.
[4] RUPP, E.: Arch. Pharmaz. Bd. 245, S. 6. 1907.

Eine andere Verwertung seiner katalytischen Wirkung findet Molybdat bei der jodometrischen Titration verdünnter Bromatlösungen[1].

Die Reaktion zwischen Bromat, Jodid und Säure können wir in die summarische Gleichung fassen

$$BrO_3' + 6\,J' + 6\,H^{\cdot} \rightarrow Br' + 3\,J_2 + 3\,H_2O\,.$$

Die Geschwindigkeit ist von vielen Faktoren abhängig, wie wir im praktischen Teil dieses Buches noch näher besprechen werden; in allen Fällen wird sie jedoch von Molybdat stark erhöht[1]. Die Reaktion zwischen Chlorat, Jodid und Wasserstoffionen verläuft noch viel langsamer, als die zwischen Bromat und den beiden anderen Ionen, läßt sich aber auch wieder durch Molybdat beschleunigen, welches freilich auch als Störung eine induzierte Luftoxydation des Jodids mit sich bringt. Praktisch ist der Zusatz hier also nicht zu empfehlen.

Auch die Umsetzung zwischen Bichromat, Jodid und Säure verläuft nicht momentan; sie wird, wie sich aus meinen eignen Versuchen ergab, jedoch in saurer Lösung von Molybdat negativ katalysiert. Dabei induziert letzteres aber auch hier wieder stark die Reaktion zwischen Jodid und Luftsauerstoff. Der Mechanismus scheint sehr kompliziert zu sein, denn auch das Licht ist von Einfluß und löst einen bemerkenswerten photochemischen Effekt aus. Zur Erläuterung sind in der folgenden Tabelle einige Zahlen

Einfluß von Licht und Katalysatoren bei der jodometrischen Bestimmung von 0,001 n-Bichromat.

Menge und Art Säure	Zusatz	Art der Aufbewahrung	cm³ 0,001 n-Thiosulfat nach 15 Minuten
5 cm³ 4 n HCl	—	dunkel	25,20
,,	100 mg Ferrosulfat	,,	20,90
,,	3 Tropfen 3% Molybdat	,,	27,00
,,	—	diffuses Licht	26,00
,,	100 mg Ferrosulfat	,, ,,	22,90
,,	3 Tropfen 3% Molybdat	,, ,,	28,80
,,	—	direktes Sonnenlicht	**36,00**
,,	100 mg Ferrosulfat	,, ,,	**5,00**
,,	3 Tropfen 3% Molybdat	,, ,,	**45,50**

[1] Vgl. OSTWALD: Z. physik. Chem. Bd. 2, S. 137. 1888; SCHILOW: Z. physik. Chem. Bd. 27, S. 513. 1898; CLARK: J. physic. Chem. Bd. 11, S. 353. 1907; KOLTHOFF: Z. anal. Chem. Bd. 60, S. 348. 1921.

angegeben. 25 cm³ 0,001 n-Kaliumbichromat wurden gemischt mit der angegebenen Menge Säure, dem Katalysator und 0,5 cm³ n-Kaliumjodid. Nach 15 Minuten Stehen unter den angegebenen Bedingungen wurde mit 0,001 n-Thiosulfat titriert.

In anderen Versuchen konnte die negative Katalyse durch Molybdat deutlich nachgewiesen werden; in den obenstehenden Versuchen wird die positive Katalyse durch eine beschleunigte Luftoxydation erklärt. Zu bemerken ist, daß die katalytische Wirkung von Stoffen sehr oft von der Wasserstoffionenkonzentration abhängt. So übt das Ferroion in stark saurer Lösung einen merkbar negativen katalytischen Einfluß aus (vgl. die Tabelle); in schwach saurer Lösung hingegen wirkt es stark im entgegengesetzten Sinn.

Die ausgeprägte katalytische Wirkung des Zinks bei der jodometrischen Ferricyanidbestimmung kann auf rein chemische Gründe zurückgeführt werden:

$$2\,\mathrm{Fe(CN}_6''') + 2\,\mathrm{J}' \rightleftarrows 2\,\mathrm{Fe(CN}_6'''') + \mathrm{J}_2\,.$$

Weil das Kaliumzinkferrocyanid viel weniger löslich als Zinkferricyanid ist, so wird die Reaktion von links nach rechts durch Zusatz von Zinksalz beschleunigt.

Auch die Wirkung des Sublimats auf die Bestimmung der Jodadditionszahl nach v. Hübl[1] läßt sich chemisch erklären.

Jod und Mercurichlorid reagieren nämlich nach der Gleichung:

$$2\,\mathrm{J}_2 + \mathrm{HgCl}_2 \rightarrow \mathrm{HgJ}_2 + 2\,\mathrm{JCl}\,.$$

Im wesentlichen ist das Jodchlorid die aktive Zwischenverbindung bei der Addition.

Der katalytische Einfluß des Silberions ist besonders auffällig bei Oxydationsvorgängen des Persulfats. Nach R. Kempf[2] wird dabei das reaktionsvermittelnde Silberperoxyd beständig regeneriert. Eine Anwendung davon macht er bei der Bestimmung des wirksamen Sauerstoffs in Persulfaten mit Hilfe von Oxalsäure. Man fügt zur Persulfatlösung einen Oxalsäureüberschuß, 0,2 g Silbersulfat und Schwefelsäure. Nach 15 Minuten Erhitzen auf siedendem Wasserbade wird die überschüssige Oxalsäure mit Permanganat zurücktitriert.

---

[1] v. Hübl: Dinglers polyt. J. Bd. 253, S. 281. 1884.
[2] Kempf, R.: Ber. Bd. 38, S. 3963. 1906.

Über die induzierten Reaktionen bei der oxydierenden Wirkung von Dichromat auf organische Säuren vgl. C. Wagner[1].

Viele Beispiele und ältere Literatur über katalytische Wirkungen finden sich im Buch von G. Woker: „Die Katalyse"[2].

Siebentes Kapitel.

Die Adsorptionserscheinungen bei der Fällungsanalyse.

§ 1. Das „Mitreißen" bei Fällungsreaktionen. An Hand der Betrachtungen und Gleichungen des 1. Kapitels wissen wir die Änderung der Ionenkonzentrationen während einer Fällungstitration zu berechnen. Jedoch stimmen in der Nähe des Äquivalenzpunktes die nach dem Massenwirkungsgesetze berechneten Ionenkonzentrationen nicht immer mit den experimentell bestimmbaren Werten überein. Eine Gruppe von Erscheinungen — welche gewöhnlich unter dem Namen „Adsorptionserscheinungen" zusammengefaßt werden und im vorigen Kapitel schon kurz erwähnt wurden —, verursacht die Abweichungen von den berechneten Werten.

Eine Fällung schlägt gewöhnlich nicht in ganz reiner Form nieder, sondern schleppt — durch mechanische, physikalische oder chemische Ursachen — fremde Stoffe mit, wodurch auch bei maßanalytischen Bestimmungen Fehler auftreten können. Beim Zusammenwachsen der Teilchen eines Niederschlags kann ja sehr leicht ein wenig Flüssigkeit eingeschlossen werden. Diese Okklusion spielt besonders bei raschem Zusammenschließen der Partikel eine Rolle, wie beim Ausflocken von Kolloiden. (Vgl. auch S. 159.) Bei allmählichem Kristallwachstum ist die Okklusion gewöhnlich nicht nennenswert.

Die Mitfällung fremder Substanzen durch Bildung von Misch-

---

[1] Wagner, C.: Z. anorg. u. allg. Chem. Bd. 168, S. 279. 1928.

[2] Woker, G.: Die Katalyse: Die Rolle der Katalyse in der analytischen Chemie. I. Allgemeiner Teil. Stuttgart: Ferd. Enke 1910.

II. Spezieller Teil: Anorganische Katalysatoren 1915. Abt. II: Biologische Katalysatoren 1924.

kristallen kommt bei maßanalytischen Bestimmungen meist nicht in Frage[1].

Von viel wesentlicherer Bedeutung sind die **Adsorption von Fremdstoffen durch den Niederschlag** und die **Bildung fester Lösungen**.

Unter Adsorption verstehen wir ein Festhalten an sich löslicher fremder Stoffe an der Oberfläche eines Niederschlags.

Oftmals ist es schwer, zwischen einer wirklichen Adsorption und der Bildung einer festen Lösung zu unterscheiden; beide Erscheinungen begleiten meist einander. Besonders wenn die gelöste Substanz vom Adsorbens sehr langsam aufgenommen wird, liegt gewöhnlich keine reine Adsorption vor, die aufgenommene Fremdsubstanz dringt vielmehr in Form einer festen Lösung meist schon tiefer ins Innere des Adsorbens[2] ein. Daher faßt Mc Bain[3] die Gesamterscheinung verallgemeinernd unter dem Namen **Sorption** zusammen.

Bevor wir uns mit der Bedeutung der Adsorptionserscheinungen für die Fällungsanalyse näher beschäftigen, wollen wir zuerst die Ausflockung kolloider Lösungen und die Adsorption an Kristalloberflächen behandeln. Wir müssen uns dabei freilich nur auf die Punkte beschränken, die Beziehung zur Maßanalyse haben. Ausführliche allgemeinere Darlegungen geben die Handbücher der Kolloidchemie — besonders das soeben zitierte Werk von H. Freundlich.

§ 2. Die Adsorption bei der Ausflockung von Kolloiden. Praktisch lassen sich alle schwer löslichen Salze unter geeigneten Bedingungen in kolloide Lösungen bringen. Eine solche tritt oft bei sehr langsamen Fällungen auf; darin ballen sich die Teilchen allmählich zusammen und flocken aus. Wahrscheinlich ist die der

---

[1] Vgl. besonders G. F. Hüttig und E. Menzel: Z. anal. Chem. Bd. 68, S. 343. 1926; auch O. Ruff und B. Hirsch: Z. anorg. u. allg. Chem. Bd. 146, S. 388. 1925; Bd. 150, S. 84. 1926. W. Böttger: Z. angew. Chem. Bd. 38, S. 802. 1925. Chem.-Zg. Bd. 49, S. 847. 1925. H. G. Grimm und Mitarbeiter: Z. Elektrochem. Bd. 28, S. 75. 1922; Bd. 29, S. 519. 1923; Bd. 30, S. 467. 1924; Z. physik. Chem. Bd. 132, S. 131. 1928. Havighurst: J. amer. chem. Soc. Bd. 47, S. 29. 1925. G. Lunde: Ber. Bd. 59, S. 2784. 1926, und insbesondere: O. Ruff und E. Ascher, Z. anorg. u. allg. Chem. Bd. 185, S. 369 1930; O. Ruff, ibid. Bd. 185, S. 387. 1930.

[2] Freundlich, H.: Kapillarchemie. 2. Aufl. S. 148 u. 322. 1922.

[3] Bain, Mc: Z. physik. Chem. Bd. 68, S. 471. 1909.

Ausfällung eines Niederschlags vorangehende Stufe immer der kolloide Zustand. Falls ein Niederschlag von Haus aus deutlich kristallinisch ist, läßt sich das Passieren des kolloiden Zustandes experimentell wegen der großen Geschwindigkeit der Kristallbildung schwer nachweisen. In anderen Fällen, etwa bei den Silberhaloiden ist der Übergang über die kolloide Form fast immer zu erkennen. Wie wir noch später (vgl. § 4) sehen werden, spielen kolloide Lösungen besonders in der Argentometrie eine große Rolle, und daher wollen wir die Eigenschaften dieser Lösungen etwas näher betrachten.

Die Stabilität eines Soles ist an die elektrische Ladung der dispersen Phase gebunden. Bereiten wir z. B. ein Silberjodidsol aus überschüssigem Kaliumjodid und Silbernitrat, so bleiben die Silberjodidteilchen in kolloidem Zustand in der Lösung, weil sie Jodionen zu adsorbieren vermögen. Dadurch lädt sich die Oberfläche der Teilchen negativ auf. Weil nun die Lösung insgesamt, d. h. nach außen hin, elektrisch neutral ist, so müssen natürlich diesen negativen Ladungen äquivalente Mengen positiver Ladung gegenüberstehen. Tatsächlich lagern sich auch in einer geringen Entfernung um die negativ geladenen Teilchen positive Ionen — sagen wir in unserem Falle Kaliumionen. Es bildet sich dadurch eine diffuse elektrische Doppelschicht, deren Eigenschaften für die Stabilität des Sols maßgebend sind.

Die negativ geladenen Silberjodidteilchen halten die Jodionen fest an der Oberfläche adsorbiert (vgl. § 3), diese Anionen sind nicht mehr frei beweglich, im Gegensatz zu den Kationen — hier den Kaliumionen, — welche nur wenig von ihrer Beweglichkeit eingebüßt haben. Die Teilchen in einer kolloiden Lösung, auch Mizellen genannt, sind in starker — sog. Brownscher — Bewegung begriffen. Dennoch treten sie nicht zusammen, weil sie eine große gleichsinnige Ladung tragen und dadurch einander abstoßen. Entlädt man nun aber die Teilchen, so verlieren sie auch ihre gegenseitigen Abstoßungskräfte, sie können nunmehr zusammentreffen und sich zu größeren Konglomeraten vereinigen, bis sie schließlich, dem Auge sichtbar, ausflocken.

Die Entladung eines Sols wird bewirkt durch Zusatz geeigneter Elektrolyten, genauer gesagt: durch deren entgegengesetzt geladene Ionen. Je stärker diese letzteren adsorbiert werden, bei desto kleinerer Konzentration neutralisieren sie die

Ladung des Sols und verursachen dessen Ausflockung. Bei negativer Wandladung wirken besonders die stark adsorbierbaren organischen Kationen koagulierend, bei positiver Wandladung stark adsorbierbare aromatische Anionen, wie Salicylat, Pikrat u. dgl. Dabei spielt die Wertigkeit des flockenden Ions eine große Rolle, was zuerst H. SCHULZE[1] beobachtet hat.

So sind z. B. zur Ausflockung eines negativ geladenen Arsentrisulfidsols nach FREUNDLICH[2] etwa 50 Millimole Kaliumchlorid, 0,69 Millimole Bariumchlorid und nur 0,093 Millimole Aluminiumchlorid pro Liter erforderlich[3]. Dieser Valenzeinfluß wird von H. FREUNDLICH an Hand des eigentümlichen Verlaufes der Adsorptionsisotherme erklärt. Die Wertigkeit des Anions ist daneben von untergeordneter Bedeutung.

Zur Entladung einer negativen Sols müssen äquivalente Mengen der Kationen adsorbiert werden, welche dann beim Ausflocken mitgerissen werden.

Obgleich nun der Flockungswert der einzelnen Elektrolyte ganz verschieden ist, wird die Koagulation von der Adsorption der ausflockenden Ionen begleitet, welche, in Äquivalenten ausgedrückt, für alle Ionen die gleiche ist, unabhängig von deren Valenz und spezifischer Adsorbierbarkeit. Nach zahlreichen zuverlässigen Untersuchungen von H. B. WEISER[4] und seinen Mitarbeitern trifft diese Äquivalenzregel jedoch nicht genau zu.

So bestimmten H. B. WEISER und E. B. MIDDLETON[5] die Flockungswerte eines positiv geladenen Aluminiumoxydsols mit verschiedenen Anionen, wobei sie gleichzeitig die Menge der

---

[1] SCHULZE, H.: J. prakt. Chem. Bd. 25, S. 431. 1882; Bd. 27, S. 320. 1883.

[2] Vgl. FREUNDLICH: l. c. S. 572 ff.

[3] In der analytischen Praxis kann man oft eine nützliche Anwendung der SCHULZEschen Regel machen. So fand ich z. B., daß bei der maßanalytischen Bestimmung des Bleis als Bleichromat das letztere kolloid in Lösung bleibt, wodurch eine effektive Filtration unmöglich wird. Überschüssige Chromationen laden offenbar das Bleichromatsol negativ auf. Der Theorie nach müßte es also durch eine Spur Aluminiumsalz ausgeflockt werden, was praktisch auch tatsächlich eintritt.

[4] WEISER, H. B. und Mitarbeiter: J. physic. Chem. Bd. 21, S. 315. 1917; Bd. 23, S. 205. 1919; Bd. 24, S. 30 u. 630. 1920; Bd. 25, S. 399. 1921; Bd. 29, S. 955. 1925.

[5] WEISER, H. B. und MIDDLETON: J. physic. Chem. Bd. 24, S. 630. 1920.

vom ausgeflockten Aluminiumoxydhydrats adsorbierten Ionen feststellten. Die folgende Tabelle gibt ihre Resultate wieder, die Flockungs- bzw. Adsorptionswerte sind in Milliäquivalenten ausgedrückt:

Ausflockung und Adsorption eines Aluminiumoxydsols
(WEISER und MIDDLETON).

Anion	Flockungswert Milliäquivalente im Liter	Adsorbiert in Milliäquivalenten pro 1 g Al_2O_3
Ferrocyanid	0,375	1,281
Thiosulfat	0,375	0,819
Ferricyanid	0,400	1,214
Sulfat	0,538	0,997
Oxalat	0,700	1,142
Phosphat ·	1,038	2,427
Chromat	1,300	0,870
Dithionat · · · · · · · · · ·	1,625	0,657
Dichromat	1,775	0,629

Die erheblichen Abweichungen von der Äquivalentadsorption lassen sich nicht durch Versuchsfehler erklären. WEISER und MIDDLETON führen die Unstimmigkeit darauf zurück, daß die ausgeflockten Teilchen — welche also praktisch entladen sind — ihrerseits wieder vorhandene Ionen adsorbieren können. Fügt man aber genau so viel Elektrolyt hinzu, daß der Flockungswert erreicht wird, so erscheint es nicht recht verständlich, wie sich die ausfallenden Teilchen schon umladen sollen.

Vielmehr dürfte die Erklärung für die Abweichungen von der Äquivalentadsorption in anderer Richtung zu suchen sein.

In dem Moment, wo auf vorsichtigen Elektrolytzusatz eben die erste Ausflockung des Soles beginnt, sind die Teilchen noch nicht ganz entladen, sondern nur bis zum sog. „kritischen Potential", unterhalb dessen die elektrostatischen Abstoßungskräfte nicht mehr hinreichen, die kolloiden Teilchen dispers, d. h. in Form eines Soles stabil zu erhalten. Diese Tatsache läßt sich auch leicht praktisch nachweisen. Wenn wir etwa ein reines unlösliches Salz, sagen wir Silberjodid mit Jodid- bzw. Silberlösung schütteln, so wird dies bei geringen Konzentrationen dieser Ionen noch nicht in kolloide Lösung übergeführt. Dennoch lädt sich die Oberfläche bei Anwesenheit eines geringen Überschusses an Jodionen bereits negativ, mit überschüssigem Silbernitrat positiv auf. Erst wenn das kritische Potential überschritten ist, tritt die Dispersion der Teilchen zum Sol ein.

Bei der Ausflockung negativer Ölemulsionen hat nach den Versuchen von ELLIS[1] und POWIS[2] das kritische Potential für Kationen verschiedener Wertigkeit ungefähr denselben Wert. An einem Arsentrisulfidsol ist hingegen nach POWIS[3] der Wert dieses Potentials mit verschiedenen Kationen veränderlich. So wird die Koagulation des Sols durch Kaliumchlorid bei einem Potential von $-0{,}044$ Volt, durch Aluminiumchlorid bei $-0{,}025$ Volt, durch Salzsäure bei $-0{,}05$ Volt ausgelöst.

Daraus ist zu entnehmen, daß die Flockungswerte für die verschiedenen Elektrolyte wechseln; und es ist sogar sehr wahrscheinlich, daß die nicht ausflockenden Ionen — in unserem Falle also die Anionen — auch einen Einfluß auf die Ladung bzw. das Potential der Teilchen ausüben. So ergibt sich aus Messungen, die H. R. KRUYT[4] u. a. an den Strömungspotentialen angestellt hat, daß die letztgenannten Ionen, welche also die gleichnamige Ladung wie die Mizellen tragen, zunächst einmal diese aufladen. Der entladenden Wirkung der einen Ionenart steht also der Aufladungseffekt der anderen Ionen gegenüber.

Beide Wirkungen haben für jeden einzelnen Elektrolyten ihre Schwellenwerte bei verschiedenen Konzentrationen. Bei stärkerer Aufladung werden auch mehr Ionen an der Oberfläche der Teilchen adsorbiert, und die weitere Adsorption bei der Flockung wird um so größer sein, je stärker die primäre Aufladung war. So ist es denn verständlich, daß die Regel der Äquivalentadsorption für die Koagulation nicht streng gültig sein kann.

Ferner ist zu bedenken, daß das ausflockende Ion nicht so fest in der Oberfläche des Teilchens verkettet liegt, sondern mehr oder weniger frei beweglich in der äußeren Sphäre der Doppelschicht angelagert wird. Sind außerdem noch andere Ionen mit gleichem Ladungssinn zugegen, so können auch diese bei der Ausflockung mitgeschleppt werden. Zur Erläuterung erinnern wir an das Arsentrisulfidsol, das aus Arsentrioxyd und Schwefelwasserstoff dargestellt wird. Das Sol ist negativ geladen, weil die

---

[1] ELLIS: Z. physik. Chem. Bd. 80, S. 597. 1912.
[2] POWIS: Z. physik. Chem. Bd. 89, S. 186. 1915.
[3] POWIS: J. chem. Soc. Lond. Bd. 109, S. 734. 1916.
[4] KRUYT, H. R.: Kolloid-Z. Bd. 22, S. 81. 1918.

Mizellen Schwefelionen stark adsorbieren. Diesen gegenüber lagern sich in der Doppelschicht die Wasserstoffionen. Bei der Flockung durch Kationen ist es gar nicht wahrscheinlich, daß alle Wasserstoffionen aus der Doppelschicht verdrängt werden. Die Wasserstoffionen wirken selbst koagulierend, und daher steht zu erwarten, daß bei der Fällung ein Teil dieser H-Ionen gleichzeitig mit den eigentlich ausflockenden Ionen von den Teilchen mitgerissen wird.

Die Menge der so in den Niederschlag gelangenden Wasserstoffionen wechselt für die verschiedenen Elektrolyte; darum kann auch hier die Regel von der Äquivalentadsorption nicht genau zutreffen.

Von analytischer Bedeutung ist, daß die Ionenart, welche die Ladung des Sols bedingt — also das stabilisierende Ion — bei der Ausflockung immer adsorbiert wird. Fügen wir etwa zu einer Jodidlösung Silbernitrat, so bildet sich ein Jodsilbersol, dem die adsorbierten Jodionen seine Stabilität verleihen. Bei weiterem Silbernitratzusatz werden je länger je mehr Jodionen dem System entzogen. Ganz nahe am Äquivalenzpunkt, aber doch noch kurz vor diesem, ist die Konzentration der Jodionen so weit gesunken, daß das Sol nicht mehr dispergiert bleiben kann und plötzlich ausflockt. Das Koagulat enthält aber noch deutlich nachweisbare Mengen des stabilisierenden Jodions adsorbiert. In § 4 kommen wir hierauf näher zurück.

Wenn wir die Jodsilberfällung abfiltrieren und auswaschen, so wird auch der adsorbierte ausflockende Elektrolyt entfernt. Infolge der vom Niederschlag eingeschlossenen Jodionen kann dabei aber wieder ein Teil des Jodsilbers kolloid in Lösung gehen; man nennt diesen Vorgang eine Peptisation. Bei analytischen Arbeiten kann eine solche Peptisation oft sehr stören, gerade beim Auswaschen von Niederschlägen kolloider Natur, wie des Ammoniumphosphomolybdats, Aluminiumoxydhydrats u. a. Durch Zusatz geeigneter Elektrolyten zum Waschwasser läßt sich diese Störung beseitigen. Umgekehrt kann die Peptisation auch durch passend gewählte, stark adsorbierbare Ionen hervorgerufen werden (vgl. § 3). So habe ich eine peptisierende Wirkung von Chromationen auf ausgeflocktes Silberjodid beobachtet. Daraus erklärt sich auch, daß das Silberjodid bei der Jodidtitration nach Mohr unter Umständen am Äquivalenzpunkt noch nicht ausgeflockt wird, sondern unter dem stabilisierenden Einfluß der Chromationen dispergiert bleibt. Daher läßt sich Jodid auch in der gewöhnlichen Weise nach Mohr nicht bestimmen, ebensowenig Rhodanid.

Eine andere interessante Erscheinung, die wir am Silberjodid leicht wahrnehmen können, ist die sog. Umladung der Mizellen. Fügen wir zu einem bereits ausgeflockten Silberjodidsol einen geringen Silbernitratüberschuß, so geht es wieder kolloid in Lösung[1]. Das Silberjodid adsorbiert nunmehr die positiven Silberionen an seiner Oberfläche, wodurch diese positiv aufgeladen wird. Ursprünglich lag also das durch Jodionen negativ geladene Jodsilbersol vor, darauf folgte die Ausflockung unter vorwiegender Entladung und endlich die Umladung durch Silbernitrat unter Bildung eines positiv geladenen Sols[2]. Die Ladung eines Sols ist daher unabhängig von der chemischen Natur der Teilchen und wird nur von der Art der adsorbierten Ionen bedingt. Lassen wir ein positiv geladenes Silberjodidsol durch Jodionen koagulieren, so ist damit gleichzeitig eine Adsorption von Jodionen verbunden. Das Silberjodid vermag ebensowohl Silberionen wie Jodionen zu adsorbieren (vgl. § 3).

Viele Substanzen — besonders lyophyle Kolloide wie Eiweißsubstanzen, Gummi arabicum, Dextrin-, Protalbinsäure — sind häufig befähigt, die Pektisation oder Ausflockung eines Sols durch Elektrolyte zu verhindern oder ihr entgegenzuwirken. Man bezeichnet sie daher als Schutzkolloide. Wird z. B. eine Silbereiweißverbindung, wie Protargol, mit Jodid versetzt, so bleibt die Lösung ganz klar und durchsichtig. Dennoch bildet sich dabei quantitativ das Silberjodid, was durch potentiometrische Bestimmungen leicht nachzuweisen ist. Durch die schützende Wirkung der vorhandenen Eiweißstoffe verbleibt das schwer lösliche Jodsilber in kolloider Lösung. Für die üblichen Maßanalysen haben die Schutzkolloide nur untergeordnete Bedeutung; wir brauchen daher ihre Eigenschaften hier nicht eingehender zu erörtern.

---

[1] Vgl. z. B. A. Lottermoser, W. Seifert und W. Forstmann: Zsigmondy-Festschrift. Kolloid-Z. Bd. 36, S. 230. 1925.

[2] Über die Adsorption von Silbersalzen an Silberjodid vgl. auch Beckley und H. S. Taylor: J. physic. Chem. Bd. 29, S. 942. 1925.

§ 3. Die chemische und physikalische Natur der Adsorption.
In diesem Abschnitt soll nur von denjenigen Adsorptionsvorgängen
die Rede sein, die bei der Maßanalyse in Erscheinung treten. Die
Adsorption an indifferenten Oberflächen, wie aktiver Kieselsäure,
Kohle usw. soll daher außer acht bleiben.

Die modernen Untersuchungen über die Struktur kristalli-
sierter Elektrolyte haben gezeigt, daß diese gitterartig aus den
Ionen als einzelnen Bausteinen aufgebaut sind. Nach den von
W. Kossel, M. Born und A. Landé[1] entwickelten Vorstellungen
bedingen im wesentlichen elektro-
statische Kräfte den Zusammen-
halt solcher Gitter.

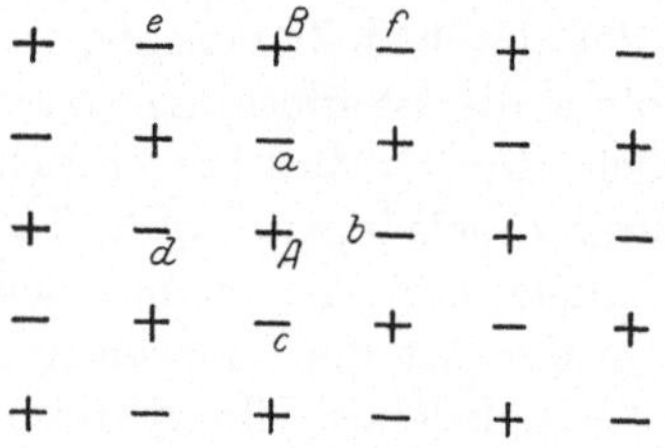

Abb. 16 gibt einen schemati-
schen Durchschnitt durch einen
Kristall von einfacher Struktur,
etwa vom Kochsalztypus; die
$+$-Zeichen stellen die positiven
Ionen, die $-$-Zeichen die negativen Ionen dar. Betrachten wir

Abb. 16.

nun ein positives Ion A im Innern des Kristalles, so ist es den
Anziehungskräften der vier benachbarten negativen Ionen a, b,
c und d unterworfen (außerdem natürlich denen der nächstliegen-
den Ionen in den benachbarten, zur Schnittfläche parallelen
Gitter- oder Netzebenen).

Ein Ion B in der Oberfläche kann jedoch nur die Anziehung
der 3 negativen Ionen a, e, f erfahren. Die positiven Ionen in
der Oberfläche tragen also mehr freie Energie als die im Innern
des Kristalles, sie sind noch nicht ganz abgesättigt; sie haben noch
Valenzreste frei, kraft deren sie negative Ionen anzuziehen vermögen. Auf diese Weise kommt eine Adsorption zustande, und
die Oberfläche lädt sich negativ. Umgekehrt können durch elektro-
statische Oberflächenkräfte die negativen Ionen in der Peripherie
des Raumgitters positive Ionen adsorbieren, wodurch die Oberfläche positiv aufgeladen wird. Die Adsorption ist also eine reine

---

[1] Vgl. die zusammenfassenden Artikel in Naturwiss. Bd. 7, S. 339.
1919; Bd. 8, S. 373. 1920; Bd. 11, S.165. 1923; Z. Kristallographie Bd. 61,
S. 18. 1925; besonders auch K. Fajans und K. von Beckerath: Z. physik.
Chem. Bd. 97, S. 478. 1921; K. Fajans und Joos: Z. Physik Bd. 23, S. 1.
1924.

Oberflächenwirkung; sie muß mit steigender Oberflächenentfaltung, d. h. mit wachsendem Dispersionsgrad zunehmen.

Von A. LOTTERMOSER und A. ROTHE[1] wurde nachgewiesen, daß reines Silberjodid sowohl Silberionen, wie Jodidionen adsorbieren kann. Bei Adsorption von Silberionen nimmt die Oberfläche positive Ladung an, die Silberionen werden in den Gitterverband des Silberjodids einbezogen und damit gleichzeitig ihrer Hydrathülle entkleidet[2].

K. FAJANS und K. VON BECKERATH (l. c., S. 482) geben von diesem Vorgang folgende Vorstellung:

„Deutet Abb. 17 die neutrale Oberfläche des Jodsilbers in Berührung mit einer Ionenlösung (Silbernitrat) an, so stellt

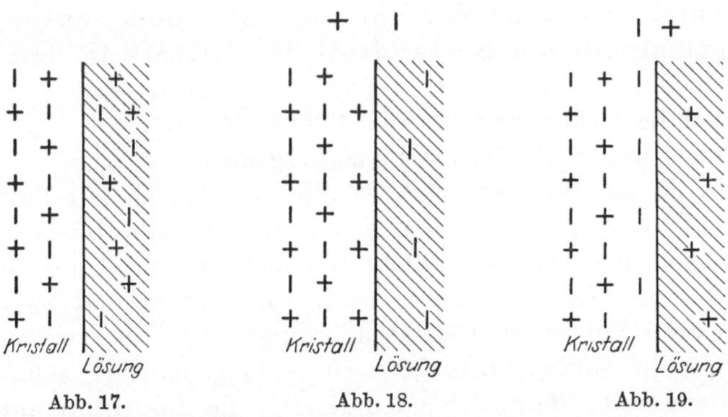

Abb. 17.   Abb. 18.   Abb. 19.

Abb. 17 die Verhältnisse dar, wenn die positiven Silberionen vom Gitter adsorbiert werden. Die zugehörigen Nitrationen der Lösung werden aber von den adsorbierten Ionen angezogen, und zwar einschließlich ihrer Hydrathülle, die somit als Zwischenmedium (Dielektrikum) der so entstehenden Helmholtzschen Doppelschicht fungiert. Abb. 18 würde dann schematisch die Oberfläche eines Silberjodidteilchens wiedergeben, das durch eine überschüssige Adsorption von Silberionen positiv aufgeladen ist, während Abb. 19 die entsprechenden Verhältnisse bei der negativen Aufladung durch überschüssiges Kaliumjodid andeutet.“

---

[1] LOTTERMOSER, A. und A. ROTHE: Z. physik. Chem. Bd. 62, S. 359. 1908.

[2] FAJANS, K. und K. VON BECKERATH: l. c.

„Was für den Fall des Silberjodidniederschlags und einer Silbernitratlösung feststeht, dürfte allgemeingültig sein: Fügt man zu einer gesättigten, in Berührung mit dem festen Stoff befindlichen Lösung eines Salzes KA_1 überschüssiges Salz KA_{II} hinzu, so wird neben einer dem Satze vom Löslichkeitsprodukt entsprechenden vermehrten Ausfällung von KA_1 noch eine weitere Adsorption von K durch die herausragenden Valenzen des Gitters erfolgen. Es ist leicht einzusehen, daß der Grad dieser Adsorption, entsprechend der Panethschen[1] Adsorptionsregel im allgemeinen um so höher sein wird, je schwerer löslich KA_1 ist." FAJANS und BECKERATH formulieren die Panethsche Adsorptionsregel in folgender Weise: „Von einem Ionengitter werden diejenigen Ionen gut adsorbiert, deren Verbindung mit dem entgegengesetzt geladenen Bestandteil des Gitters in dem betreffenden Lösungsmittel schwer löslich ist[2]."

Dazu bemerken FAJANS und BECKERATH (l. c., S. 483) noch folgendes, was auch für uns Bedeutung hat:

„Es ist zu erwarten, daß, je schwerer löslich ein Salz ist, d. h. je leichter eine normale ungeladene Oberfläche Ionen beider Vorzeichen dem Wasser entzieht, sie auch um so leichter eigene überschüssige Ionen anlagern wird. Ein Unterschied zwischen diesen zwei Vorgängen besteht allerdings darin, daß wegen des Fehlens der seitlich benachbarten, entgegengesetzt geladenen Ionen einerseits die anziehenden Kräfte, die das Gitter auf das anzulagernde Ion ausübt, kleiner sind, andererseits aber auch der zur Anlagerung nötige Grad der Dehydration weniger vollständig ist."

Aus dem Vorstehenden ergibt sich, daß ein Niederschlag eine besondere Neigung besitzt, seine eigenen Ionen zu adsorbieren. Jedoch bleibt die Adsorption nicht darauf beschränkt, sondern mehr oder weniger ist jedes in Lösung befindliche Ion befähigt, an das Gitter angelagert zu werden. Handelt es sich um gitterfremde Ionen, so dürfte für das adsorptive Zusammentreten

---

[1] PANETH, F.: Physik. Z. Bd. 15, S. 924. 1914; HOROWITZ, K. und F. PANETH: Z. physik. Chem. Bd. 89, S. 513. 1915; Wien. Ber. Bd. 123, (IIa), S. 1819. 1914.

[2] Vgl. hierzu auch O. HAHN, Ber. dtsch. chem. Ges. Bd. 59, S. 2014. 1926 und Naturwissensch. Bd. 14, S. 1196. 1926.

zweier Ionen die Schwerlöslichkeit einer möglichen chemischen Verbindung beider maßgebend sein. Es läßt sich also, sowohl bei der Adsorption wie bei der Peptisation ein enger Zusammenhang, wenn nicht ein fließender Übergang von elektrostatischen und rein chemischen Erscheinungen vermuten. So wird z. B. Silbercyanid durch eine geringe Menge Cyanionen peptisiert[1]. Diese werden offenbar an der Oberfläche des Silbercyanids adsorbiert; wir können uns sogar vorstellen, daß sich dort das komplexe Silbercyanidion bildet. Fügen wir eine größere Menge Cyanid hinzu, so geht alles Silbercyanid quantitativ in komplexe Silbercyanidionen unter Bildung einer wahren Lösung über. Mehr oder weniger vergleichbar hiermit ist auch das Verhalten der Silberhalogenide. Umgekehrt adsorbieren die Silberniederschläge auch Silberionen. Dabei können wohl auch wieder komplexe Ionen etwa vom Typus $Ag_2Cl^{\cdot}$ entstehen; ist doch schon eine kristallinische Verbindung $AgNO_3 \cdot AgCl$ bekannt[2].

Mit Hilfe der gewonnenen Anschauungen wird es auch verständlich, warum z. B. die säureunlöslichen Sulfide der Kupfergruppe bei ihrer Fällung in saurer Lösung gewöhnlich Sulfide der Eisengruppe mitschleppen.

Untersuchungen von J. M. KOLTHOFF und VAN DIJK[3] haben gezeigt, daß Kupfersulfid selbst in ziemlich stark saurer Lösung Zinksulfid mitreißt. Bei der Schwefelwasserstofffällung eines sauren Gemisches von Kupfer- und Zinklösung bleibt zunächst das gebildete Kupfersulfid kolloid gelöst. Von dessen Gitter werden Schwefelionen adsorbiert. Bei Anwesenheit der zweiwertigen Zinkionen, welche ihrerseits ein schwer lösliches Sulfid geben, tritt eine schnelle Ausflockung ein, wobei dann Zinksulfid in nicht stöchiometrischen Verhältnissen in den Niederschlag eingeht.

F. FEIGL[4], der das Verhalten der Schwermetallsulfide gründlich untersucht hat, führt das Mitschleppen auf eine Nebenvalenzbetätigung der Schwefelatome in den Einzelmolekülen zurück. Genau besehen ist aber solche Nebenvalenzbetätigung nichts anderes als eine Äußerung der Oberflächenenergie der

---

[1] LOTTERMOSER, A.: J. prakt. Chem. Bd. 72, S. 39. 1905.

[2] HELLWIG: Z. anorg. u. allg. Chem. Bd. 25, S. 183. 1900.

[3] KOLTHOFF, J. M. und J. C. VAN DIJK: Pharmac. Weekbl. Bd. 59, S. 135. 1922.

[4] FEIGL, F.: Z. anal. Chem. Bd. 65, S. 25. 1924.

Schwefelionen im Raumgitter. Nach F. HABER[1] ragen ganz allgemein aus jeder Kristallgitteroberfläche ungesättigte, d. h. Nebenvalenzen heraus.

Damit verträgt sich auch die Ansicht von FEIGL, daß sämtliche gefällte Metallsulfide Polymerisationsprodukte von Einzelsulfidmolekülen darstellen:

$$MeS \longrightarrow MeS\ldots\ldots SMe \quad\text{oder}\quad MeS\overset{\nearrow SMe}{\underset{SMe}{}}$$

Primärsulfid · energiereichste Form — Endsulfid · allgem. $(MeS)\,x.$ energieärmste Form.

Dabei unterscheidet FEIGL die Bildung von **isopolymeren oder Reinsulfiden**

$$MeS\ldots\ldots SMe$$

und von **heteropolymeren oder Mischsulfiden**

$$MeS\ldots\ldots SMe'$$
$$MeS\ldots\ldots SH[2]$$
$$MeS\ldots\ldots S.$$

Durch die Bildung dieser Mischsulfide werden alle unsere Voraussagen für die fraktionierte Fällung von Metallsulfiden auf Grund des Massenwirkungsgesetzes (Löslichkeitsproduktes) ganz illusorisch, zumindestens in ihrem Werte stark beeinträchtigt.

Dagegen bemerken O. RUFF und B. HIRSCH[2], daß die scheinbaren Widersprüche zum Massenwirkungsgesetz, welche den Anlaß zur Aufstellung der Hypothese von der Bildung komplexer Sulfide gegeben hatten, sich auf die Anwendung falscher Zahlen und Begriffe zurückführen lassen. Sie weisen die FEIGLsche Hypothese darum zurück.

Auch bei der Fällung von Metallferrocyaniden begegnen wir vielen Unregelmäßigkeiten, die in der Oberflächenenergie der Gitter ihre Ursache haben.

So schlägt Natriumferrocyanid aus Zinklösung eine Verbindung: $Zn_2Fe(CN)_6$ nieder. Kaliumferrocyanid fällt hingegen $K_2Zn_3[Fe(CN)_6]_2$ aus, während mit Caesiumferrocyanid gar ein Körper von der Zusammensetzung $ZnCs_2Fe(CN)_6$ gebildet wird.

---

[1] HABER, F.: Z. Elektrochem. Bd. 20, S. 521. 1914.

[2] RUFF, O. und B. HIRSCH: Z. anorg. u. allg. Chem. Bd. 151, S. 81. 1926.

W. D. Treadwell und D. Chervet[1] haben interessante Untersuchungen auf diesem Gebiete angestellt.

Der Eintritt des Alkaliions in die komplexen Fällungen hängt von dessen Hydratation und Ionenvolumen ab. Ein je kleineres Volumen des Alkaliion hat, um so leichter kann es in die Lücken des Kristallgitters dringen, und um so schwerer ist das Ferrocyanid löslich. Dabei ist zu beachten, daß das Alkaliion bei seinem Eintritt in den Ferrocyanidkörper sein Hydratationswasser unter Energieverbrauch abgibt, so daß man erwarten kann, daß die wenigst hydratisierten Alkaliionen am leichtesten in die Fällung aufgenommen werden.

Bei den Alkaliionen wächst die Hydratation in der Reihenfolge

$$Cs < K < Na < Li\,.$$

Demnach sollten Caesium und auch Rubidium viel leichter aufgenommen werden als etwa Lithium.

Diese Folgerung wird glänzend durch Versuche von Treadwell und Chervet bestätigt, die aus Kobalt-II-Lösung mit den folgenden Alkaliferrocyaniden Niederschläge von der nachstehenden Zusammensetzung erhielten:

$$Li_4FeCy_6 \quad \rightarrow \quad Co_2FeCy_6$$

$$Na_4FeCy_6 \quad \rightarrow \quad Co_3Na_2(FeCy_6)_2$$

$$K_4FeCy_6 \quad \rightarrow \quad Co_3K_2(FeCy_6)_2 + CoK_2FeCy_6$$

$$Cs_4FeCy_6 \quad \rightarrow \quad CoCs_2FeCy_6\,.$$

Im übrigen weist Treadwell (l. c.) darauf hin, daß, während das in den Niederschlag eintretende Alkaliion sein Hydratationswasser unter Energieaufwand abstreift, das austretende Schwermetallion hydratisiert wird. Die Differenz der freien Energien beider Hydrationsvorgänge wirkt etwa als treibende Kraft beim Austausch von Alkali- und Schwermetallion in den Ferrocyanidkomplexen. Diese Betrachtungen haben vorerst nur eine qualitative Bedeutung, denn die Hydratationsenergien der meisten

---

[1] Treadwell, W. D. und D. Chervet: Helvet. chim. acta Bd. 5, S. 633. 1922; Bd. 6, S. 550. 1923. — Treadwell, W. D.: Helvet. chim. acta Bd. 6, S. 559. 1923.

Schwermetallionen sind noch nicht genau bekannt. Wir können darum auch auf weitere Ausführungen verzichten.

Die in diesem Abschnitt entwickelten Vorstellungen vom Wesen der Adsorption lassen uns auch verstehen, warum aus Lösungen der Schwermetallsalze durch Laugen fast immer basische Salze von wechselnder, stöchiometrisch nicht einfacher Zusammensetzung gefällt werden. Betrachten wir z. B. eine schwer lösliche Base wie Aluminiumhydroxyd (besser gesagt: Aluminiumoxydhydrat). Die Hydroxylionen in der äußeren Sphäre des Kristallgitters haben eine starke Neigung, Wasserstoffionen zu adsorbieren. Daher lädt sich die Oberfläche bei der Herstellung eines Aluminiumoxydhydratsols positiv. Die in der Flüssigkeit vorhandenen Anionen stellen sich in der Doppelschicht den H$\cdot$-Ionen gegenüber. Wenn nun durch hinreichende Elektrolytkonzentration das Sol ausflockt, so wird der koagulierende Elektrolyt — in diesem Falle die freie Säure — mitgeschleppt, adsorbiert, und statt des reinen Hydroxydes fällt ein basisches Salz von zufälliger Zusammensetzung. Je höher die Wertigkeit des Anions, um so schneller wird das Sol koaguliert (Schulzesche Regel). Weiterhin ist es leicht verständlich, daß bei der Fällung von Aluminiumoxydhydrat mit wenig Lauge die Adsorption des zweiwertigen Sulfations viel umfangreicher ist als die des einwertigen Chloridions, was ja auch die Versuche lehren[1].

Ganz allgemein und zusammenfassend können wir feststellen, daß die Elektrolytadsorption eines Niederschlags mit seiner kolloiden Natur Hand in Hand geht; und ob die Wertigkeit des Kations- oder die des Anions die maßgebende Rolle bei der Adsorption spielt, ist ohne weiteres vorauszusagen.

§ 4. Die Bedeutung der Adsorption bei maßanalytischen Fällungsreaktionen. Die vorangegangenen Betrachtungen lassen uns erkennen, daß die Adsorptionserscheinungen nicht nur viele gewichtsanalytische Bestimmungen, sondern auch die Fällungsreaktionen in der Maßanalyse begleiten, besonders dann, wenn der Niederschlag zur Bildung kolloider Lösungen neigt.

---

[1] Vgl. u. a. L. B. MILLER: Publ. Health Rep. 1923, S. 1995; 1924, S. 1502.

Bei den Fällungen mit Silbernitrat — also in der Argentometrie — sind die entstehenden Silbersalze von ausgeprägt
kolloidem Charakter. Es wäre daher von größter Wichtigkeit,
unter verschiedenen Verhältnissen potentiometrisch genau die
Ionenkonzentrationen in der Nähe des Äquivalenzpunktes zu
verfolgen. Infolge der Adsorptionsvorgänge wird der berechnete
Konzentrationswert des jeweils überschüssig vorhandenen Ions
größer sein als der experimentell bestimmte. Ebenso muß der nur
auf Grund des Massenwirkungsgesetzes berechnete Titrierfehler
vom praktisch ermittelten abweichen.

Die besonderen, bei der Titration von Halogeniden mit Silbernitrat auftretenden Erscheinungen sind sehr genau von A. LOT-
TERMOSER, W. SEIFERT und W. FORSTMANN[1] an der Behandlung
von Kaliumjodid- mit Silberlösung studiert worden. Sie verdünnen
20 cm³ einer 0,1 n-Jodidlösung auf etwa 500 cm³ und tropfen
unter lebhafter, durch einen Elektromotor betriebener Rührung
0,1 n-Silbernitrat aus einer Bürette hinzu. „Man bemerkt, daß
die ersten Tropfen Silbernitrat kaum eine Trübung, sondern
nur eine gelbgrünliche Lösung bewirken; daß dann mit weiterem
Zusatz von Reagens die Opalescenz langsam und stetig zunimmt,
bei der Annäherung an den Äquivalenzpunkt stetig wächst, endlich einer Trübung Platz macht, die die Flüssigkeit auch bei
Durchleuchtung mit einer Glühlampe undurchsichtig macht,
worauf der nächste Tropfen Silbernitrat die Flockung des Jodsilbers bewirkt.‘‘

Ein weiterer kleiner Zusatz vervollständigt die Fällung und die
darüberstehende Lösung wird ganz klar; LOTTERMOSER und Mitarbeiter nennen diesen Punkt den Klarpunkt. Aus ihren Untersuchungen geht hervor, daß der Klarpunkt sich mit steigender
Verdünnung der Lösung verschiebt, gleichzeitig aber auch von
der Rührgeschwindigkeit abhängt. Unter starker Rührung und
bei großen Verdünnungen fällt der Klarpunkt mit dem Äquivalenzpunkt zusammen, dagegen wird bei hoher Gesamtkonzentration der Klarpunkt zu früh erreicht. Dennoch läßt sich dann
das noch nicht umgesetzte Jodkalium nicht in der Lösung
nachweisen, weil es vom Niederschlag adsorbiert ist. Bei der

---

[1] LOTTERMOSER, A., W. SEIFERT und W. FORSTMANN: Zsigmondy-
Festschr. Kolloid-Z. Bd. 36, S. 230. 1925.

potentiometrischen Titration fällt der größte Potentialsprung mit dem Klarpunkt zusammen, was sich unschwer erklären läßt: Das während der Titration gebildete Jodsilbersol ist durch adsorbierte Jodionen negativ geladen. Bei hohen Elektrolytkonzentrationen wird das negative Jodsilbersol schon vor dem Äquivalenzpunkt ausgeflockt, wobei es das adsorbierte Jodid mitreißt. Bei genauen potentiometrischen Bestimmungen wird man also in der Gegend des Äquivalenzpunktes eine viel geringere Änderung der Jodionenkonzentration messen, als man bei Vernachlässigung der Adsorption nach dem Löslichkeitsprodukt berechnet. Umgekehrt können die Silberhalogenide auch leicht Silberionen adsorbieren. Analytisch ist diese Tatsache von größtem Interesse. So hat C. HOITSEMA[1] nachgewiesen, daß dadurch die als sehr genau beschriebene Silbertitration nach T. K. ROSE[2] ungenau wird. Ich selbst[3] habe gezeigt, daß man bei der Chloridtitration nach VOLHARD, wobei man den Überschuß Silbernitrat abfiltriert oder abpipetiert, einen Fehler von etwa 1% begehen kann, weil das ausgefällte Silberchlorid Silberionen adsorbiert. Die starke Adsorption von Silberionen durch Silberrhodanid bei der Silbertitration nach VOLHARD ist auch leicht nachzuweisen. Titriert man mit Rhodan bis zum beginnenden Indikatorumschlag und vermeidet starkes Schütteln, so wird der Endpunkt um etwa 1% zu früh wahrgenommen. Schüttelt man nunmehr sehr kräftig, so verschwindet die Farbe wieder, und man kann die Titration bis zum wirklichen Endpunkt durchführen, sofern man nach jedem geringen Rhodanzusatz tüchtig durchrührt. Die vom Silberrhodanid primär adsorbierten Rhodanionen werden dann wieder abgegeben und der Umsetzung zugänglich gemacht.

Daß bei der Mohr-Titration von Jodid und Rhodanid kein scharfer Umschlag zu erkennen ist, wurde schon in § 2 erwähnt. Durch die peptisierende Wirkung der Chromationen bleiben die Silbersalze auch beim Äquivalenzpunkt kolloid in Lösung. Der Zusatz eines Salzes mit mehrwertigem Kation, etwa eines Magnesium- oder Calciumsalzes, befördert die Ausflockung; der Um-

---

[1] HOITSEMA, C.: Z. angew. Chem. Bd. 17, S. 647. 1904.

[2] ROSE, T. K.: J. chem. Soc. Lond. Bd. 77, S. 232. 1900.

[3] KOLTHOFF, J. M.: Z. anal. Chem. Bd. 56, S. 568. 1917; vgl. Adsorption von Ag an AgJ: J. S. BECKLEY und H. S. TAYLOR: J. physic. Chem. Bd. 29, S. 941. 1925.

schlagpunkt wird aber wieder infolge der Adsorption von Jodionen etwas zu früh erreicht.

Im Gegensatz hierzu behaupten K. FAJANS und W. FRANKENBURGER[1], daß bei der Mohr-Titration des Bromids der Umschlag zu spät auftritt. Nach ihnen rührt dieser Mehrverbrauch daher, daß schon bei der geringen Silberionenkonzentration, die zum Ansprechen des Chromatindikators erforderlich ist, merkliche Mengen Silberionen vom Bromsilber adsorbiert werden. So fanden sie, daß 25 cm³ 0,1 n-Bromid nach VOLHARD 24,66 cm³ 0,1 n-Silbernitrat verbrauchten, nach MOHR 24,88 cm³; der Mehrverbrauch beträgt also 0,9 %.

Ob die Mohr-Titration des Bromids tatsächlich mit einem so großen Fehler behaftet ist, mag vorläufig noch dahingestellt bleiben; ich konnte dies nicht bestätigen.

Die Adsorption spielt übrigens bei vielen Fällungserscheinungen eine bedeutende Rolle. Die Menge des adsorbierten Ions hängt natürlich in erster Linie von der Natur der gefällten Substanz ab; gewöhnlich adsorbieren amorphe (oder besser gesagt: sehr fein verteilte) Niederschläge viel stärker als die gröber kristallinischen. Doch ganz allgemein gilt diese Regel nicht.

So hat das mikrokristalline Bariumsulfat eine ausgesprochen starke Neigung, fremde Ionen bei seiner Fällung zu adsorbieren. Fällt man eine Sulfatlösung mit einem Überschuß Bariumchlorid, so ergibt sich nach den Untersuchungen von H. B. WEISER und SHERRICK[2], daß die Menge des adsorbierten Anions stark mit der Wertigkeit zunimmt:

	Valenz	Adsorptionswert in
Ferrocyanid	4	13,2
Ferricyanid	3	2,7
Sulfocyanid	1	0,22
Cyanid	1	0,31

Doch auch die spezifische Natur des adsorbierten Ions spielt eine große Rolle, wie aus folgender Reihe hervorgeht:

---

[1] FAJANS, K. und W. FRANKENBURGER: Z. physik. Chem. Bd. 105, S. 255. 1923.

[2] WEISER, H. B. und SHERRICK: J. physic. Chem. Bd. 23, S. 205. 1919.

Adsorption von einwertigen Anionen durch Bariumsulfat
nach WEISER und SHERRICK.

Anion	Milli-Äquivalente auf 1 g $BaSO_4$
Nitrat	85
Nitrit	75
Chlorat	58
Permanganat . .	28
Chlorid	17,6
Bromid	8,3
Cyanid.	3,1
Sulfocyanid . .	2,2
Jodid	0,56

Daß die Adsorptionserscheinungen auch für das Verhalten der „Adsorptionsindikatoren" ausschlaggebend sind, haben wir schon an anderer Stelle (Kapitel: Indikatoren, S. 113) dargetan.

Zum Schluß sei noch eine mehr praktische Bemerkung über die adsorbierende Wirkung des Filterpapiers angeschlossen. Darüber hat J. M. KOLTHOFF[1] eine eingehende Untersuchung angestellt. Die Ergebnisse lassen sich dahin zusammenfassen, daß bei der Filtration verdünnter Säure- oder Schwermetallsalz-Lösungen merkbare Mengen der Kationen adsorbiert werden. Diese Adsorption ist keine Funktion der Cellulose oder Oxycellulose, vielmehr ist sie dem Aschengehalt des Papiers zuzuschreiben. Je kleiner der Aschengehalt („quantitative Filter"!) ist, um so geringfügiger wird die „Adsorption". Diese ist hier eigentlich eine Permutitwirkung, indem die mineralischen Bestandteile des Filtermaterials die Rolle eines Permutits spielen. In stark saurer Lösung tritt die Adsorption der Metallionen unter dem verdrängenden Einfluß der leicht adsorbierbaren Wasserstoffionen gänzlich zurück. — Die Adsorption von Hydroxylionen ist nicht mit einer Permutitwirkung zu vergleichen, sondern ist eine spezifische Funktion der Cellulose, welche bekanntlich merkbare Mengen Lauge an ihrer Oberfläche festzuhalten vermag.

Grundsätzlich empfiehlt sich, bei Filtrationen die ersten Anteile des Filtrats zu verwerfen, bis man sicher geht, daß sich das Adsorptionsgleichgewicht vollends eingestellt hat.

Falls eine Lösung keine vom Filter adsorbierbaren Bestandteile enthält, hat man bei sehr genauen Analysen darauf zu

---

[1] KOLTHOFF, J. M.: Pharmac. Weekbl. Bd. 57, S. 1510. 1920.

achten, daß das lufttrockene Papier merkliche Mengen Wasser adsorbiert hält. Dadurch findet eine scheinbar negative Adsorption statt, indem sich das durchlaufende Filtrat zunächst ein wenig gegenüber der ursprünglichen Lösung verdünnt. Auch in solchen Fällen tut man gut, auf die ersten Portionen des Filtrats zu verzichten.

Achtes Kapitel.

Die maßanalytischen Methoden der Organischen Chemie.

§ 1. Einleitung. Die organischen Verbindungen können in zwei Gruppen eingeteilt werden, in Elektrolyte und Nicht-Elektrolyte. Zur ersten Klasse gehören die organischen Säuren, Basen und deren Salze. Ihre Bestimmung nach den Methoden der Neutralisations- bzw. Fällungsanalyse haben wir schon verschiedentlich in den entsprechenden Kapiteln berührt. Soweit diese Elektrolyte auf Grund von Ionenreaktionen titriert werden, sollen sie hier außer acht bleiben. Ganz anders steht es mit der zweiten Gruppe von Stoffen, bei denen immer molekulare Reaktionen die Grundlage ihrer titrimetrischen Bestimmung bilden. Im Gegensatz zu den Ionenreaktionen verlaufen molekulare Reaktionen nicht momentan, sondern gewöhnlich mit einer meßbaren Geschwindigkeit, die von den verschiedensten Umständen abhängt.

Die Bestimmungen der Verseifungszahlen z. B. sind ganz wesensverschieden von den Methoden, die auf der Bildung von Additionsverbindungen fußen, und von diesen unterscheiden sich wiederum stark die analytisch verwerteten Oxydations- bzw. Reduktionsvorgänge.

Wir müssen daher die einzelnen titrimetrischen Verfahren gesondert betrachten und daraufhin prüfen, ob die physikalisch-chemischen Prinzipien auch hier zur Aufstellung maßanalytischer Methoden verhelfen.

Von ganz speziellen Verfahren, bei denen irgendwelche Reaktionsprodukte titriert werden, wie sie z. B. in einzelnen Zweigen der Elementaranalyse vorkommen, oder solchen, die auf die Bildung von Carbonaten durch Veraschung oder Salze organischer Säuren abzielen, wollen wir von vornherein absehen.

§ 2. Die Methoden der Verseifung und Esterspaltung. Unter Verseifung versteht man ursprünglich die Überführung der Glycerinester der Fettsäuren, also der Fette, in die Alkalisalze der Fettsäuren unter Abspaltung von Glycerin. Der Begriff Verseifung ist dann allgemein auf die Esterspaltung und andere gleichartige und ähnliche Vorgänge übertragen worden, so daß in diesem Zusammenhang auch die Zerlegung der Phenoläther, der Imidäther, der Säureamide und Säurenitrile zu berücksichtigen ist[1]. Der Verseifungsvorgang ist eine Art Hydrolyse. Unter Aufnahme von Wasser zerfällt der Ester in die Säure und den Alkohol.

Als verseifende Agenzien werden Wasser, Säuren, Alkalien und natürlich auch hydrolytisch gespaltene Salze angewandt. Analytisch sind die Verseifungen durch Lauge die wichtigsten; wir wollen deren theoretische Voraussetzungen näher betrachten, ohne aber auf Sonderfälle einzugehen, wie etwa bei Anwesenheit von Neutralsalzen. Bringt man eine Base mit einem Ester in wässeriger Lösung zusammen, so bildet sich allmählich der betreffende Alkohol neben dem Salz der Base mit dem negativen Bestandteil des Esters. Die Reaktion verläuft etwa nach dem Schema:

$$CH_3COOC_2H_5 + NaOH \rightleftarrows CH_3COONa + C_2H_5OH \, .$$

Dies ist das klassische Beispiel einer bimolekularen Reaktion. Sind a und b die ursprünglichen Konzentrationen von Base und Ester, x die nach der Zeit t umgesetzte Menge, so gilt für die Reaktionsgeschwindigkeit[2]:

$$\frac{dx}{dt} = k\,(a - x)\,(b - x) \, .$$

Durch Integration findet man dann für die Geschwindigkeitskonstante k:

$$k = \frac{1}{(a-b)t} \ln \frac{(a-x)b}{(b-x)a} \, .$$

Nach Transformation des natürlichen Logarithmus auf den

---

[1] Vgl. u. a. W. VAUBEL: Die physikalischen und chemischen Methoden der quant. Bestimmung organischer Verbindungen Bd. 2, S. 109. Berlin: Julius Springer 1902.

[2] Vgl. Handbücher der physikalischen Chemie.

dekadischen durch Multiplikation mit $\log e = \dfrac{1}{2,303}$ gilt:

$$k = \frac{2,303}{(a-b)\,t} \log \frac{(a-x)\,b}{(b-x)\,a}.$$

An und für sich führt die oben gegebene Reaktion auf einen Gleichgewichtszustand, der praktisch aber nahezu ganz auf seiten der Verseifungsprodukte liegt.

Im Lichte der elektrolytischen Dissoziationstheorie besehen, besteht der Verseifungsvorgang in der Einwirkung der Hydroxylionen auf das Estermolekül. Wir können ihn also besser in folgender Gleichung ausdrücken:

$$CH_3COOC_2H_5 + OH' \rightarrow CH_3COO' + C_2H_5OH.$$

Das Kation der Base ist also an der Umsetzung gar nicht beteiligt. Je größer die OH'-Konzentration, d. h. je stärker die Base ist, um so größer ist auch die Reaktionsgeschwindigkeit.

Dies ergibt sich schon aus den Daten von REICHER, der als erster die Reaktionsgeschwindigkeit bei der Verseifung systematisch untersuchte.

So fand er bei 9° als Geschwindigkeitskonstante für die Verseifung von Äthylacetat:

	k			k
mit Natron	2,307	mit Strontiumhydroxyd	.	2,204
„ Kali	2,298	„ Bariumhydroxyd	. . .	2,144
„ Kalk	2,285	„ Ammoniak	. . . .	0,011

Ammoniak gibt sich auch hier wieder als äußerst schwache Base zu erkennen.

Die Zahlen lehren, daß die Verseifungsgeschwindigkeit mit der Stärke der Base wächst[1]; man könnte weiterhin schließen, daß sie aus gleichem Grunde in den organischen Lösungsmitteln von einer geringeren dissoziierenden Kraft durchweg kleiner sein sollte als in Wasser.

Hier tritt freilich ein anderes Moment hinzu. Wahrscheinlich ist das Lösungsmittel an der Reaktion nicht unbeteiligt, sondern in spezifischer Weise maßgebend für deren Geschwindigkeit.

---

[1] Es sei nur kurz daran erinnert, daß früher $H^{\cdot}$ und OH'-Konzentrationen vielfach an der Verseifungsgeschwindigkeit von Estern gemessen wurden, als die elektrometrischen und kolorimetrischen p_H-Bestimmungsmethoden noch wenig gebräuchlich waren.

Die Natur des Lösungsmittels ist von größtem Einfluß auf den Molekularzustand der gelösten Stoffe. Deshalb braucht die Verseifungsgeschwindigkeit in wässeriger Lösung nicht immer die in anderen Solventien zu übertreffen.

Auch in anderem Sinne ist die Art des Lösungsmittels bei den Verseifungen von Wichtigkeit. Viele Ester, wie die Fette, sind in Wasser ganz unlöslich, und in diesen Fällen sind wir natürlich auf andere Flüssigkeiten angewiesen. Praktisch verwendet man gewöhnlich eine äthylalkoholische Natron- oder Kalilauge, mit der die zu verseifende Substanz bis zur quantitativen Beendigung der Reaktion gekocht wird. Die Temperatur spielt für den Ablauf eine sehr wesentliche Rolle[1]. So hat REICHER[2] z. B. festgestellt, daß die Geschwindigkeitskonstante für Äthylacetat mit Natron bei $9,4^0$ gleich 2,307 ist, bei 45^0 21,65; der Quotient auf 10^0 Temperaturänderung beträgt also 1,89. Demnach müßte die Verseifung in höher siedenden Solventien viel rascher vollzogen werden als in Äthylalkohol; etwa in Propyl- oder Butylalkohol, oder gar in benzylalkoholischer Lösung bei deren Siedetemperatur, was vom Experiment auch bestätigt wird und praktische Nutzanwendung bei der Verseifung sehr schwer angreifbaren Verbindungen, etwa mancher Wachsarten, findet[3].

Bei den Verseifungen ist die Reaktionsgeschwindigkeit direkt proportional der Konzentration der reagierenden Substanzen. Nach Möglichkeit ist daher ein Lösungsmittel zu wählen, in dem der Ester gut löslich ist. Andernfalls bleibt seine Konzentration während der Reaktion klein und die Nachlieferung neuer gelöster Anteile aus dem Ungelösten für die bereits umgesetzten beansprucht eine meßbare Zeit. In Äthylalkohol sind z. B. die

---

[1] Vgl. J. H. VAN'T HOFF: Vorlesungen über theoretische und physikalische Chemie. 1. Heft: Die chemische Dynamik. Braunschweig 1898.

[2] REICHER: Liebigs Ann. Bd. 228, S. 257. 1885; Bd. 232, S. 111. 1885.

[3] Propylalkohol wird schon von L. W. WINKLER: Z. angew. Chem. Bd. 24, S. 626. 1911, als Lösungsmittel bei der Verseifung benutzt; vgl. auch PRESCHER: Pharmazeut. Zentralh. Bd. 58, S. 456. 1917; über die Anwendung von Benzylalkohol vgl. SLACK: Chemist a. Druggist Bd. 87, S. 673. 1915; von Isobutylalkohol als Lösungsmittel vgl. u. a. A. M. PARDU, R. L. HASCHE und E. E. REID: Ind. Engin. Chem. Bd. 12, S. 481. 1920; auch KOLTHOFF: Chem. Weekbl. Bd. 17, S. 348. 1920; über Isopropylalkohol vgl. H. A. SCHUETTE und P. M. SMITH: Ind. Engin. Chem. Bd. 18, S. 1242. 1926.

meisten Fette schwer löslich. Man hilft sich da, indem man zu der alkalischen alkoholischen Lösung etwas Seife hinzufügt, wie es Rusting[1] schon vorgeschlagen hat. Nach Schoorl bereitet man das Reagens in folgender Weise: Man löst 45 g Kali in 45 g Wasser, fügt 56 g Cocosfett und 750 cm^3 starken Weingeist hinzu, erwärmt gelinde, läßt über Nacht stehen und füllt am folgenden Tag mit starkem Alkohol zu 1 Liter auf. Die Lösung ist dann etwa 0,5 n an Kaliumhydroxyd. Die Lösung zersetzt sich beim Stehen und Kochen, so daß immer ein Blindversuch vorausgeschickt werden muß.

Bei leicht verseifbaren Fetten, wie Olivenöl, ist die Verseifung schon nach dreiminutigem Sieden quantitativ vollendet. Die Beschleunigung durch die Seife ist wahrscheinlich dahin zu erklären, daß sie das Fett zu einer feinen Emulsion verteilt. Dadurch wird die Lösungsgeschwindigkeit des Fettes gesteigert; nebenher wird auch eine Reaktion im heterogenen System stattfinden, indem nämlich die Lauge die Oberfläche der emulgierten Phase direkt angreift.

Zusammenfassend können wir die günstigsten Bedingungen für eine schnelle Verseifung in einer großen Hydroxylionenkonzentration, homogener Lösung und hoher Temperatur erkennen.

Anscheinend muß eine Wenigkeit Wasser in den alkoholischen Lösungen zugegen sein. So konnte K. Obermüller[2] nachweisen, daß unter Anwendung möglichst wasserfreier Agenzien und unter besonderen Vorsichtsmaßregeln zum Abhalten der Luftfeuchtigkeit der Verseifungsprozeß unvollständig bleibt. Andererseits scheint die Veresterung von schwer verseifbaren Wachsarten mit Natriumalkoholat bei vollständiger Abwesenheit von Wasser viel schneller zu verlaufen, als wenn es spurenweise vorhanden ist[3].

Die Verseifung durch Wasser kann von spezifischen Enzymen katalytisch beschleunigt werden. Analytisch macht man von solcher enzymatischen Einwirkung bei der Bestimmung der Verseifungszahl jedoch nur selten Gebrauch.

---

[1] Rusting: Pharmac. Weekbl. Bd. 45, S. 433. 1908.
[2] Obermüller, K.: Z. physik. Chem. Bd. 16, S. 152. 1892.
[3] Vgl. Beythien: Pharmazeut. Zentralh. Bd. 38, S. 850. 1897.

Nur bei der Hydrolyse von Harnstoff zu Ammoniumcarbonat:

$$C = O\begin{smallmatrix} \diagup NH_2 \\ \diagdown NH_2 \end{smallmatrix} + 2\,H_2O \rightarrow C = O\begin{smallmatrix} \diagup ONH_4 \\ \diagdown ONH_4 \end{smallmatrix}.$$

wird das Enzym Urease ganz allgemein verwendet.

Bei der „Verseifung" von Nitrilen wird die entsprechende Säure und Ammoniak gebildet:

$$CH_3C \equiv N + 2\,H_2O \rightarrow CH_3COOH + NH_3 \leftrightarrows CH_3COONH_4.$$

Die Hydrolyse wird sowohl durch Säuren als Basen gefördert; die Säuren haben die stärkste Wirkung.

Es gibt eine große Zahl von Substanzen, welche an sich nicht verseifbar sind, jedoch in verseifbare Verbindungen übergeführt werden können. Dazu gehören die Alkohole, Phenole und Verbindungen von basischem Charakter wie die Amine. Praktisch schlägt man gewöhnlich die Methode der Acetylierung oder der Benzoylierung ein, wobei die Acetyl-(CH_3CO-) oder Benzoylgruppe (C_6H_5CO-) in die Verbindung eingeführt wird. Man kann nun nach zwei Verfahren arbeiten: nach quantitativer Substitution den Überschuß an Reagenz zurücktitrieren — oder den Überschuß entfernen und die Verseifungszahl des neugebildeten Körpers bestimmen. Die letzte Methode ist die gebräuchlichere. Zur Acetylierung benutzt man Essigsäureanhydrid oder Acetylchlorid, eventuell unter Zusatz von Natriumacetat als Katalysator. Auch Eisessig läßt sich verwenden, jedoch wirken Acetylchlorid und das Anhydrid energischer.

Die Acetylierung der Phenole verläuft schneller bei Anwendung eines Tropfens konzentrierter Schwefelsäure als Katalysator.

Die Benzoylierung geschieht durch Benzoylchlorid, Benzoesäureanhydrid mit oder ohne Zusatz von Natriumbenzoat, o-, m- oder p-Brombenzoylchlorid usw. L. BRUNER und L. TOLLOCZKO[1] untersuchten die Reaktionsgeschwindigkeit bei der Esterbildung aus Benzoylchlorid und aliphatischen Alkoholen. Die Geschwindigkeitskonstanten nehmen mit steigendem Molekulargewicht des Alkohols stark ab. Im übrigen ist der Mechanismus der Esterbildung noch nicht ganz aufgeklärt. Nach der Gleichung:

$$C_6H_5COCl + ROH \leftrightarrows C_6H_5COOR + HCl$$

---

[1] BRUNER und TOLLOCZKO: Chemiker-Zeit. Bd. 24, S. 59. 1900.

hätten wir es mit einer bimolekularen Reaktion zu tun. Bruner und Tolloczko fanden jedoch, daß der Geschwindigkeitskoeffizient stetig abnimmt. Möglicherweise spielt hier der Dissoziationszustand der Salzsäure eine große Rolle.

Weil die Bestimmung der Acetylzahl- bzw. Benzoylzahl häufige Anwendung findet (Glycerin, Fuselöl, Fette, Harze, Menthol, Santalol, Anilin und Derivate usw.), wäre eine genauere theoretische Kenntnis der Vorgänge auch von großer praktischer Bedeutung.

Bei der allgemeinen Anwendung der Acetylierungs- und Benzoylierungsmethode ist eine gewisse Vorsicht geboten, weil sie verschiedenen Fehlerquellen ausgesetzt sind.

Andererseits macht man bei Bestimmung der Acetylzahl von freien Oxyfettsäuren noch viel größere Fehler, weil dieselben zur Bildung innerer Ester (Lactone) neigen, wodurch die Acetylzahl zu klein ausfällt. Man umgeht nach Grün[1] alle Fehler, wenn man die Ester oder die freien Säuren zuerst in die Methylester überführt und deren Acetylzahl bestimmt. Nach Grün sind auch die meisten in der Literatur angegebenen Acetylzahlen falsch.

§ 3. Die Bildung von Additionsprodukten besonders der Aldehyde und Ketone mit Bisulfit und ungesättigter Verbindungen mit Mercurisalzen und Halogenen. Viele organische Substanzen sind zur Bildung von Additionsverbindungen befähigt; besonders solche Stoffe, die eine Carbonylgruppe oder eine doppelte Bindung zwischen Kohlenstoffatomen enthalten. Zwischen Additionsverbindungen und ihren Komponenten können reversible Gleichgewichte bestehen, z. B. bei den Anlagerungen an die Carbonylgruppe. Bisweilen verläuft die Addition nicht umkehrbar nach einer Richtung. Prinzipiell sind diese beiden Arten von Reaktionen, besonders auch in ihrer analytischen Verwertung, verschieden; wir wollen sie daher gesondert betrachten.

A. Reversible Additionsverbindungen.

Die Bisulfitanlagerung an die Carbonylgruppe. Von den zahlreichen in der CO-Gruppe bewirkten Additionen sind die Bisulfitverbindungen analytisch besonders wichtig, weil auf ihnen

---

[1] Vgl. A. Grün: Analyse der Fette und Wachse, S. 159. Berlin: Julius Springer 1925.

die Bestimmungsmethoden vieler Aldehyde und einiger Ketone beruhen. Eigenartigerweise finden sich in der Literatur viele einander widersprechende Angaben über die Genauigkeit dieser Bisulfit- oder Sulfitmethoden. Dies erklärt sich daraus, daß man die Methoden nur rein empirisch untersucht und angewendet hat, ohne auf ihre theoretischen Voraussetzungen zurückzugreifen. Wie wir im folgenden sehen werden, kann man theoretisch leicht berechnen, unter welchen Bedingungen ein Aldehyd oder Keton quantitativ die Bisulfitverbindung eingehen wird, und wie groß bei unvollständiger Anlagerung die Fehler ausfallen. Wir haben hierin ein schönes Beispiel dafür, wie fruchtbringend die physikochemische Diskussion eines Titrierverfahrens für seine gesamte praktische Anwendung ist. Entsprechend ihrer großen analytischen Wichtigkeit wollen wir die Bisulfitadditionen eingehender behandeln.

Bei der Anlagerung an Aldehyde und Ketone werden schweflige Säure oder Bisulfit strenggenommen direkt „gebunden". Es entstehen α-Oxysulfonsäuren $R\!-\!CH\!\!\big\langle^{OH}_{SO_3Na}$ (oder deren Salze), welche gegen Oxydationsmittel beständig sind.

Diese „gebundenen schwefligen Säuren" und ihre Salze sind in wässeriger Lösung zu gewissem Grade in ihre Komponenten aufgespalten. Das Maß dieses Zerfalls wird einerseits durch die Stärke der Bindung zwischen schwefliger Säure und den Aldehyden oder Ketonen, und andererseits von der Temperatur und Konzentration der Lösung bedingt.

Diese Gleichgewichtsreaktionen lauten beispielsweise:

$$RCH\!\!\big\langle^{OH}_{SO_3Na} \rightleftarrows RCH\!\!\big\langle^{\nearrow O} + NaHSO_3$$

oder besser

$$RCH\!\!\big\langle^{OH}_{SO_3Na} \rightleftarrows RCH\!\!\big\langle^{OH}_{SO_3'} + Na^{\cdot} \text{ (praktisch vollständig)},$$

$$RCH\!\!\big\langle^{OH}_{SO_3'} \rightleftarrows RC\!-\!H + HSO_3' \, . \quad [1]$$

Der Zerfall der Additionsprodukte in Bisulfit und Aldehyd wächst

---

[1] Es sei hier bemerkt, daß die Struktur dieser Carbonyl-Bisulfitverbindungen noch unsicher ist; vgl. besonders SCHROETER: Ber. Bd. 59, S. 2341. 1926; Bd. 61, S. 1616. 1928.

bedeutend mit steigender Temperatur und abnehmender Konzentration.

Fügt man Jod zu einer wässerigen Lösung des Natriumsalzes einer Aldehyd-Schwefligsäure-Verbindung, so nimmt die Lösung mehr oder weniger von diesem Oxydans auf, und zwar so viel, als der durch Dissoziation entstandenen Menge Bisulfit entspricht. In dem Maß, wie das Bisulfit oxydiert wird, bilden sich dem Massenwirkungsgesetz entsprechend, durch Zerfall des gebundenen schwefligsauren Salzes neue Mengen Bisulfit, bis wieder das Gleichgewicht erreicht ist. Die Geschwindigkeit dieser Gleichgewichtsverschiebung ist in äquimolekularen Lösungen der verschiedenen Aldehydsalze sehr verschieden und bei einem bestimmten Salze von der Verdünnung und Temperatur abhängig.

Es ist das große Verdienst von W. KERP[1], die wechselnden Bedingungen eingehend und einwandfrei an den verschiedenen Carbonyl-Bisulfitverbindungen untersucht zu haben. Analytisch sind besonders die beiden folgenden Punkte von großer Bedeutung:

a) Die Zerfallskonstanten der gebundenen schwefligsauren Salze.

b) Die Geschwindigkeit der Gleichgewichtseinstellung.

Niemals erfolgt eine momentane Einstellung des neuen Gleichgewichtes. Bei der analytischen Bestimmung eines Aldehyds kann man den Überschuß an Bisulfit immer jodometrisch zurücktitrieren. Die Jodfarbe bleibt im Endpunkt immer so lange bestehen, daß man ihn genügend scharf wahrnehmen kann. Erst nach längerem Stehen wird der Jodüberschuß von nachträglich abgespaltenem Bisulfit verbraucht. Andererseits soll man bei einer Aldehydbestimmung durch Bisulfit mit der Rücktitration so lange warten, bis beide Substanzen bis zum Gleichgewichtszustande, d. h. praktisch quantitativ reagiert haben. Diese Reaktionszeit hängt von verschiedenen Bedingungen, besonders von der Art des Aldehyds und der Konzentration der reagierenden Stoffe ab. Sie beträgt nach Versuchen von W. KERP beim Acetaldehyd in 0,5 bis 0,1 n-Lösung etwa eine Stunde, in 0,01 n-Lösung des Acetaldehyd-schwefligsauren Salzes aber zwei Stunden.

Dissoziationskonstanten K (d. h. Zerfallskonstanten) der Aldehyd-Bisulfitverbindungen.

---

[1] KERP, W.: Arb. ksl. Gesdh.amt Bd. 21, S. 180. 1904; vgl. auch STEWART: J. chem. Soc. Lond. Bd. 87, S. 185. 1905

Nach der Gleichung:

$$\mathrm{RCH}\diagup^{\mathrm{OH}}_{\diagdown\mathrm{SO_3Na}} \;\rightleftharpoons\; \mathrm{RC}\diagup^{\mathrm{O}}_{\diagdown\mathrm{H}} + \mathrm{NaHSO_3}$$

oder

$$\underset{\text{Ald.-Bis.-Verb.}}{\mathrm{RCH}\diagup^{\mathrm{OH}}_{\diagdown\mathrm{SO_3'}}} \;\rightleftharpoons\; \underset{\text{Ald.}}{\mathrm{RC}\diagup^{\mathrm{O}}_{\diagdown\mathrm{H}}} + \underset{\text{Bis.}}{\mathrm{HSO_3'}}$$

ist

$$K = \frac{[\text{Ald.}]\,[\text{Bis.}]}{[\text{Ald.-Bis.-Verb.}]} = \frac{\left[\mathrm{RC}\diagup^{\mathrm{O}}_{\diagdown\mathrm{H}}\right]\left[\mathrm{HSO_3'}\right]}{\left[\mathrm{RC}\diagup^{\mathrm{OH}}_{-\mathrm{H}}\diagdown_{\mathrm{SO_3'}}\right]}\;.$$

Nach den Untersuchungen von KERP und Mitarbeitern sind abgerundete Werte von K bei 25^0 in folgender Tabelle zusammengestellt:

Zerfallskonstanten K bei 25^0 für Aldehydbisulfitverbindungen.

Verbindung	K abger. bei 25^0	
Formaldehydschwefligsaures Natrium	$1{,}2\cdot10^{-7}$	
Acetaldehyd „ „	$2{,}5\cdot10^{-6}$	
Benzaldehyd „ „	$1{,}0\cdot10^{-4}$	
Aceton „ „	$4\;\cdot10^{-3}$	(KERP u. WÖHLER: $3{,}5\cdot10^{-3}$)
Furfural „ „	$7{,}2\cdot10^{-4}$	
Chloral „ „	$3{,}5\cdot10^{-2}$	
Arabinose „ „	$3{,}5\cdot10^{-2}$	
Glucose „ „	$2{,}2\cdot10^{-1}$	

Die außerordentlich großen Unterschiede in der Spaltung der gebundenen schwefligsauren Salze werden auch durch die nächste Tabelle verdeutlicht, welche der Mitteilung von KERP entnommen ist.

Zerfall der Natriumsalze der schwefligsauren Verbindungen bei 25^0.

Verbindung	n	0,1 n	$^1/_{30}$ n
Formaldehyd schwefligsaures Natrium	$0{,}034\,\%$	$0{,}097\,\%$	$0{,}155\,\%$
Acetaldehyd „ „	$0{,}17$ „	$0{,}45$ „	$0{,}71$ „
Benzaldehyd „ „	$2{,}07$ „	$2{,}98$ „	$4{,}90$ „
Aceton „ „	$5{,}73$ „	$14{,}58$ „	$23{,}67$ „
Glucose „ „	$42{,}32$ „	$74{,}61$ „	$81{,}9$ „

Die Zahlen geben die prozentischen Anteile freien Natriumbisulfits an der totalen Konzentration in reinen Lösungen der Natriumsalze an.

Aus den Feststellungen von W. Kerp und E. Baur[1] ergibt sich:

1. daß die freien Säuren der Aldehydbisulfitverbindungen sehr starke Elektrolyte sind;

2. daß die Zerfallskonstante schnell mit der Temperatur zunimmt. So ist die Konstante des Acetaldehyd-schwefligsauren Natriums bei $37{,}5^0$ etwa 5mal größer als bei 25^0. Dieser Befund ist von großer analytischer Bedeutung, denn wenn die Konstante allgemein mit einem Temperaturanstieg von $12{,}5^0$ auf den 5fachen Wert wächst, so sind die Konstanten bei 0^0 etwa 25mal kleiner als bei 25^0. Es wäre dann vielleicht möglich, bei 0^0 auch Substanzen wie Aceton und Furfurol einigermaßen genau zu bestimmen.

Eingehende Studien haben W. Kerp und P. Wöhler[2] über die Addition von Bisulfit an Aldehyde mit ungesättigten Bindungen, insbesondere über das Verhalten von Citronellal und Zimtaldehyd, angestellt.

Citronellal hat die Formel:

$$(CH_3)_2C = C = CH - CH_2 \cdot CH_2CH \cdot CH_3CH_2C\!\!\diagup\!\!\diagdown{}^{O}_{H} \; .$$

Die Addition kann an der doppelten Bindung und an der Aldehydgruppe erfolgen. Im letzteren Falle entsteht die gewöhnliche Bisulfitverbindung, die sich nur äußerst langsam in Bisulfit und Citronellal aufspaltet. Dabei kommt es nicht zu einem Gleichgewichtszustand, denn einmal wirkt das Citronellal sauerstoffübertragend („induzierend") bei der Luftoxydation des Bisulfits, andererseits wird Bisulfit auch an die Doppelbindung addiert:

$$R_2 = C = C\!\!\diagup\!\!\diagdown{}^{H}_{R_1} + HSO_3' \rightleftarrows R_2 = CH - C\!\!\diagup\!\!\diagdown{}^{H}_{SO_3'}R_1 \; .$$

Folgende Körper können also bei der Addition entstehen:

1 Mol Bisulfit an der Aldehydgruppe: also 1 Mol Bis. auf 1 Mol Citronellal,
1 „ „ „ „ Doppelbindung: „ 1 „ „ „ 1 „ „
1 „ „ „ „ Aldehydgruppe und 1 Mol an der doppelten Bindung:
also 2 Mole Bisulfit auf 1 Mol Citronellal.

---

[1] Kerp, W. und E. Bauer: Arb. ksl. Gesdh.amt Bd. 26, S. 231. 1907.
[2] Kerp und Wöhler: Arb. ksl. Gesdh.amt Bd. 32, S. 89 u. 138. 1909.

Bei der kombinierten Reaktion erhalten wir citronellaldihydroschwefligsaures Natrium, welches eine Zerfallskonstante von $8 \cdot 10^{-7}$ hat.

Beim Zimtaldehyd wurden die Konstanten für:

$$C_6H_5CH = CH - \underset{\backslash SO_3'}{\overset{/OH}{C}} - H \quad : \quad K = 1{,}02 \cdot 10^{-3},$$

$$C_6H_5CH_2 - C\underset{\backslash SO_3'}{\overset{/H}{}} - \underset{\backslash SO_3'}{\overset{/OH}{C}} - H \quad K = 4{,}06 \cdot 10^{-6}$$

gemessen.

Vom analytischen Standpunkt aus verdient es besondere Beachtung, daß die Additionsverbindung des Bisulfits mit der doppelten Bindung durchaus beständig ist und gar nicht zur Abspaltung schwefliger Säure neigt (selbst nicht beim Erwärmen mit verdünnter Schwefelsäure), im Gegensatz also zur Addition an der Aldehydstelle[1].

Weiter können wir aus den angeführten Zahlen den wichtigen Schluß ziehen, daß die Einführung der Bisulfitgruppe an die doppelte Bindung die Abdissoziation des Bisulfits aus der Aldehydbindung stark zurückdrängt. Ist doch letztere Konstante für Zimtaldehydbisulfit $1 \cdot 10^{-3}$, für zimtaldehyddihydroschwefligsaures Natrium $4 \cdot 10^{-6}$.

Für die analytische Praxis haben folgende Feststellungen von BAUER und WÖHLER daher besonderen Wert:

1. daß 1 Mol eines ungesättigten Aldehyds sich mit 2 Molen Bisulfit verbinden kann, und daß die Anlagerung des Bisulfits an die Doppelbindung die Stabilität des Komplexes stark erhöht (sinkendes K),

2. daß bei der Addition von Bisulfit an ungesättigten Aldehyden die Wasserstoffionenkonzentration eine wesentliche Rolle spielen muß. Theoretisch wäre zu erwarten, daß die Bisulfitaddition an beiden verschiedenen Plätzen des Moleküls in verschiedener Weise von der Wasserstoffionenkonzentration beeinflußt wird; ein weites Untersuchungsfeld liegt hier noch offen.

---

[1] Über die Addition von Sulfiten an die doppelte Bindung vgl. auch E. HÄGGLUND und A. RINGBORN: Z. anorg. u. allg. Chem. Bd. 150, S. 231. 1926; Bd. 169, S. 96. 1928. VAN DER ZANDE: Dissert. Groningen 1926. Rec. Trav. chim. Bd. 45, S. 424. 1926.

Titrierfehler infolge unvollständiger Aldehyd-Bisulfitbindung. Für analytische Zwecke ist es von großer Wichtigkeit, aus den Zerfallskonstanten der Aldehyd-Bisulfitverbindungen die Anteile Aldehyd (oder Keton) zu ermitteln, die neben einem Bisulfitüberschuß noch ungebunden — also in freiem Zustande in der Lösung verbleiben. Daraus können wir dann sofort die Genauigkeit irgendeiner solchen Bestimmung abschätzen. Nennen wir die Konzentration des Aldehyds [Ald.], die des Bisulfits [Bis.] und die Verbindung [Ald.-Bis.], so gilt:

$$K = \frac{[\text{Ald.}]\,[\text{Bis.}]}{[\text{Ald.-Bis.}]}\,.$$

Wenn wir zu a cm³ einer Aldehydlösung von einer Molarität n b cm³ Bisulfit von einer Molarität m hinzufügen, so wird das Gesamtvolumen der Mischung $(a + b)$ cm³. Die Gesamtkonzentration des Aldehyds (also frei und gebunden) in der Mischung ist dann:

$$\frac{a}{a + b} \cdot n\,,$$

die des Bisulfits (Summe von freiem und gebundenem):

$$\frac{b}{a + b} \cdot m\,.$$

Setzen wir die Konzentration des entstandenen Ald.-Bis. gleich x, so ist:

$$[\text{Ald.}] = \frac{a}{a + b}\,(n - x) \quad \text{und} \quad [\text{Bis.}] = \frac{b}{a + b}\,(m - x)$$

und

$$K = \frac{\left(\dfrac{a}{a + b} \cdot (n - x)\right)\left(\dfrac{b}{a + b} \cdot (m - x)\right)}{x}\,.$$

Diese quadratische Gleichung ist bequem nach x aufzulösen. Noch einfacher können wir die Menge des nicht gebundenen Aldehyds durch eine Annäherungsrechnung ermitteln, die für die uns interessierenden Fälle immer erlaubt ist.

Bei praktisch quantitativer Überführung des Aldehyds in Aldehyd-Bisulfit können wir, ohne merkbare Fehler zu machen, die Konzentration der gebildeten Menge Ald.-Bis. der ursprünglichen Aldehydkonzentration gleich setzen (sofern wir überhaupt mit einem Bisulfitüberschuß arbeiten). Demnach ist:

$$[\text{Ald.-Bis.}] = \frac{a}{a + b}\,n\,,$$

während

$$[\text{Bis.}] = \frac{b}{a+b}\, m - \frac{a}{a+b}\, n = \frac{bm-an}{a+b}$$

und die Menge ungebundenen Aldehyds:

$$[\text{Ald.}] = K\,\frac{[\text{Ald.-Bis.}]}{[\text{Bis.}]} = K\,\frac{an}{bm-an}\,.$$

(K = Zerfallskonstante; a = ursprüngliche Anzahl cm^3 Aldehydlösung, b = Anzahl cm^3 zugefügter Bisulfitlösung; n = Molarität der Aldehydlösung; m = Molarität der Bisulfitlösung.)

Mit Hilfe der letzten Gleichung können wir auch den Fehler infolge unvollständiger Bindung des Aldehyds berechnen. Anfänglich liegen doch $n\cdot a$ Millimole Aldehyd vor; im Gleichgewicht:

$$\frac{an}{bm-an}\,K\,(a+b)\,.$$

Der nicht umgesetzte Anteil, ausgedrückt in Prozenten der ursprünglichen Aldehydmenge, ist also:

$$\text{Fehler in \% } = 100\,K\,\frac{an\,(a+b)}{an\,(bm-an)} = 100\,K\,\frac{(a+b)}{(bm-an)}\,.$$

Diese Gleichung läßt sich ganz allgemein für die Fehlerberechnung benutzen. Zwar gilt sie nur angenähert; jedoch sind die Resultate der Rechnung noch brauchbar, wenn selbst bis 5% des Aldehyds ungebunden bleiben.

Ist die Bildung des Aldehyd-Bisulfits noch unvollständiger, so müßte zur Fehlerberechnung eigentlich die genaue, quadratische Gleichung herangezogen werden. Dies kommt praktisch aber nie in Frage, da unter diesen Umständen die maßanalytische Bestimmung sowieso hinfällig wird.

Aus der vorstehenden Fehlergleichung erkennt man, daß die Genauigkeit der Bestimmung zunimmt — der relative Fehler also abnimmt — mit sinkenden Werten von K, mit wachsendem Bisulfitüberschuß und mit steigenden Konzentrationen beider Reagenzien.

Für die verschiedenen möglichen Verhältnisse bei Aldehydbestimmungen habe ich in nachstehender Tabelle die Titrierfehler berechnet. Dabei wurde vorausgesetzt, daß sich während der Rücktitration die Gleichgewichte nicht nachträglich verschieben, d. h. kein Aldehyd aus den Additionsprodukten nachgeliefert wird. Die Untersuchungen von KERP berechtigen zu dieser Annahme.

Fehler in der Aldehydbestimmung mit Bisulfit durch unvollständige Umsetzung in die Additionsverbindung.

K = Zerfallskonstante bei 25°,
a = cm³ Aldehydlösung von der Molarität n,
b = cm³ Bisulfitlösung von der Molarität m.

a	n	b	m	[Ald.] im Gleichgewicht	Fehler in %
			$K = 10^{-7}$		
10	0,1	15	0,1	$2 \cdot 10^{-7}$	0,0005
10	0,1	10,5	0,1	$2 \cdot 10^{-6}$	0,004
10	0,01	15	0,01	$2 \cdot 10^{-7}$	0,005
10	0,01	10,5	0,01	$2 \cdot 10^{-6}$	0,04
10	0,001	15	0,001	$2 \cdot 10^{-7}$	0,05
10	0,001	10,5	0,001	$2 \cdot 10^{-6}$	0,4
			$K = 10^{-6}$		
10	0,1	15	0,1	$2 \cdot 10^{-6}$	0,005
10	0,1	10,5	0,1	$2 \cdot 10^{-5}$	0,04
10	0,01	15	0,01	$2 \cdot 10^{-6}$	0,05
10	0,01	10,5	0,01	$2 \cdot 10^{-5}$	0,4
10	0,001	15	0,001	$2 \cdot 10^{-6}$	0,5
10	0,001	10,5	0,001	$2 \cdot 10^{-5}$	4
			$K = 10^{-5}$		
10	0,1	15	0,1	$2 \cdot 10^{-5}$	0,05
10	0,1	10,5	0,1	$2 \cdot 10^{-4}$	0,4
10	0,01	15	0,01	$2 \cdot 10^{-5}$	0,5
10	0,01	10,5	0,01	$2 \cdot 10^{-4}$	4
10	0,001	15	0,001	$2 \cdot 10^{-5}$	5
10	0,001	50	0,001	$2,5 \cdot 10^{-6}$	1,5
			$K = 10^{-4}$		
10	0,1	15	0,1	$2 \cdot 10^{-4}$	0,5
10	0,1	10,5	0,1	$2 \cdot 10^{-3}$	4
10	0,01	15	0,01	$2 \cdot 10^{-4}$	5
10	0,01	40	0,01	$3 \cdot 10^{-5}$	1,7
10	0,01	50	0,01	$2,5 \cdot 10^{-5}$	1,2
			$K = 10^{-3}$		
10	0,1	15	0,1	$2 \cdot 10^{-3}$	5
10	0,1	25	0,1	$6,7 \cdot 10^{-4}$	2,3
10	0,1	40	0,1	$3 \cdot 10^{-4}$	1,7
10	0,1	50	0,1	$2,5 \cdot 10^{-4}$	1,2
10	0,01	40	0,01	$3 \cdot 10^{-4}$	17

Die Tabelle lehrt, daß die Aldehyde, die Verbindungen mit einer Zerfallskonstante von etwa 10^{-7} bilden, praktisch unter allen Umständen quantitativ mit Bisulfit reagieren. Sogar eine

0,001 molare Lösung gibt mit einem Überschuß von nur 5% an Bisulfit eine bis auf 0,4% quantitative Umsetzung. So liegen die Verhältnisse etwa beim Formaldehyd. Auch Aldehyde, wo K etwa 10^{-6}, werden praktisch in allen Verdünnungen quantitativ von Bisulfit gebunden. Bei der Titration von 0,001 n-Lösungen muß der Überschuß an Bisulfit wenigstens 50% betragen, sofern das Resultat bis auf 0,5% genau sein soll. Bei der Bestimmung von Acetaldehyd ($K = 2,5 \cdot 10^{-6}$) hat man dies beispielsweise zu berücksichtigen.

Hat die Verbindung eine Konstante von 10^{-5}, so fällt die Bestimmung einer 0,1 n-Lösung noch auf 0,5% genau aus, sobald man wenigstens einen Überschuß von 50% Bisulfit wählt. In verdünnteren Lösungen muß der Überschuß noch größer sein; so z. B. in 0,001 n-Lösung 200%, und selbst dann ist die Bindung nur bis auf 1,5% vollständig.

Wo die Konstante 10^{-4} ist (Benzaldehyd), muß schon bei 0,1 n-Lösungen der Überschuß an Bisulfit 50% betragen, um den Aldehyd bis auf 0,5% vollständig zu binden. Die Titration verdünnter Lösungen liefert nur bei sehr großem Bisulfitüberschuß brauchbare Werte.

Entsprechend ungünstiger liegen die Verhältnisse für Aceton ($K = 4 \cdot 10^{-3}$), das in 0,1 n überhaupt nur angenähert zu bestimmen ist.

Die obenstehenden Betrachtungen erklären uns nun ohne weiteres die einander widersprechenden Literaturangaben über die Bestimmung vom Aceton und Benzaldehyd. Auch Furfural ($K = 7,2 \cdot 10^{-4}$) wird nur unter ganz bestimmten Verhältnissen angenähert quantitativ mit Bisulfit zu bestimmen sein.

Um allgemein den Fehler durch unvollständigen Umsatz einzuschränken, sollte man bei möglichst tiefer Temperatur arbeiten; denn mit der Temperatur sinkt auch die Zerfallskonstante, zwischen 25^0 und 0^0 etwa auf ein 25stel (z. B. für Aceton $K_{25^0} = 4 \cdot 10^{-3}$, $K_{0^0} = 1,0 \cdot 10^{-4}$). Andererseits verlangt die Einstellung des Gleichgewichts bei 0^0 längere Zeit als bei Zimmertemperatur, so daß die Bestimmungen unhandlicher und zeitraubender werden. Man hat also in praxi zwischen beiden Momenten die günstige Mitte zu suchen.

Zum Schluß sei noch kurz der Einfluß der Wasserstoffionenkonzentration auf die Bildung der Aldehyd-Bisulfitverbindungen berührt. Nach den Untersuchungen von KERP gehören die freien Säuren dieser Bisulfitverbindungen zu den sehr starken Elektrolyten (Sulfosäuren). Hingegen ist die erste Dissoziationskonstante der schwefligen Säure nur $1{,}7 \cdot 10^{-2}$. Geben wir daher zu einer stark sauren Aldehydlösung Bisulfit hinzu, so wird ein Teil des letzteren als schweflige Säure in Freiheit gesetzt. Die Gleichgewichtsverhältnisse ändern sich daher in einem ungünstigen Sinne, und außerdem wird die Bildung des Additionsproduktes verzögert.

Die optimale Wasserstoffionenkonzentration für die Addition liegt bei p_H von etwa 4, d. i. beim p_H einer Bisulfitlösung. Bei höherem p_H werden die Verhältnisse ebenso wie bei größerer Acidität weniger günstig. Demnach kann die alkalimetrische Bestimmungsmethode der Aldehyde mit Natriumsulfit, bei der das Sulfit in äquivalente Mengen Bisulfit und Ätzkali zerfällt, von denen erstes durch Aldehyd gebunden, die freie Lauge aber mit Säure zurücktitriert wird

$$\mathrm{RC}{\langle}^{\mathrm{O}}_{\mathrm{H}} + \mathrm{Na_2SO_3} + \mathrm{H_2O} \rightleftarrows \mathrm{RC{-}H}{\langle}^{\mathrm{OH}}_{\mathrm{SO_3Na}} + \mathrm{NaOH}$$

keine guten Resultate geben, wenn die Zerfallskonstante der Bisulfitverbindung ziemlich groß ist.

Eher sollte man eine auf Thymolphthalein eingestellte Bisulfitlösung verwenden und deren Überschuß nach Einstellung des Gleichgewichts auf den gleichen Indikator. bestimmen. Das Natriumsalz der Aldehyd-Bisulfitverbindung verhält sich dabei wie ein neutrales Salz. Eine systematische Untersuchung der besten Arbeitsbedingungen für die acidimetrische Aldehydbestimmung mit Bisulfit wäre sehr erwünscht.

Addition von Mercurisalzen. Quecksilbersalze werden an organische Verbindungen mit Kohlenstoffdoppelbindung angelagert. Die Zusammensetzung der Additionsprodukte schwankt je nach Art des gewählten Quecksilbersalzes und der Versuchsbedingungen. Mit Mercurisulfat geben Propylen und seine Homologen gelbe amorphe Niederschläge, die von DÉNIGÈS[1] als Molekularverbindungen $\left\{ \mathrm{SO_4}{\langle}^{\mathrm{Hg}}_{\mathrm{Hg}}{\rangle}\mathrm{O} \right\}_3 \mathrm{C_nH_{2n}}$ formuliert worden sind.

---

[1] DÉNIGÈS: C. r. Bd. 126, S. 1145, S. 1868. 1898; Ann. chim. phys. [7] Bd. 18, S. 382. 1899.

Bei Behandlung mit Säuren zerfallen sie in Mercurosalze und aldehydartige Stoffe. Hofmann und Sand[1] haben gezeigt, daß man unter anderen Arbeitsverhältnissen zu je zwei Salzreihen verschiedener Molekulargröße gelangen kann, von denen die eine sich von quecksilbersubstituierten Alkoholen, die andere von quecksilbersubstituierten Äthern ableitet, z. B.:

$$HOCH_2 CH_2 \cdot HgX \quad \text{und} \quad O < (CH_2 \cdot CH_2 \cdot HgX)_2 \,.^2$$

E. Bıılmann[3] verdanken wir umfangreiche Untersuchungen über die Quecksilberadditionsverbindungen. Besonders in seiner Mitteilung mit Agnès Hoff[4] hat er die physiko-chemischen Bedingungen ausführlicher erörtert.

Mercurisalze verbinden sich nach seinen Feststellungen mit Äthylenderivaten, wobei das $-$Hg (I) oder $-$Hg (II) X an die Doppelbindung tritt. Auf diese Weise können äußerst stabile Komplexe entstehen, die nicht einmal mehr mit Schwefelwasserstoff reagieren. Andere stark komplexe Verbindungen bilden sich aus Mercurisalzen und Maleinsäure oder deren Derivaten, sie sind unzersetzt in Alkali löslich.

Man kann sich diese Additionen als Molekularreaktionen oder teilweise auch als Ionenreaktionen vorstellen. So z. B. die Addition von Mercurisalz an Crotonsäure:

$$CH_3 \cdot CH = CH \cdot COOH + HgX_2$$
$$+ H_2O \rightleftharpoons CH_3CHOHCHHgX \cdot COOH + HX$$

oder als Ionenreaktion:

$$CH_3 \cdot CH = CH \cdot COOH + Hg^{\cdot\cdot}$$
$$+ H_2O \rightleftharpoons CH_3CHOH \cdot CHHg^{\cdot} \cdot COOH + H^{\cdot}.$$

Nach Bıılmann ist die Reaktion reversibel, wir können daher

[1] Hofmann und Sand: Ber. Bd. 33, S. 1340, 1358, 2698. 1900; Sand: Ber. Bd. 34, S. 1385. 1901; Sand und Breest: Z. physik. Chem. Bd. 59, S. 424. 1907.

[2] Vgl. ausführlicher Victor Mayer und Paul Jacobson: Lehrbuch der organ. Chem. 2. Aufl. S. 833 u. a. a. O. Leipzig 1907.

[3] Bıılmann: Ber. Bd. 33, S. 1641. 1900; Bd. 35, S. 2572. 1902; Bd. 43, S. 573. 1910; Liebigs Ann. Bd. 388, S. 259. 1912.

[4] Bıılmann und Hoff: Rec. Trav. chim. Bd. 36, S. 289. 1916.

auf sie das Massenwirkungsgesetz anwenden und die Beziehung aufstellen:

$$K = \frac{\left[\begin{array}{c} R\text{---}Hg^{\cdot} \\ \mid \\ R_1\text{---}OH \end{array}\right][H^{\cdot}]}{[R = R_1]\,[Hg^{\cdot\cdot}]}\,.$$

Durch potentiometrische Bestimmung der Mercuriionenkonzentration und Festlegung der Wasserstoffionenkonzentration konnten BIILMANN und HOFF die Gleichgewichtskonstanten für verschiedene solcher Verbindungen zu folgenden Werten berechnen:

Substanz	$K^{\cdot}$
Allylalkoholkomplex	$10^{8,94}$
Allylessigsäurekomplex	$10^{8,98}$
Crotonsäurekomplex	$10^{4,71}$
Maleinsäure	$10^{3,47}$

Für die maßanalytische Bestimmung ungesättigter organischer Verbindungen hat diese direkte Komplexbildung noch keine Anwendung gefunden. Dennoch könnten sehr wohl auf diese Additionserscheinungen neue Titriermethoden gegründet werden.

E. BIILMANN und K. THAULOW[1] haben die beschriebenen Reaktionen zur Bestimmung von Quecksilber-(II) in seinen Salzen (jedoch nicht in Halogeniden) verwertet. Man digeriert das Salz mit einem Überschuß an Allylalkohol und neutralisiert auf Phenolphthalein:

$$(C_3H_5O)HgX + NaOH \rightarrow (C_3H_5O)HgOH + NaX\,.$$

Die freie Base selbst ist sehr schwach und rötet nicht Phenolphthalein. Nach der Neutralisation gibt man das Salz eines Anions hinzu, mit dem die freie Base einen stabilen Komplex oder ein sehr wenig dissoziiertes Salz bildet. BIILMANN und THAULOW wählen dazu Kaliumbromid:

$$(C_3H_5O)HgOH + KBr \leftrightarrows (C_3H_5O)HgBr + KOH\,.$$

Die entstandene äquivalente Menge der starken Base läßt sich dann auf Phenolphthalein titrieren.

---

[1] BIILMANN, E. und K. THAULOW: Bull. Soc. Chim. Bd. 29, S. 587. 1921.

Bildung von Halogenadditionsverbindungen.

Bekanntlich verläuft die Jodaddition an ungesättigten Ölen, Fetten und Fettsäuren in organischen Lösungsmitteln nur sehr unvollständig. Nach den Untersuchungen von J. P. K. VAN DER STEUR[1] wird, wenn man das Fett oder Öl mit überschüssigem Jod in Tetrachlorkohlenstoff löst, nach einigen Tagen Stehen ein Gleichgewichtszustand erreicht. Anscheinend stellt sich wirklich ein reversibles Gleichgewicht ein:

$$\text{D.B.} + \text{J}_2 \rightleftharpoons \text{J.A.V}$$

(D.B. stellt die Doppelbindung dar, J.A.V. die Jodadditionsverbindung.)

Nach VAN DER STEUR gilt für Ölsäure bei 0^0:

$$\frac{[\text{D.B.}]\,[\text{J}_2]}{[\text{J.A.V.}]} = 1{,}05 \cdot 10^{-2}\,.$$

Aus dem Wert dieser Gleichgewichtskonstanten geht wohl schon hervor, daß es praktisch nie gelingen wird, die Doppelbindung durch Jod in die Additionsverbindung überzuführen. Doch macht VAN DER STEUR[2] eine praktische Anwendung von der Bestimmung der Gleichgewichtslage, um Ölsäure neben Elaidinsäure zu bestimmen. Bei der letzteren ist die Gleichgewichtskonstante noch viel größer, und zwar ist hier K gleich $2 \cdot 10^{-1}$. Die angegebenen Konstanten gelten für 0^0; mit steigender Temperatur nehmen sie stark zu. So ist bei $19{,}5^0$ K für Ölsäure $3{,}82 \cdot 10^{-2}$, für Elaidinsäure $5 \cdot 10^{-1}$. Wählt man nicht Tetrachlorkohlenstoff als Lösungsmittel, sondern Benzol, so wird bei $19{,}5^0$ nach VAN DER STEUR[3] für Ölsäure $K = 1{,}05 \cdot 10^{-1}$, für Elaidinsäure $1{,}7$. Hier bleibt also die Reaktion an der Doppelbindung noch unvollständiger. Die Glyceridbildung hat keinen Einfluß auf die Größe der Konstanten.

Über Gleichgewichte bei der Bromaddition vgl. K. H. BAUER[4].

Bei der Addition von Brom, Chlorjod, Jodcyan u. dgl. ist es auch von großem praktischen Interesse, die Gleichgewichtsbedingungen zu kennen, um berechnen zu können, inwieweit

---

[1] VAN DER STEUR, J. P. K.: Rec. Trav. chim. Bd. 46, S. 278. 1927.

[2] VAN DER STEUR, J. P. K.: Rec. Trav. chim. Bd. 46, S. 414. 1927.

[3] VAN DER STEUR, J. P. K.: Rec. Trav. chim. Bd. 46, S. 409. 1927.

[4] BAUER, K. H.: Ber. Bd. 37, S. 3317. 1904; Chem. Umschau 1921, S. 163.

die Addition quantitativ verläuft. Bestimmte Zusammenhänge zwischen leichter Addition und Abspaltung des Halogens scheinen wohl zu bestehen.

„Zur Erklärung der Addition nimmt Thiele[1] an, daß die sogenannte „Doppelbindung" zwar durch je zwei Affinitäten zweier benachbarter C-Atome bewirkt wird, wie vorher schon allgemein angenommen wurde, daß dabei aber die Affinitätskräfte nicht völlig ausgeglichen sind. Vielmehr bleibt an jedem der C-Atome noch ein Affinitätsrest — eine „Partialvalenz" — übrig, wie es in folgender Schreibweise:

$$\overset{R}{\underset{R}{}}\!\!>\!C : : : C\!<\!\overset{R}{\underset{R}{}}$$

durch die nach außen gerichteten punktierten Striche angedeutet wird. Auf diesen unbefriedigten Partialvalenzen beruht nach Thiele das Additionsvermögen der ungesättigten organischen Verbindungen. Den Additionsvorgang hat man sich so im einzelnen zu denken, daß der Addend zuerst die Partialvalenz und dann einen vollen Affinitätsbetrag für sich in Anspruch nimmt. Z. B.:

$$\overset{H}{\underset{H}{}}\!\!>\!C : : : C\!<\!\overset{H}{\underset{H}{}} + Br_2 \rightarrow \overset{H}{\underset{H}{}}\!\!>\!C : : : C\!<\!\overset{H}{\underset{H}{}} \rightarrow \overset{H}{\underset{H}{}}\!\!>\!C\!-\!C\!<\!\overset{H}{\underset{H}{}}\cdot$$
$$ Br \quad Br Br \; Br$$

„Dieser Hypothese der Partialvalenzen fügte Thiele eine weitere Annahme hinzu, welche sich auf den Valenzausgleich bei den durch das Schema:

$$>\!C = C\!-\!C = C\!<$$

charakterisierten Kombinationen von Doppelbindungen bezieht: Man nennt solche Kombinationen, bei denen mehrere Doppelbindungen benachbarte Atome verknüpfen, ohne daß ein Atom an mehr als einer Doppelbindung beteiligt ist, ‚konjugierte Systeme'. Wenn nun ein solches konjugiertes System zwei

---

[1] Thiele: Ann. Chem. Bd. 306, S. 87. 1899; Bd. 319, S. 132. 1901. Die folgenden Betrachtungen über die Thieleschen Anschauungen und die Addition an ungesättigten Bindungen sind dem Kapitel „Allgemeines über die Konstitution der ungesättigten Verbindungen" aus dem Lehrbuch der organischen Chemie, 2. Aufl., von Victor Mayer und Paul Jacobson (Leipzig 1907; Erster Teil, S. 792) entnommen.

einwertige Addenden aufnimmt, so sollte man erwarten, daß die Addition an einer Doppelbindung erfolgt und die andere unberührt läßt; etwa in folgender Weise:

$$R_2{>}C = C{-}C = C{<}R_2 + Br_2 \rightarrow R_2C{-}{-}C{-}{-}C = C{<}R_2 .$$

„Im Gegensatz zu dieser Erwartung hatte aber die Erfahrung in mehreren Fällen gezeigt, daß die Addition nicht an der einzelnen Doppelbindung, sondern an den Enden des konjugierten Systems eintritt, daß also für das erwähnte Beispiel die obige Gleichung nicht den tatsächlich sich abspielenden Vorgang wiedergibt, sondern vielmehr durch die folgende zu ersetzen ist:

$$R_2{>}C = C{-}C = C{<}R_2 + Br_2 \rightarrow R_2{>}C{-}C = C{-}C{<}R_2 .$$

Die addierten Bromatome lagern sich also nicht an benachbarte Kohlenstoffatome in der 1,2-Stellung an, sondern vielmehr an die in 1,4-Stellung; die beiden im Ausgangsprodukt angenommenen Doppelbindungen werden durch den Additionsvorgang aufgehoben, und an ihrer Stelle erscheint im Endprodukt eine neue Doppelbindung in der Mitte (2,3-Stellung).

„THIELE nimmt nun an, daß bei direkter Nachbarschaft zweier Doppelbindungen die inneren Partialvalenzen einander ausgleichen können:

$$R_2{>}C : : : : C{-}C : : : : C{<}R_2 .$$

In dieser Vorstellungsweise würde zwischen den Kohlenstoffatomen 2 und 3 gewissermaßen auch eine Doppelbindung entstehen, welche sich aber von den gewöhnlichen Doppelbindungen durch das Fehlen unbefriedigter Partialvalenzen an den beteiligten Atomen unterscheidet, daher an diesen Atomen kein Additionsvermögen mehr bedingt und demgemäß als ,inaktive' Doppelbindung bezeichnet wird. Unbefriedigte Affinitätsbeträge sind nur an den Kohlenstoffatomen 1 und 4 vorhanden, und daher erfolgt dort auch die Addition; dabei geht die inaktive Doppelbindung zwischen 2 und 3 in eine gewöhnliche aktive mit Partialvalenzen über:

$$R_2{>}C::::\overset{\overset{R}{|}}{C}{-}\overset{\overset{R}{|}}{C}::::C{<}R_2 + Br_2 \rightarrow R_2{>}\underset{Br\diagup}{C}{-}\overset{\overset{R}{|}}{C}::::\underset{}{\overset{\overset{R}{|}}{C}}{-}\underset{\diagdown Br}{C}{<}R_2.$$

Allerdings begegnet man häufig Abweichungen von dieser Regelmäßigkeit; man kennt auch Additionen in der 1,2- bzw. 3,4-Stellung.

„Nach HINRICHSEN[1] tritt die Anlagerung in der 1,4-Stellung nur dann ein, wenn die beiden zu addierenden Atome (bzw. Gruppen) gleichartig sind und einander eben infolge ihrer gleichartigen Polarität gegenseitig abstoßen (z. B. bei der Bromaddition), und wenn außerdem die übrigen, im Molekül herrschenden qualitativen Beziehungen der einzelnen Molekülteile das Aufsuchen möglichst entfernter Stellen durch die beiden Addenden begünstigen. Für den wirklichen Verlauf der Addition ist das Streben nach derjenigen Atomgruppierung maßgebend, die den besten Affinitätsausgleich darbietet[2]. Die Thielesche Theorie bleibt uns aber immer noch die Erklärung für die Tatsache schuldig, daß die aus einem konjugierten System entstehende aktive Doppelbindung in mittlerer (2,3-) Stellung kein weiteres Brom mehr aufnimmt.“

Wir haben die obenstehenden Anschauungen, welche wie erwähnt dem bekannten Handbuch von VICTOR MAYER und PAUL JACOBSON entstammen, absichtlich ausführlich wiedergegeben, weil sie analytisch für die Titration konjugierter Systeme von Interesse sind.

Zur quantitativen Bestimmung der Doppelbindungen in organischen Substanzen auf Grund ihres Additionsvermögens verwendet man oft die freien Halogene; besonders Brom (gewöhnlich angesäuerte Bromat-Bromid-Lösung) und Jod. In letzter Zeit ist hierzu noch von KAUFMANN[3] das freie Radikal „Rhodan" empfohlen worden.

Statt mit den freien Halogenen kann man auch Verbindungen der Halogene untereinander benutzen, wie Jodmonochlorid (in

---

[1] HINRICHSEN: Z. physik. Chem. Bd. 39, S. 308. 1902.

[2] Vgl. z. B. auch K. G. FALK: Chemical Reactions: their Theory and Mechanism. New York: D. van Nostrand Company 1920.

[3] KAUFMANN, H. P.: Arch. Pharmaz. Bd. 263, S. 645. 1925; Seifensieder-Zg. Bd. 55, S. 297. 1928; Ber. Bd. 59, S. 1390. 1926; STADTLINGER, H.: Pharmaz. Zg. Bd. 53, S. 340. 1928.

Eisessig; Reagens von WIJS); Jodmonobromid (HANUS 1901); Jodcyan. Auch die unterjodige Säure HOJ wird nach J. J. A. WIJS sehr schnell addiert.

Nach sehr schönen Untersuchungen dieses Forschers[1] findet ganz allgemein bei der Jodaddition an Fette eigentlich eine solche der unterjodigen Säure statt und nicht des freien Halogens oder der Halogenverbindung. Je günstiger die Versuchsbedingungen für die Bildung unterjodiger Säure liegen, um so schneller vollzieht sich auch die Addition. Nachdem die unterjodige Säure angelagert worden ist, kann auch noch ein Molekül Salzsäure aufgenommen werden, so daß insgesamt Jodchlorid addiert zu sein scheint.

So kann z. B. der Additionsvorgang an Ölsäure durch folgende Gleichungen wiedergegeben werden:

$$C_{17}H_{33}COOH \qquad + HOJ \rightarrow C_{17}H_{33}COOH \cdot JOH \text{ (primär)}$$
$$C_{17}H_{33}COOH \cdot JOH + HCl \rightarrow C_{17}H_{33}COOH \cdot JCl + H_2O \,.$$

Das Chlorjodadditionsprodukt kann sich nun wieder unter Abspaltung von Salzsäure zersetzen:

$$C_{17}H_{33}COOH \cdot JCl \rightarrow C_{17}H_{31}COOH \cdot HJ + HCl \,.$$

Andererseits hat schon H. INGLE[2] nachgewiesen, daß eine JOH-Addition nicht in Frage kommt und daß Jodchlorid als solches das additionsfähige Reagens ist. Die Bildung freier Säure wird vom gleichen Autor durch die Hydrolyse des gebildeten Jodadditionsproduktes erklärt:

$$-\underset{\underset{Cl}{|}}{\overset{|}{C}}-\underset{\underset{J}{|}}{\overset{|}{C}} + H_2O \rightarrow -\underset{\underset{Cl}{|}}{\overset{|}{C}}-\underset{\underset{OH}{|}}{\overset{|}{C}} + HJ$$

$$HJ + JCl \rightarrow J_2 + HCl \,.$$

Nach dieser letzten Gleichung entsteht also während der Addition freies Jod, wie es praktisch auch sichtbar in Erscheinung tritt.

---

[1] WIJS, J. J. A.: Z. anal. Chem. Bd. 37, S. 277. 1898; Bd. 11, S. 291. 1898; Ber. 1898, S. 750; vgl. auch u. a.: B. M. MARGOSCHES, C. FRIEDMANN und E. NEUFELD: Chem. Umschau Fette, Öle, Wachse u. Harze Bd. 32, S. 221. 1924; auch Z. f. Deutsch. Öl- u. Fettind. Bd. 45, S. 605. 1925; Ber. Bd. 58, S. 794, 1064. 1925; Bd. 59, S. 325, 375. 1926; Z. angew. Chem. Bd. 37, S. 334, 982. 1924; und E. ANDRÉ: Chim. et Ind. Spez-Nr. 435 (Sept. 1925); D. HOLDE und GORGAS: Ber. Bd. 59, S. 113. 1926; über die Literatur bis 1925: vgl. A. GRÜN: Analyse der Fette und Wachse.

[2] INGLE, H.: J. Soc. Chem. Ind. Bd. 21, S. 587. 1902; Bd. 23, S. 422. 1904.

Eingehende Untersuchungen über die Jodzahlbestimmung haben J. Boeseken und E. Th. Gelber[1] angestellt. Sie weisen auf eine Reihe von bekannten Beispielen hin, wo sicher festgestellte Doppelbindungen nicht oder nur teilweise nach den gebräuchlichen Jodzahlmethoden bestimmt werden können, und anderseits Jodzahlen gefunden worden sind, die weit über den theoretischen Werten liegen. Außerdem wird oft in der Literatur darauf aufmerksam gemacht, daß die verschiedenen Verfahren bei ein und demselben Produkt abweichende Zahlen ergeben. Zur Erklärung zu hoch gefundener Jodzahlen wurde im allgemeinen eine „Substitution" neben der gewünschten „Addition" angenommen. Nach Boeseken und Gelber verläuft die Addition aber normal und sind die Abweichungen von der Theorie anderen Ursachen zuzuschreiben. Die Art des Lösungsmittels für das Jodchlorid, der gebrauchte Überschuß und besonders die Anwesenheit bestimmter Gruppen im Molekül beeinflussen die Additionsgeschwindigkeit. Die sogenannten „negativen" Gruppen — wie $COOH$, C_6H_5, COC_2H_5, $COCH_3$, COC_6H_5 verlangsamen die Addition, so daß man hier zur Erreichung der richtigen Jodzahl 8 Stunden warten muß, selbst bei Anwendung von 50% Überschuß an Jodchlorid. Dies gilt für Systeme mit einer doppelten Bindung, oder mit mehreren, die nicht konjugiert sind. Bei konjugierten Systemen werden direkt und zunächst die beiden endständigen Kohlenstoffe (1—4) der zwei Doppelbindungen angegriffen; erst bei sehr langer weiterer Einwirkung tritt die Addition an die resultierende Doppelbindung in mittlerer (2—3-)Stellung ein.

Nach Boeseken und Gelber werden die Endstellen nur durch Chlor abgesättigt, wobei Jod frei wird. Bei Behandlung der konjugierten Systeme mit Jodchlorid wird die Lösung daher dunkel durch abgeschiedenes Jod:

$$-C{=}C-C{=}C- \ +\ 2\,J\,Cl \rightarrow\ {>}C-C{=}C-C{<}\ +\ J_2$$
$$\hspace{8em}\overset{|}{Cl}\hspace{6em}\overset{|}{Cl}$$

schnell

$$-C-C{=}C-C{=}\ +\ J\,Cl \rightarrow\ {>}C-C-C-C{<}$$
$$\underset{Cl}{|}\hspace{5em}\underset{Cl}{|}\hspace{5em}\underset{Cl}{|}\ \underset{Cl}{|}\ \underset{J}{|}\ \underset{Cl}{|}$$

langsam

---

[1] Boeseken, J. und E. Th. Gelber: Rec. Trav. chim. Bd. 45, S. 158. 1927; Bd. 48, S. 377. 1929.

Während der jodometrischen Zurückmessung des überschüssigen Jodchlorids beobachtet man bei den Jodadditionsbestimmungen bisweilen ein Zurückgehen der Farbe. Hier tritt eine Nebenreaktion auf, infolge deren zu niedrige Werte der Jodzahl gefunden werden. Die Additionsverbindung reagiert dann mit Jodid zu freiem Jod. Für bromierte Systeme hat C. F. van Duin[1] diese Reaktion untersucht. Er gibt folgendes Schema an:

$$>\!\!\underset{\substack{|\\ \text{Br}}}{C} - \underset{\substack{|\\ \text{Br}}}{C}\!\!< + \, 2\,KJ \rightarrow \; >\!\!\underset{\substack{|\\ \text{J}}}{C} - \underset{\substack{|\\ \text{J}}}{C}\!\!< + \, 2\,KBr$$

$$>\!\!\underset{\substack{|\\ \text{J}}}{C} - \underset{\substack{|\\ \text{J}}}{C}\!\!< \; \rightarrow \; >\!C = C< + \, J_2$$

Die entstandenen Dijodverbindungen werden damit wieder in die ungesättigte Verbindung gespalten, und eine äquivalente Menge Jod geht in Lösung. Die Geschwindigkeit dieser Reaktion ist nach van Duin abhängig von dem der Doppelbindung benachbarten Liganden. Er stellt hierfür folgende Reihe auf:

$$COCH_3 > C_6H_5 > COOC_2H_5 > COOCH_3 > COOH > H > Br.$$

Auf die Additionsprodukte mit Jodchlorid kann Jodkalium in ähnlicher Weise einwirken. Das Maß dieser Störung ist abhängig von der Konstitution der organischen Verbindung und von den Löslichkeitsverhältnissen des entstandenen Jodchlorids. In dissoziierenden Lösungsmitteln — wie in Alkohol, Aceton, Eisessig — nimmt diese Zersetzung der Additionsverbindungen größeren Umfang an als in nicht dissoziierenden Medien — wie Chloroform, Tetrachlorkohlenstoff, Benzol, Äther.

Bei der Analyse ist daher Tetrachlorkohlenstoff nach Boeseken und Gelber dem Eisessig als Lösungsmittel vorzuziehen. Man arbeitet dann am besten mit dem Marshallschen[2] Reagens, das aus einer Lösung von Jodchlorid in Tetrachlorkohlenstoff besteht. Die Nebenreaktionen werden dann aufgehoben. Die genannten Autoren entfernen nach der Addition den Überschuß an Jodchlorid mit Kalomel oder Silber, filtrieren, fügen eine alkoholische Natriumjodidlösung zum Filtrat und titrieren nach

---

[1] van Duin, C. F.: Rec. Trav. Chem. Bd. 45, S. 345. 1926.
[2] Marshall: J. Soc. chem. Ind. Bd. 39, S. 231. 1900.

10 Minuten unter Stehen das freigesetzte Jod mit Thiosulfat zurück.

Wo das Halogen sehr schnell aufgenommen wird, kann man die Lösung der zu bestimmenden Substanz direkt mit dem Reagens bis zum Endpunkt titrieren, etwa Allylalkohol mit Brom (oder in saurer Lösung mit Bromat-Bromid).

Bei trägem Additionsverlauf fügt man das Reagens im Überschuß hinzu und titriert es nach Einstellung des Gleichgewichtes jodometrisch zurück. Die letzte Methode ist wohl die übliche, sie wird auch bei Bestimmung der Halogenadditionszahl von Ölen und Fetten verwendet.

Für wasserunlösliche Substanzen (wie die eben genannten) gebraucht man organische Lösungsmittel, etwa Tetrachlorkohlenstoff, Chloroform, Eisessig usw.

Sofern diese mit Wasser mischbar sind, muß man die Halogentiterlösung im gleichen Lösungsmittelgemisch ansetzen. Die verschiedenen Arbeitsweisen bei Bestimmung der Additionszahl von Ölen und Fetten sind in dem Buch von A. GRÜN[1] beschrieben, wo auch eine gute Zusammenstellung ausführlicher Literaturangaben zu finden ist.

Wir wollen nun noch einige Fehler hervorheben, die bei Bestimmung von Additionszahlen auftreten können:

1. Wenn man mit einem Halogenüberschuß arbeitet, so kann neben der Addition auch eine Substitution einhergehen, wobei die freie Halogenwasserstoffsäure gebildet wird:

$$RH + Br_2 = RBr + HBr.[2]$$

Dementsprechend wird also mehr Brom verbraucht, als wirklich der doppelten Bindung entspricht.

2. Die Halogene, ihre gegenseitigen Verbindungen oder ihre Zersetzungsprodukte mit Wasser (Unterhalogenige Säuren) sind starke Oxydationsmittel. Wenn die zu bestimmende Substanz daher oxydierbare Gruppen enthält (ungesättigte Aldehyde u. a.),

---

[1] GRÜN, A.: Analyse der Fette und Wachse. Berlin: Julius Springer 1925. Vgl. auch die zusammenfassende Mitteilung von A. HANSEN: Z. anal. Chem. Bd. 75, S. 257. 1928.

[3] Über das Verhalten von C_4H_8 gegen Chlor vgl. GUSTAVSON: J. prakt. Chem. Bd. 42, S. 495. 1890; KONDAKOW: Ber. Bd. 21, S. 440. 1888; Bd. 24, S. 932. 1891; HELL und WILDERMANN: Ber. Bd. 24, S. 216. 1891; POGOZZELSKI: Chem. Zbl. 1905 I, S. 667.

so kann unter Umständen zu viel Halogen verbraucht werden. Bei diesen Nebenreaktionen wirkt meist das Licht als starker Katalysator.

Auch in Zusammenhang mit der Titerbeständigkeit der Halogene in organischen Lösungsmitteln ist deren Oxydationsfähigkeit von großem Interesse. So müssen z. B. für das Reagens von WIJS (Jodmonochlorid) Eisessig und Tetrachlorkohlenstoff frei von oxydablen Substanzen sein, andernfalls der Titer beim Stehen stark zurückgeht und das Reagens vollends unbrauchbar wird.

3. An konjugierten Systemen kann die Halogenaddition zu neuen Verbindungen führen, in denen eine Doppelbindung von geänderter Addierfähigkeit in der Mitte zwischen den beiden ursprünglichen auftritt, wie wir bereits S. 195 erörtert haben.

Eine gründliche systematische physiko-chemische Durchforschung der Halogenaddition ist sehr erwünscht.

Gewisse Stoffe, die zwar keine Kohlenstoffdoppelbindung enthalten, jedoch zur Addition von Halogen befähigt sind, so die Alkaloide und andere, unterscheiden sich wesentlich von den eigentlichen ungesättigten Verbindungen. Bei ihren Additionsreaktionen bilden sich meist Produkte, deren Komponenten in keinem stöchiometrischen Verhältnis stehen. Sie sind daher nicht unmittelbar zu analytischer Verwertung geeignet; vielmehr müssen erst besondere Bedingungen ausgesucht werden, deren Einhaltung wenigstens vergleichbare Ergebnisse sichert.

Alkaloide bilden im allgemeinen Superbromide bzw. -jodide mit Lösungen von den Halogenen in Halogensalzen. Quantitativ ist besonders das Verhalten von Coffein gegen Brom- und Jodlösungen von M. GOMBERG[1] untersucht worden.

Er fand Verbindungen von verschiedener Zusammensetzung auf; das $[C_8H_{10}N_4O_2HJJ_4]$ ist das stabilste Perjodid, jedoch konnte er auch ein Dijodprodukt $[C_8H_{10}N_4O_2HJJ_2] 3H_2O$ und ebenso ein Pentajodprodukt erhalten. Ähnliche Verbindungen mit Brom sind auch von ihm beschrieben worden.

§ 4. Die Bildung von Molekularverbindungen. Viele organische Substanzen vereinigen unter Kohlenstoffbindung ihre Moleküle und ergeben Kondensationsprodukte. Sowohl in der qualita-

---

[1] GOMBERG, M.: J. amer. chem. Soc. Bd. 18, S. 358. 1896.

tiven wie in der quantitativen Analyse kennt man zahlreiche Anwendungen der Kondensationsvorgänge, besonders dann, wenn die Produkte schwer löslich sind. Aldehyde, Ketone, Phenole, Amine usw. werden bei vielen Methoden in Form schwer löslicher Kondensationsprodukte bestimmt. Diese Analysenverfahren sind bisher leider rein empirisch ausgearbeitet worden, ohne zu prüfen, ob für diese Art von Reaktionen das Massenwirkungsgesetz gilt (vgl. jedoch S. 206 bei der Hydrazonbildung). Dadurch entbehren die Methoden noch jeder exakten systematischen Grundlage; ihre Brauchbarkeit und vorteilhaftesten Ausführungsbedingungen sind nicht von vornherein zu beurteilen.

Lassen wir zwei Substanzen A und B reversibel nach einem Kondensationsprodukt AB hin reagieren:

$$A + B \leftrightarrows AB.$$

Nach Einstellung des Gleichgewichtes gilt:

$$\frac{[A]\,[B]}{[AB]} = K.$$

Sobald nun die Substanz AB schwer löslich ist, wie es in den analytischen Methoden gewöhnlich der Fall ist, setzen wir ihre Konzentration konstant, und wir finden dann:

$$[A]\,[B] = K' = L.$$

Ebenso wie wir das Produkt der Ionenkonzentrationen in einer gesättigten Lösung eines schwer löslichen uni-univalenten Elektrolyten das Löslichkeitsprodukt nennen, können wir hier vom Löslichkeitsprodukte der Kondensationsverbindung sprechen, unter dem wir dann das Konzentrationsprodukt der freien Komponenten A und B in gesättigter Lösung von AB verstehen.

Geht die Bildung des Kondensationsproduktes nicht nach der einfachen oben angegebenen Gleichung vor sich, sondern ganz allgemein nach:

$$n\,A + m\,B \leftrightarrows A_n B_m,$$

so gilt entsprechend

$$\frac{[A]^n\,[B]^m}{[A_n B_m]} = K \begin{pmatrix} \text{Dissoziationskonstante des} \\ \text{Kondensationsproduktes} \end{pmatrix},$$

und wenn $A_n B_m$ als Bodenkörper vorliegt:

$$\underline{[A]^n\,[B]^m = L_{A_n B_m}}\,.$$

Es können natürlich Nebenreaktionen den Kondensationsvorgang begleiten, so daß die unmittelbare Anwendung des Massenwirkungsgesetzes nicht mehr zulässig ist. In vielen Fällen jedoch führt die Kondensation von A mit B zu einem reversiblen Gleichgewicht, und dann ist selbstverständlich die Kenntnis des Löslichkeitsproduktes und der Dissoziationskonstante der Kondensationsverbindung analytisch von größtem Interesse. Mit ihrer Hilfe vermögen wir die gelöste Menge von AB bei verschiedenen Überschüssen an A bzw. an B zu berechnen.

Zur Erläuterung führen wir das Verhalten des Chinhydrons in wässerigen Lösungen an. Wässerige Hydrochinon- und Chinonlösungen bilden zusammengebracht eine äquimolekulare Verbindung, Chinhydron genannt, die in Wasser schwer löslich ist.

Wenn [Ch.] die Konzentration des Chinons, [Hydr.] die des Hydrochinons und [Ch.Hydr.] die des Chinhydrons bedeuten, so gilt:

$$\frac{[\text{Ch.}]\,[\text{Hydr.}]}{[\text{Ch.Hydr.}]} = K\,.$$

Es hat sich nun gezeigt, daß eine gesättigte wässerige Lösung von Chinhydron zu mehr als 90% in ihre Komponenten gespalten ist. F. S. GRANGER[1] fand bei 25^0 einen Wert für K von 0,29. Die totale Löslichkeit des Chinhydrons bei 25^0 entspricht einer Konzentration von $1{,}78 \cdot 10^{-2}$ molar. In dieser Lösung ist die Konzentration des Ch.Hydr. $9{,}8 \cdot 10^{-4}$ (oder abgerundet 10^{-3}). Daher ist $L_{\text{Chinhydr.}} = 2{,}9 \cdot 10^{-4}$.

Um nun die Löslichkeit des Chinhydrons bei Anwesenheit eines bekannten Überschusses einer der beiden Komponenten Hydrochinon oder Chinon, zu berechnen, haben wir denselben Weg einzuschlagen, wie er für schwer lösliche uni-univalente Elektrolyte besprochen wurde (S. 5).

Entspricht der Hydrochinonüberschuß z. B. einer Konzentration von 0,3 molar und nennen wir die Konzentration des Chinons, das durch die Spaltung des Hydrochinons in der Lösung

---

₁ Vgl. LUTHER und LEUBNER: Z. physik. Chem. Bd. 15, S. 183. 1894; besonders F. S. GRANGER: Oxidation and Reduction in organic chemistry from the standpoint of potential Differences. Diss. New York 1920.

entsteht, x, so ist die Gesamtkonzentration des Hydrochinons $(0{,}3 + x)$. Dann haben wir

$$(0{,}3 + x)\, x = L_{\text{Ch.Hydr.}} = 2{,}9 \cdot 10^{-4}$$

oder
$$x = 9{,}7 \cdot 10^{-4}.$$

Weil nun die Konzentration des ungespaltenen Anteiles Chinhydron in einer gesättigten Lösung gleich $9{,}8 \cdot 10^{-4}$ ist, so ist die totale Löslichkeit in $0{,}3$ molarer Hydrochinonlösung $(9{,}7 + 9{,}8) \cdot 10^{-4} = 1{,}95 \cdot 10^{-3}$, während GRÄNGER (l. c.) unter gleichen Verhältnissen eine solche von $1{,}89 \cdot 10^{-3}$ molar fand. Theorie und Experiment stimmen also sehr befriedigend überein. Wir sehen, daß die totale Löslichkeit des Chinhydrons, die bei 25^0 in reinem Wasser gleich $1{,}78 \cdot 10^{-2}$ molar, bei Anwesenheit von $0{,}3$ molar Hydrochinon etwa auf den zehnten Teil zurückgedrängt wird.

Vielfacher Anwendung in der analytischen Chemie erfreuen sich das Phenylhydrazin und seine Derivate: substituierte Phenylhydrazine (wie p-Nitrophenylhydrazin, p-Bromphenylhydrazin, p-Tolylhydrazin), besonders zur Bestimmung von Aldehyden und Ketonen. Substanzen, die eine Carbonylgruppe enthalten, reagieren bekanntlich mit Phenylhydrazin unter Bildung schwer löslicher Hydrazone.

$$R_2 > C = O + H_2NNHC_5H_5 \longrightarrow R_2C = NNHC_6H_5 + H_2O.$$

Man kann das Hydrazon wägen oder den Überschuß an Phenylhydrazin zurücktitrieren[1].

Nach eingehenden Untersuchungen von S. BODFORSS[2] verläuft die Hydrazonbildung über Zwischenkörper. Schon N. GRASSI[3] hatte aus Geschwindigkeitsmessungen der Reaktion eines optisch-aktiven Ketons — des l-Menthons — mit Phenylhydrazin diese als monomolekular erkannt, obgleich der summarischen Reaktionsgleichung nach eine bimolekulare Reaktion zu erwarten wäre. BODFORSS nimmt an, daß das Aldehyd und Phenylhydrazin momentan ein Kondensationsprodukt bilden, das sich wieder

---

[1] Über die praktische Ausführung vgl. u. a. W. VAUBEL: Die physikalischen und chemischen Methoden der quantitativen Bestimmung organischer Verbindungen Bd. 2, S. 291 usw. Berlin 1902; auch E. R. ARDAGH und G. J. WILLIAMS: J. amer. chem. Soc. Bd. 47, S. 2983. 1925.

[2] BODFORSS: Z. physik. Chem. Bd. 109, S. 223. 1924.

[3] GRASSI, N.: Gazz. chim. ital. Bd. 40, S. 139. 1910.

meßbar langsam in Hydrazon und Wasser umsetzt:

$$\text{Phenylh.} + \text{Ald} \rightleftharpoons \text{Kond.} \quad \text{(momentan).}$$

$$\text{Kond.} \rightleftharpoons \text{Hydrazon} + \text{Wasser} \quad \text{(meßbar).}$$

Liegt nun das Aldehyd im Überschuß vor, so geht die Zersetzung des Kondensationsproduktes als monomolekulare Reaktion weiter; der Zerfall des Zwischenproduktes bestimmt die Ordnung der Reaktion.

Falls aber das Phenylhydrazin im Überschuß vorhanden, so nimmt die Zersetzung des Kondensationsproduktes einen komplizierteren Verlauf.

BODFORSS benutzte zu seinen Versuchen aromatische Aldehyde. Auch an einem aromatischen Keton (Acetophenon) hat er Versuche angestellt.

Eigenartigerweise ist hier die Bildungsreaktion des Kondensationsproduktes ordnungsbestimmend. Sie läuft meßbar langsam ab, streng nach dem Gesetze einer bimolekularen Reaktion.

Bei überschüssigem Phenylhydrazin wird sie aber wahrscheinlich monomolekular. Der ganze Mechanismus ist also ziemlich kompliziert.

Durch Wasserstoffionen werden die Reaktionen katalytisch beschleunigt. Es scheint mir jedoch noch ungeklärt zu sein, in welcher Weise die Wasserstoffionenkonzentration die Gleichgewichtsbedingungen beherrscht[1].

Möglicherweise geht die Reaktion in saurer Lösung schnell, wenn auch weniger vollständig, vonstatten.

Bekanntlich unterscheiden sich die Zuckerarten mit freier Carbonylgruppe von den niederen Aldehyden und Ketonen insofern, als sie zuerst Hydrazone ergeben, welche sich mit zwei weiteren Molekülen Phenylhydrazin zu den schwer löslichen Osazonen umsetzen:

$$\begin{array}{l}
\text{R} \\
|\\
\text{CHOH} \\
|\\
\text{C} \underset{\text{H}}{\overset{\text{O}}{\diagup}}
\end{array}
\quad + \text{H}_2\text{NNHC}_6\text{H}_5 \rightarrow
\begin{array}{l}
\text{R} \\
|\\
\text{CHOH} \\
|\\
\text{C} \underset{\text{H}}{\overset{\text{N—NHC}_6\text{H}_5}{\diagup}} \\
\text{Hydrazon}
\end{array}
\quad + \text{H}_2\text{O} .$$

---

[1] Betr. Einfluß des p_H auf die Osazonreaktion vgl. G. QUAGLIARELLO und A. CAPONETTO: Chem. Abstr. Bd. 21, S. 1967. 1927.

$$\begin{matrix} \text{R} \\ | \\ \text{CHOH} \\ | \\ \text{C}{<}^{\text{NNHC}_6\text{H}_5}_{\text{H}} \end{matrix} \quad + \text{H}_2\text{NNHH}_6\text{H}_5 \rightarrow \begin{matrix} \text{R} \\ | \\ \text{C} = \text{O} \\ | \\ \text{C}{<}^{\text{NNHC}_6\text{H}_5}_{\text{H}} \end{matrix} \quad + \text{C}_6\text{H}_5\text{NH}_2 + \text{NH}_3 \cdot$$

$$ \text{Anilin} \quad \text{Ammoniak}$$

$$\begin{matrix} \text{R} \\ | \\ \text{C} = \text{O} \\ | \\ \text{C}{<}^{\text{NNHC}_6\text{H}_5}_{\text{H}} \end{matrix} \quad + \text{H}_2\text{NNHC}_6\text{H}_5 \rightarrow \begin{matrix} \text{R} \\ | \\ \text{C} = \text{NNHC}_6\text{H}_5 \\ | \\ \text{C}{<}^{\text{NNHC}_6\text{H}_5}_{\text{H}} \end{matrix} \quad + \text{H}_2\text{O} \cdot$$

$$ \text{Osazon}$$

Nach den Untersuchungen von N. SCHOORL und H. MILIUS[1] erfüllen die Ammoniak- und Anilinausbeuten quantitativ vorstehende Gleichungen.

Mannose bildet zum Unterschied von anderen Zuckerarten schon in der Kälte ein schwer lösliches Hydrazon.

Mit mehrwertigen Phenolen liefert Phenylhydrazin schwer lösliche Molekularverbindungen. Darauf hat A. SEYEWITZ[2] z. B. eine Bestimmung des Orcins gegründet:

$$\begin{matrix} (1)\,\text{OH} \\ \text{C}_6\text{H}_3\,(3)\,\text{OH} \\ (5)\,\text{CH}_3 \end{matrix} \;+\; 2\,\text{H}_2\text{NNHC}_6\text{H}_5 \rightarrow \begin{matrix} \text{OH} \cdot \text{H}_2\text{NNHC}_6\text{H}_5 \\ \text{C}_6\text{H}_3\,\text{OH} \cdot \text{H}_2\text{NNHC}_6\text{H}_5 \\ \text{CH}_3 \end{matrix} \cdot$$

Durch Einwirken des Phenylhydrazins auf die Chloride, Anhydride und Ester organischer Säuren entstehen schwer lösliche Hydrazide.

Mit Phenolen bilden die Aldehyde auch Kondensationsprodukte, welche nicht nur analytisch, sondern auch technisch große Bedeutung haben.

Auf diesen Kondensationsvorgängen beruhen z. B. die Bestimmungsmethoden von Formaldehyd, Furfurol u. a. mit Phloroglucin. Die Reaktion zwischen Formaldehyd und Phloroglucin kann z. B. in folgende Gleichung gefaßt werden:

$$\text{H--C}{<}^{\text{O}}_{\text{H}} + {}^{\text{OH}}_{\text{OH}}{>}\text{C}_6\text{H}_3\text{OH} \rightarrow \text{H}_2\text{C}{<}^{\text{O}}_{\text{O}}{>}\text{C}_6\text{H}_3\text{OH} + \text{H}_2\text{O} \cdot$$

$$ \text{Phloroglucid}$$

Hier wäre es wieder sehr interessant zu wissen, wieweit der Vorgang dem Massenwirkungsgesetz unterworfen ist.

---

[1] MILIUS, H. C. und N. SCHOORL: Pharmac. Weekbl. Bd. 53, S. 1249. 1916.

[2] SEYEWITZ, A.: C. r. Bd. 113, S. 264; Z. anal. Chem. Bd. 31, S. 329. 1892.

Auch mit vielen anderen Verbindungen gibt die Carbonylgruppe Kondensationsprodukte, so mit Hydroxylamin die Oxime.

$$R_2C = O + H_2NOH \rightarrow R_2C = NOH + H_2O .$$

Diese Oxime neigen stark zu Polymerisationen. Neben dem Hydroxylamin werden auch seine Derivate analytisch angewandt, wie Benzolsulfonyl-Hydroxylamin u. a. Hydrazin und seine Homologen (wie Phenylhydrazin, vgl. S. 206) geben Kondensationsprodukte unter Austritt von Wasser:

$$R_2C = O + H_2N-NHR \rightarrow R_2C = N-NHR + H_2O$$

oder allgemein:

$$R_2C = O + H_2N-N\genfrac{}{}{0pt}{}{R}{R} \rightarrow R_2C = N-N\genfrac{}{}{0pt}{}{R}{R} + H_2O ,$$

An Stelle von Phenylhydrazin finden auch das Semicarbacid $H_2NCONHNH_2$ und seine Derivate (Semicarbazonbildung), sowie Thiosemicarbacid $H_2NCSNHNH_2$ analytische Verwendung. Auf der Oximbildung (und auch auf der Kondensation mit Hydrazin) fußt eine acidimetrische Bestimmungsmethode der Aldehyde. Man benutzt Hydroxylaminchlorhydrat; bei der Oximreaktion wird die äquivalente Menge Salzsäure freigemacht:

$$R_2C = O + H_2NOH \cdot HCl \rightarrow R_2C = NOH + H_2O + HCl ,$$

welche dann titriert werden kann.

Wahrscheinlich führt die Oximbildung wieder zu einem Gleichgewichtszustand; die frei werdenden Wasserstoffionen vermindern nicht nur die Reaktionsgeschwindigkeit, sondern wirken auch der angestrebten Reaktion entgegen. Nach eingehenden Studien von ARNE ÖLANDER[1] verläuft die Oximbildung über ein Zwischenprodukt, das Acetonhydroxylamin, etwa

$$(CH_3)_2C\genfrac{<}{}{0pt}{}{OH}{NHOH} .$$

Bei näherer Untersuchung der Bruttoreaktion:

$$NH_3OH^{\cdot} + (CH_3)_2CO \rightarrow (CH_3)_2CNOH + H_2O + H^{\cdot}$$

ergab sich, daß freies Hydroxylamin nur langsam mit Aceton reagiert. Hydroxylammoniumion hingegen tritt schnell mit Aceton zusammen; die Geschwindigkeitskonstante bei 20° beträgt 84.

---

[1] ÖLANDER, A.: Z. physik. Chem. Bd. 129, S. 1. 1927.

Die Oximbildung hat bei $p_H = 4{,}5$ und bei 20^0 ein Maximum (in 0,003 n-Lösung); sie wird jedoch erst vollständig bei $p_H < 7$; allerdings ist dann die Reaktionsgeschwindigkeit nur sehr gering. In analytischer Hinsicht wäre es wichtig, diese Tatsachen weiter zu verwerten.

Interessant ist das Verhalten von Ammoniak, Amin- und Amidderivaten gegenüber Aldehyden (und Ketonen). Bringt man ein Aldehyd mit Ammoniak bzw. einem primären oder sekundären Amin zusammen, so addieren sich beide im allgemeinen zunächst zu:

$$RCH \begin{matrix} OH \\ NH_2 \end{matrix} \qquad RCH \begin{matrix} OH \\ NHR \end{matrix} \qquad RCH \begin{matrix} OH \\ N \begin{matrix} R \\ R \end{matrix} \end{matrix}.$$

Aldehyd-Ammoniak I $\qquad$ II $\quad$ Aldehydamine $\quad$ III

Diese Additionsverbindungen sind durchgängig von geringer Beständigkeit und leicht geneigt, wieder in die Komponenten zu zerfallen (Gleichgewichtsreaktion) oder — soweit es sich um Fall I oder II handelt — sich unter Abspaltung von Wasser

$$RCH \begin{matrix} OH \\ NH_2 \end{matrix} \quad \rightarrow RCH = NH + H_2O$$
$$IV$$

$$RCH \begin{matrix} OH \\ NHR \end{matrix} \quad \rightarrow RCH = NR + H_2O,$$
$$V$$

in Aldime (IV) oder Alkyl-Alkylidenamine (V) umzulagern. Die letzteren werden oft als „Schiffsche Basen" bezeichnet; sie haben einen außerordentlich schwach basischen Charakter.

In der Maßanalyse wird diese Reaktion mit großem Vorteil zur Titration von Aminosäuren verwendet. Will man in letzteren die Carboxylgruppe auf Phenolphthalein titrieren, so stört die basische Aminogruppe, und der Farbumschlag wird lange vor Neutralisation der Carboxylgruppe erreicht. Fügt man aber eine neutrale Formollösung hinzu, so bildet sich an der Aminostelle eine Schiffsche Base:

$$COOHRNH_2 + O = C \begin{matrix} H \\ H \end{matrix} \rightleftharpoons COOHRN = CH_2 + H_2O.$$

Dieser Körper hat seine basische Natur nicht ganz verloren, jedoch ist sie so stark abgeschwächt, daß sich die Carboxylgruppe nunmehr gewöhnlich auf Phenolphthalein titrieren läßt. Die ge-

nannte Reaktion ist reversibel, daher muß Formalin in großem
Überschuß zugesetzt werden. Im praktischen Teil komme ich
ausführlicher auf diese Titrationsmethode zu sprechen, die besonders für physiologische Untersuchungen von großer Wichtigkeit ist. Wir haben auch hier wieder einen Fall vor uns, wo die
richtige Anwendung der Theorie viele scheinbare Unstimmig-
keiten erklären und zur exakten Ausarbeitung eines analytischen
Verfahrens beitragen kann.

Bei der Einwirkung von Ammoniak auf Formaldehyd bildet
sich zuerst ein Aldehydammoniak, der weiter in Hexamethylen-
tetramin $C_6H_{12}N_4$ übergeht.

Der Gesamtvorgang verläuft also nach:

$$6\,CH_2O + 4\,NH_3 \rightarrow C_6H_{12}N_4 + 6\,H_2O\,.$$

Durch Rücktitration des überschüssigen Ammoniaks bestimmen wir die zur Bildung des Hexamethylentetramins verbrauchte
Menge. Weil sich dies letztere immer noch wie eine sehr schwache
Base verhält, muß ein entsprechender Indikator gewählt werden,
worauf wir im praktischen Teil noch näher eingehen werden.

Auch mit aromatischen Aminen können die Aldehyde Kondensationsprodukte ergeben, etwa Anilin mit Formaldehyd das schwer
lösliche Anhydroformalin:

$$C_6H_5NH_2 + OCH_2 \leftrightarrows C_6H_5NCH_2 + H_2O\,.$$

Hierauf kann sowohl eine gewichts- wie eine maßanalytische
Bestimmung des Formalins und des Anilins aufgebaut werden[1].
Nach einigen eigenen Versuchen handelt es sich um eine Gleichgewichtsreaktion, weshalb bei der Analyse für einen großen Überschuß der einen Komponente zu sorgen ist. Mit anderen Aminen
geht das Formalin in vielen Fällen kompliziertere Verbindungen
ein (Polymerisationsprodukte), die wir hier aber nicht näher besprechen wollen.

Ausführliche Mitteilungen über die organischen Kondensationsreaktionen bringen die Handbücher der organischen Chemie. Hier
sollte nur nachdrücklich gezeigt werden, daß die physikalisch-
chemische Beurteilung der einschlägigen Analysenmethoden Vorbedingung brauchbarer Arbeitsvorschriften ist.

---

[1] Vgl. B. Tollens: Ber. Bd. 17, S. 652. 1884; M. Klar: Pharmaz.
Zeit. Bd. 40, S. 611. 1895.

Im Anschluß an die Kondensationsreaktionen werden wir eine Gruppe organischer Titrationsmethoden in kurzer Übersicht beschreiben, die auf nicht reversiblen Vorgängen beruhen, in ihrem allgemeinen Gebrauch mit Rücksicht auf viele komplizierende Umstände beschränkt und nach ihren physiko-chemischen Grundlagen so gut wie noch nicht durchforscht sind, aber sich dennoch in organischen Laboratorien vor allem zur Gehaltsbestimmung der Ausgangsprodukte zahlreicher Farbstoffsynthesen einer vielfachen Anwendung erfreuen.

Die in Frage stehenden Methoden gründen sich auf die Entstehung von sog. Diazoverbindungen aus primären Aminen und salpetriger Säure und weiter auf die Farbstoffbildung aus solchen diazotierten Aminen durch Kuppelung mit aromatischen Amino- oder Hydroxylverbindungen. Man benutzt somit zwei Verfahren[1]:

a) Die Bestimmung primärer Amine durch Nitrit und

b) die Bestimmung aromatischer Amino- oder Hydroxylverbindungen mittels Diazolösung.

a) Die Bestimmung aromatischer Amine durch Nitrit.

Primäre aromatische Amine lassen sich durch salpetrige Säure, d. h. in saurem Medium durch Nitritlösung quantitativ in Diazoniumverbindungen überführen:

$$\underset{\text{ClH}}{\text{RNH}_2} + \overset{\text{HO}}{\underset{\text{O}}{}}{>}\text{N} \rightarrow 2\,\text{H}_2\text{O} + \text{RN}{\equiv}\underset{\overset{|}{\text{Cl}}}{\text{N}}.$$

Der Endpunkt der Diazotierung ist mit dem ersten geringen, für längere Zeit bestehenden Überschuß an salpetriger Säure erreicht und durch Jodkalistärke als Indikator zu erkennen. Allerdings darf dieser Indikator dem Reaktionsgemisch nicht direkt beigefügt werden, da er momentan auf HNO_2 anspricht und, weil die Diazotierung eine gewisse Zeit beansprucht, viel zu früh umschlagen würde. Man verfolgt vielmehr, nach jedem Zusatz einige Minuten abwartend, den Reaktionsverlauf durch Tüpfelproben

---

[1] Nähere Angaben über beide Verfahren finden sich zusammengestellt in R. Möhlau und H. Th. Bucherer: Farbenchemisches Praktikum, 3. Aufl. Berlin und Leipzig: Walter de Gruyter & Co. 1926. Vgl. besonders S. 88ff. Auf dieses Buch stützen sich auch unsere anschließenden Ausführungen.

auf Jodkalistärkepapier, das bekanntlich durch freie salpetrige Säure blau gefärbt wird. Die Einstellung der Nitritlösung kann nach dem bekannten Permanganatverfahren der organischen Maßanalyse vorgenommen werden.

Die zur quantitativen Diazotierung erforderliche Zeit wechselt je nach Art der vorliegenden Amine. So lassen sich z. B. α-Naphthylamin und Anilin verhältnismäßig leicht, Sulfanilsäure und besonders die schwer löslichen Naphthylaminsulfonsäure wesentlich langsamer diazotieren.

Dieses Titrierverfahren ist brauchbar für primäre Monoamine und für solche Diamine, die eine regelrechte Diazotierung jeder vorhandenen NH_2-Gruppe erfahren, wie Benzidin und Tolidin, nicht aber, wegen bereits einsetzender Farbstoffkuppelung, etwa für m-Diamine. Auch auf o-Diamine (Azimidbildung) und selbst auf gewisse Diamine ist die Nitritmethode nicht anwendbar, weil diese nicht in einem konstanten Molekularverhältnis mit HNO_2 reagieren, sondern teilweise den Oxydationswirkungen der salpetrigen Säure unterliegen.

Die Hauptbedingungen für das Gelingen der Nitrit-Titration sind:

1. Die Vermeidung einer Farbstoffbildung oder anderer abweichender Reaktionen,

2. die Vermeidung von Verlusten an salpetriger Säure, die bei ungenügender Kühlung des Reaktionsgemisches eintreten können.

b) Die Bestimmung aromatischer Amino- und Hydroxylverbindungen mittels Diazolösung.

Diese Methode fußt auf der Tatsache, daß unter geeigneten Bedingungen Diazoniumverbindungen imstande sind, mit kombinationsfähigen aromatischen Aminen oder Phenolen, sog. Kupplungskomponenten, in streng molekularem Verhältnis zu Azofarbstoffen zusammenzutreten, z. B.

$$C_6H_5N_2Cl + H- \overset{OH}{\underset{SO_3Na}{\bigodot}} \rightarrow C_6H_5N_2- \overset{OH}{\underset{SO_3Na}{\bigodot}} + HCl .$$

Diazoverb.   Kuppl.- oder   Azofarbstoff.
               Azokomp.

Viele Diazolösungen sind sehr unbeständig und zersetzen sich leicht unter Stickstoffentwicklung:

$$C_6H_5N_2Cl + H_2O \rightarrow C_6H_5OH + N_2 + HCl \,.$$

Daher sind als Maßflüssigkeiten nur solche brauchbar, die auch bei Zimmertemperatur hinreichend stabil sind, um nicht während einer Analyse in ihrem Diazotiter zurückzugehen. Möhlau-Bucherer (l. c., wo auch die Darstellung des Reagens beschrieben wird) empfehlen besonders diazotiertes p-Nitranilin $O_2NC_6H_4NH_2$, Diazoniumverbindung: $O_2NC_6H_4N_2Cl$.

Unter den kupplungsfähigen Azokomponenten lassen sich je nach den vorhandenen auxochromen Gruppen Amino-, Oxy-, Amino-Oxy- und andere Verbindungen unterscheiden. Nicht kupplungsfähig (wenigstens nicht in einfacher und normaler Weise) sind Körper, die weder eine NH_2- oder OH-Gruppe führen, fernerhin solche, in denen ein Wasserstoffatom der Amino- oder Hydroxylgruppe durch einen Säurerest ersetzt ist, etwa Acetanilid, Phenylbenzoat u. a.

Die Reaktionsbedingungen, unter denen sich in den verschiedenen Fällen die Farbstoffkupplung vollzieht, sind außerordentlich mannigfaltig. Besonders auffällig ist der Umstand, daß Mineralsäuren, selbst in verhältnismäßig geringen Konzentrationen, die Reaktionsgeschwindigkeit stark hemmen. Andererseits ist häufig ein Arbeiten in stark saurer Lösung erforderlich, um die Kupplung, wie erwünscht, auf einen Monoazofarbstoff hinzulenken und die bisweilen mögliche Bildung von Disazofarbstoffen (Kupplung der Diazoverbindung an zwei Stellen der Azokomponente, wenn dort zwei auxochrome Gruppen vorhanden!) auszuschließen. Außerdem ist es oft notwendig, den Farbstoff unmittelbar nach seiner Entstehung auszusalzen, um ihn einer weiteren Einwirkung der Diazoniumverbindung nach Möglichkeit zu entziehen. So müssen also von Fall zu Fall ganz besonders wechselnde Arbeitsbedingungen, besonders auch hinsichtlich der Acidität des Reaktionsgemisches, eingehalten werden.

Die Verfolgung der Titrationsreaktion geschieht in der Weise, daß man nach bestimmten Zusätzen an Titerlösung, gutem Durchrühren und einigem Abwarten einen Tropfen vom Reaktionsgemisch auf Filtrierpapier tüpfelt und den farblosen Auslauf mit einem Tropfen irgendeiner Diazolösung (Farbreaktion zeigt noch unverbrauchte, zu bestimmende Azokomponente an!) oder mit einer Kupplungskomponente, etwa mit R-Salzlösung (3—6-sulfoniertes β-Naphthol) in Berührung bringt; eine Farbreaktion im letzteren Fall weist auf einen Überschuß an Diazo-Titerlösung, also auf Erreichung oder schon Überschreitung des Endpunktes hin. Wenn die Reaktionslösung sehr verdünnt ist, besonders aber bei genauerem Arbeiten empfiehlt es sich, statt der Tüpfelnahme kleine Proben zu entnehmen, abzufiltrieren, eventuell nach Aussalzung, und am Filtrat mittels einer Diazo- oder R-Salzlösung den Fortgang der Titration zu kontrollieren.

Die Titerstellung der Diazolösung erfolgt nach der gleichen Titriermethode auf Grund einer bequem in reinstem Zustand erhältlichen Azokomponente, am besten R-Salz.

Aus der vorstehenden knappen Darlegung dieser beiden Titriermethoden ist wohl ersichtlich, daß sich für sie noch keine allgemeingültigen Regeln auf Grund physiko-chemischer Gesetzmäßigkeiten[1] aufstellen lassen. So viele Begleitumstände spielen bei dem Verfahren in den Reaktionsverlauf hinein; für jede Substanz müssen die günstigsten Versuchsbedingungen erst empirisch festgestellt werden, deren eingehendere Erörterung jedoch den Rahmen dieses Buches überschreiten würde.

§ 5. Substitutionsreaktionen[2]. Die meisten analytisch verwertbaren Substitutionsreaktionen beruhen darauf, daß Wasserstoff in gesättigten Verbindungen durch Halogen (besonders Brom und Jod) ersetzt werden kann.

Im Gegensatz zu den Additionsreaktionen entsteht hierbei eine äquivalente Menge freier Halogenwasserstoffsäure. Für analytische Zwecke kommen hauptsächlich Bromsubstitutionen an Hydroxyl- und Amidoderivaten der aromatischen Reihe in Frage.

$$C_6H_5NH_2 + 3\,Br_2 \rightarrow C_6H_2Br_3NH_2 + 3\,HBr\,.$$

---

[1] Die ersten Versuche zur Vereinfachung der bisher üblichen Tüpfelmethode durch potentiometrische Indikation und damit wohl auch zur physikochemischen Klarlegung der Diazotierungs- und Kupplungsvorgänge sind unternommen worden von ERICH MÜLLER, Z. f. Elektrochemie Bd. 31, S. 662. 1925 und FRIEDRICH MÜLLER, ibid. Bd. 34, S. 63. 1928.

[2] Allgemeines über Substitution vgl. F. HOLLEMAN: Die direkte Einführung von Substituenten in den Bezolkern. 1910. — OBERMILLER: Die orientierenden Einflüsse und der Benzolkern. 1909.

Bei den Phenolen ist besonders zu beachten, daß unter Umständen auch das Wasserstoffatom der Hydroxylgruppe durch Brom substituiert werden kann, etwa im Tribromphenolbrom $C_6H_2Br_3OBr$ oder nach J. Thiele[1]

$$OC\langle\begin{array}{l}CBr = CH\\CBr = CH\end{array}\rangle CBr_2 \ .$$

Jedoch wird diese Verbindung durch Kaliumjodid wieder unter äquivalenter Jodabscheidung in Tribromphenol übergeführt. Etwas Ähnliches gilt vom Anilin und seinen Derivaten.

Zur Theorie der Bromsubstitution an Benzolderivaten hat besonders W. Vaubel[2] wertvolle Beiträge geliefert und praktisch wichtige Regeln hergeleitet, die wir hier zum Teil im Wortlaut wiedergeben wollen:

„Von allen in den Benzolkern eintretenden Substituenten besitzen die direkt am Kern vorhandenen primären oder alkylierten bzw. acetylierten Amido- und Hydroxylderivate die Eigenschaft, Brom mit großer Leichtigkeit an Stelle von Wasserstoff zu setzen. Das Brom nimmt dabei immer die o- und p-Stellung zu der NH_2- bzw. OH-Gruppe ein. Keiner der gewöhnlichen Substituenten, wie CH_3, NO_2, Halogen, SO_3H, COOH, N=NR, N=NCl, verhindert den Eintritt des Broms, falls dieselben sich ebenfalls in o- und p-Stellung zum NH_2 oder OH befinden. Ausgenommen sind die Hydroxyl- und Amidogruppe selbst; dieselben verhindern, sobald sie in o- und p-Stellung zueinander stehen, die direkte Bromaufnahme. Dahingegen verhält sich z. B. Resorcin $C_6H_4\begin{array}{l}OH\ (1)\\OH\ (3)\end{array}$ wie Phenol und nimmt drei Atome Brom auf unter Bildung von Tribromresorcin[3].

„Die Carboxyl- und Sulfogruppe sind, falls sie sich in o- und p-Stellung zur Amido- oder Hydroxylgruppe befinden, durch Brom ersetzbar; diese Fähigkeit verlieren sie auch nicht, wenn sich andere Substituenten, wie CH_3, NO_2, in m-Stellung zu ihnen befinden. In der m-Stellung zur NH_2- oder OH-Gruppe vor-

---

[1] Thiele, J. und H. Eichwede: Ber. Bd. 33, S. 673. 1910; vgl. dazu W. M. Lauer: J. amer. chem. Soc. Bd. 48, S. 442. 1926.

[2] Vgl. Zusammenstellung in W. Vaubel: Die physikalischen und chemischen Methoden usw. S. 166. 1902.

[3] Vgl. jedoch dazu Ditz und Cedicoda: Z. angew. Chem. 1899, S. 873; Russig und Vortmann: Z. angew. Chem. 1901, S. 157 u. 160.

handene SO_3H- und COOH-Gruppen werden nicht durch Brom ersetzt.

„So nimmt z. B. Salicylsäure $C_6H_4{OH\ (1)\atop COOH\,(2)}$ bei einem Überschuß an Brom drei Atome auf unter Abspaltung der Carboxylgruppe und Bildung von Tribromphenol, die m-Oxybenzoesäure $C_6H_4{OH\ (1)\atop COOH\,(3)}$ führt drei Atome Brom ein, ebenfalls in Stellung 2, 4, 6 zur Hydroxylgruppe. Vergleichbar damit ist das Verhalten der Amidobenzolsulfosäuren. In o-Amidobenzolsulfosäure treten zuerst zwei Atome Brom ein, bei weiterem Zusatz entsteht Tribromanilin. Die m-Säure nimmt dahingegen drei Atome Brom auf ohne Abspaltung der Sulfogruppe. Die p-Säure gibt zuerst bei vorsichtigem Arbeiten ein Dibromid, bei Anwendung von einem Bromüberschuß kann sich Tribromanilin bilden. Die Toluidinsulfosäuren zeigen ein analoges Verhalten.

„Die alkylierten oder acetylierten OH- und NH_2-Gruppen üben auf das Brom einen geringeren orientierenden Einfluß aus. Dies zeigt sich noch nicht bei der monoalkylierten Amidogruppe, wohl aber bei der dialkylierten. Letztere bewirkt den Eintritt von nur zwei Atomen Brom, wahrscheinlich in die p- und o-Stellung, während das alkylierte OH nur noch ein Brom in die p-Stellung aufnimmt. Ebenso verhält sich die acetylierte Amidogruppe, welche nur bei Besetzung der p-Stellung in o-Stellung substituiert, andernfalls ein p-Derivat liefert. Jedoch gibt es hierauf auch Ausnahmen." —

Beispiele: Monomethylanilin und Homologe lassen noch drei Atome Brom eintreten, Dimethylanilin nur zwei, und zwar ziemlich rasch, wenn auch das zweite etwas langsamer als das erste. Acetanilid und Acettoluid binden nur ein Atom Brom, und zwar in p-Stellung zur Amidogruppe.

Die aufgeführten Regeln von Vaubel haben keine strenge Gültigkeit; zur Orientierung über das Verhalten der verschiedenen aromatischen Substanzen bei der Bromsubstitution können sie jedoch gute Dienste leisten. So läßt sich z. B. erwarten, daß o- und p-Kresol zwei Atome Brom aufnehmen, während m-Kresol ein Tribromsubstitutionsprodukt liefert. Andererseits können viele Substanzen verschiedene Bromsubstitutionsprodukte bilden, und es hängt von verschiedenen Bedingungen, wie Temperatur, Einwirkungszeit, Überschuß an Brom, bisweilen auch Konzentration an Säure, ab, welcher Körper entsteht. So gibt z. B. β-Naphthol zunächst sehr glatt ein Monobromderivat, mit weiterem Brom ein Disubstitutionsprodukt und schließlich ein Tetrabromderivat. Viele andere Substanzen verhalten sich analog (vgl. VAUBEL, l. c.). Analytisch ist diese Erscheinung sehr wertvoll. Man kann nämlich bei Bestimmung einer Substanz auf Grund der Bromsubstitution nach zwei Weisen verfahren:

1. Man benutzt Kaliumbromat-Bromid als Reagens und fügt davon zu der stark sauren Lösung des zu bestimmenden Stoffes so viel hinzu, bis eben freies Brom in der Lösung bestehen bleibt (erkennbar an der Farbe oder durch Tüpfelreaktion mit Jodkalistärkepapier). In diesem Falle ist also gerade die erforderliche Menge Brom zugesetzt worden.

2. Man verwendet ein Kaliumbromat-Bromidgemisch (von genau bekannter Bromatkonzentration) und gibt zur Lösung des zu bestimmenden Stoffes das Reagens im Überschuß, säuert an und titriert nach Zusatz von Kaliumjodid den Überschuß mit Thiosulfat zurück.

Im zweiten Fall kommt die zu titrierende Substanz also mit überschüssigem Brom in Berührung; sofern sie zu mehrfacher Substitution neigt, müssen die Arbeitsbedingungen (Einwirkungsdauer, Temperatur u. a.) aufgesucht und wohl eingehalten werden, die die Reaktion auf ein bestimmtes Derivat definierter Zusammensetzung hinlenken. Welche der beiden Methoden (1) oder (2) den Vorzug verdient, läßt sich daher nicht von vornherein sagen.

Im zitierten Buch von VAUBEL findet sich das Verhalten verschiedener aromatischer Substanzen (auch Farbstoffe) gegen Brom ausführlich beschrieben. Um die dort angegebenen Daten analytisch zu verwerten, müßten erst die günstigsten und richtigen Versuchsbedingungen sorgfältig festgelegt werden. Viele Stoffe, besonders mehrwertige Phenole, können auch durch Brom oxydiert werden, so daß für sie das geschilderte Analysenverfahren untauglich ist.

Historisch ist es von Interesse, daß die Bromierung als Methode zur Gehaltsbestimmung des Phenols zuerst von KOPPESCHAAR[1] vorgeschlagen wurde.

---

[1] KOPPESCHAAR: Z. anal. Chem. Bd. 15, S. 233. 1876; vgl. jedoch auch WALLER: Chem. News Bd. 43, S. 152. 1873 (titriert mit Bromwasser).

Im praktischen Teil, Bd. II, kommen wir ausführlich auf die analytische Anwendung der Bromsubstitutionen zurück.

Analytische Bedeutung haben eigentlich nur die Bromsubstitutionsreaktionen; der Gebrauch von Jod tritt dagegen stark zurück. (Über das Verhalten von Phenolen und Derivaten gegen Jod in alkalischem Medium vgl. W. VAUBEL, l. c. S. 221 u. f.[1]) Praktisch wichtig ist nur die Jodierung des Antipyrins, die bei neutraler oder sehr schwach alkalischer Reaktion zu Jodantipyrin führt.

$$C_{11}H_{12}N_2O + J_2 \rightarrow C_{11}H_{11}N_2OJ + HJ .$$

Hierauf gründet sich eine genaue Titrationsmethode des Antipyrins (vgl. praktischer Teil). Auch Benzidin läßt sich glatt in ein Monojodderivat überführen:

$$C_{12}H_{12}N_2 + J_2 \rightarrow C_{12}H_{11}N_2J + HJ .$$

Hier muß die Lösung wiederum sehr schwach alkalisch sein.

Die Umwandlung des Acetons in Jodoform und Essigsäure über das Zwischenglied Trijodaceton ist auch mehr oder weniger als eine Substitutionsreaktion anzusehen:

$$CH_3COCH_3 + 3J_2 + H_2O \rightarrow CHJ_3 + CH_3COOH + 3HJ .$$

Der Mechanismus dieser komplizierten, bei starker Alkalität verlaufenden Reaktion ist noch nicht aufgeklärt; sie gestattet aber eine einfache und genaue Bestimmung des Acetons.

Zum Schluß wollen wir noch erwähnen, daß auch Quecksilbersalze zu Substitutionen befähigt sind. So entstehen aus Mercurichlorid und Phenol in alkalischer Lösung die o- und p-Verbindungen des Oxyphenylquecksilberchlorids[2] nach folgender Gleichung:

$$C_6H_5OH + NaOH + HgCl_2 \rightarrow C_6H_4{<}^{OH}_{HgCl\,(2)\,oder\,(4)} + NaCl + HJ .$$

Für die analytische Chemie spielen diese Verbindungen vorerst noch keine Rolle.

---

[1] Auch MESSINGER und VORTMANN: Ber. Bd. 23, S. 2573. 1890; MESSINGER: J. prakt. Chem. Bd. 61, S. 237. 1900; W. FRESENIUS und GRÜNHUT: Z. anal. Chem. Bd. 38, S. 295. 1899; Bd. 42, S. 192. 1903; FRERICHS: Apoth. Zeit. 1906, S. 415; besonders W. M. GARDNER und H. H. HODGSON: J. chem. Soc. Lond. Bd. 95, S. 1825. 1909; für die jodometrische Bestimmung von Thymol und β-Naphthol vgl. MESSINGER und VORTMANN: Ber. Bd. 23, S. 2753. 1890.

[2] Vgl. z. B. B. GRÜTZNER: Arch. Pharmaz. Bd. 236, S. 622. 1898.

§ 6. Die Methoden der Oxydation und Reduktion. Bei den Oxydations- bzw. Reduktionsreaktionen in der organischen Chemie sind verschiedene Fälle zu unterscheiden:

a) Die Reaktion ist reversibel: Für diesen an sich seltenen Fall haben wir ein berühmtes Beispiel in dem Oxydations-Reduktionsgleichgewicht zwischen Hydrochinon und Chinon:

$$C_6H_4(OH)_2 \leftrightarrows C_6H_4O_2 + 2H^{\cdot} + 2e\,.$$
$$\text{Hydrochinon} \quad \text{Chinon}$$

Aus dem Oxydationspotential, das, wie die Gleichung lehrt, mit der Wasserstoffionenkonzentration zunimmt, können wir die Verhältnisse berechnen, unter denen Hydrochinon zu Chinon oxydiert, bzw. Chinon zu Hydrochinon reduziert wird. Etwa bei neutraler Reaktion wird das Hydrochinon durch Jod quantitativ oxydiert (vgl. Kapitel 3 und auch den praktischen Teil). Ähnlich wie das System Chinon-Hydrochinon verhalten sich auch andere Chinone und auch, obgleich etwas komplizierter, Cystin-Cystein. Auf die reversible Oxydation bzw. Reduktion vieler Farbstoffe wurde schon im Kapitel „Indikatoren" hingewiesen. Die meisten anderen analytisch angewandten Oxydations- bzw. Reduktionsprozesse in der organischen Chemie sind aber nicht reversibel.

b) Die Oxydation ist nicht reversibel, verläuft aber in eindeutiger Richtung[1]. Unter bestimmten Umständen kann in einer organischen Verbindung eine einzelne Gruppe mit reduzierenden Eigenschaften oxydiert werden, ohne daß das ganze Molekül zerstört wird. Ein solches Verhalten kennen wir von der Carbonylgruppe, die bei vorsichtiger Oxydation in Carboxyl übergeführt wird:

$$HC{=}O + KOJ \rightarrow HC{<}^{O}_{OH} + KJ\,.$$
$$\backslash H$$

Auf dieser Reaktion beruht die bekannte Formaldehydbestimmung von ROMIJN. Auch die aldehydartigen Zuckerarten (Aldosen) können in der beschriebenen Weise quantitativ bestimmt werden; nur muß die Oxydation bei geringer Alkalität stattfinden. Eigenartigerweise wird in Ketosen die Carbonylgruppe

---

[1] Über die Theorie vgl. besonders J. B. CONANT: The electrochemical formulation of the irreversible reduction and oxidation of organic components. Chem. Reviews Bd. 3, S. 1—40. 1926; CONANT, J. B. und M. F. PRATT: J. amer. chem. Soc. Bd. 48, S. 3178, 3220. 1926.

unter diesen Verhältnissen nicht angegriffen, so daß man z. B. Glucose bequem quantitativ neben Fructose bestimmen kann. Allerdings ist zu berücksichtigen, daß fast alle organischen Substanzen mehr oder weniger leicht oxydierbar sind, so daß bei der Titration von Aldosen neben großen Mengen anderer organischer Stoffe mit Hypojodit mancherlei Störungen eintreten können.

In den einfachen Aldehyden läßt sich die Carbonylgruppe auch durch alkalische Lösungen einiger Edelmetallsalze quantitativ oxydieren, wovon man bei der Formaldehydtitration mit stark ammoniakalischer Silberlösung Gebrauch macht, ebenso zur Bestimmung des Furfurols[1].

Endlich sei noch erwähnt, daß auch Ameisensäure stark reduzierend wirkt·und durch viele Oxydationsmittel quantitativ in Kohlensäure und Wasser umgesetzt wird:

$$HCOOH + O \rightarrow CO_2 + H_2O\,.$$

Mercurisalze lassen bei etwa neutraler Reaktion den Vorgang schon quantitativ verlaufen und erlauben damit eine bequeme Bestimmung der Ameisensäure neben anderen Säuren[2].

An dieser Stelle wollen wir kurz eine außerordentlich interessante Anwendung oxydimetrischer Titrationen in der organischen Forschung erwähnen, die Titration freier organischer Radikale, etwa von **Verbindungen mit dreiwertigem Kohlenstoff, zweiwertigem Stickstoff, einwertigem Sauerstoff** mittels Permanganat, Bromlösung, Sulfomonopersäure u. a. Dabei wird freilich nicht bezweckt, irgendwelche Substanzmengen analytisch zu bestimmen; vielmehr soll das Vorhandensein des ungesättigten, dreiwertigen Kohlenstoffs bzw. zweiwertigen N oder einwertigen O in neuen Verbindungen nachgewiesen werden, worüber die organische Elementaranalyse wegen der Unsicherheit der Wasserstoffbestimmung in hochmolekularen Stoffen keinen strengen Aufschluß zu geben vermag. Ist die Molekulargröße des betr. Körpers durch Gefrierpunkts- oder Siedepunktsmessung bekannt, und verbraucht ein Molgewicht bei der Oxydation oder Bromierung (der Endpunkt

---

[1] Vgl. besonders CORMACK: J. chem. Soc. Lond. Bd. 77, S. 990. 1900.

[2] Vgl. A. LEYS: Bull. Soc. Chim. biol. Paris (3) Bd. 19, S. 472. 1898; besonders aber FR. AUERBACH und PLÜDDEMANN: Arb. ksl. Gesdh.amt. Krit. Unters. usw. Bd. 1, S. 209. 1911.

gibt sich durch Farbumschlag, völlige Entfärbung oder Verschwinden der Fluorescenz der anfänglich meist stark gefärbten Verbindungen zu erkennen!) eine ungerade Anzahl Sauerstoffäquivalente, Hydroxylgruppen bzw. Bromatome, so kann nach bekannten stöchiometrischen Beziehungen (Gesetz der paaren Atomzahlen) nur eine Verbindung mit ungerader Valenzzahl, d. h. eine solche mit dreiwertigem Kohlenstoff vorliegen[1]. Allerdings können umgekehrt unter Umständen Verbindungen mit dreiwertigem Kohlenstoff usw., s. o., sich auch mit einer geraden Anzahl von Äquivalenten umsetzen, infolge Bildung von peroxydischen Körpern oder Perhaloiden. Der negative Befund (gerade Anzahl) entscheidet somit nicht immer gegen, der positive (ungerade Anzahl) jedoch im allgemeinen für das Vorhandensein eines dreiwertigen Kohlenstoffatoms. Gomberg[2] behandelte in diesem Sinne Triphenylmethyl, den klassischen Vertreter der in Frage stehenden Verbindungen, mit Jodlösung; insbesondere benutzt R. Scholl[3] neuerlich die Titration mit Permanganat, Caroscher Säure und nitrobenzolischer Bromlösung zur Kennzeichnung der von ihm entdeckten Oxanthronylderivate, einer neuen Klasse organischer Radikale mit dreiwertigem Kohlenstoff oder vielmehr nach neuerer Auffassung des Autors[4] mit einwertigem Sauerstoff. Weiterhin dienten die genannten Titrationsverfahren R. Scholl beim Studium neuer Radikale mit zweiwertigem Stickstoff, sogenannter Azyle und Azyliumsalze[5].

c) Die Oxydation ist nicht reversibel und führt je nach den Versuchsverhältnissen zu verschiedenen Endprodukten. Prinzipiell sind Reaktionen, bei denen keine ein-

---

[1] Grob schematisch spielen sich etwa folgende Vorgänge ab:

$$\begin{matrix} R_1 \\ R_2 \\ R_3 \end{matrix}\!\!>\!\!C^{III} \;+\; \begin{matrix} OH \\ (Br,\ J) \end{matrix} \;\rightarrow\; \begin{matrix} R_1 \\ R_2 \\ R_3 \end{matrix}\!\!>\!\!C^{IV}\!\!-\!\!\begin{matrix} OH \\ (Br,\ J) \end{matrix}$$

oder
$$\begin{matrix} R_1 \\ R_2 \end{matrix}\!\!>\!\!\overset{III}{C}\!\!-\!\!OH \;+\; OH \;\rightarrow\; \begin{matrix} R_1 \\ R_2 \end{matrix}\!\!>\!\!\overset{IV}{C}\!\!=\!\!O \;+\; H_2O\,.$$

[2] Gomberg: Ber. Bd. 35, S. 1826. 1902.

[3] Scholl, R.: Über eine neue Klasse von Verbindungen mit dreiwertigem Kohlenstoff. I. Ber. Bd. 54, S. 2376. 1921; ibid. Bd. 56, S. 918. 1065, 1833. 1923.

[4] Vgl. Ann. Acad. scient. Fennice, Ser. A., Bd. 29, Nr. 13. 1927.

[5] Siehe Ber. Bd. 60, S. 1236, 1685, 1927; Ber. Bd. 61, S. 968. 1928.

fachen stöchiometrischen Verhältnisse mehr obwalten, analytisch wertlos. Sofern jedoch alle Arbeitsbedingungen, die das Resultat beeinflussen, ganz genau festgestellt sind und eingehalten werden, können derartige Reaktionen dennoch bisweilen mit Vorteil angewendet werden, wovon wir ein Beispiel im Verhalten reduzierender Zuckerarten gegen alkalische Kupferlösungen kennen. Bekanntlich bilden Cuprisalze in alkalischem Medium mit polyvalenten Alkoholen oder Oxysäuren stark blau gefärbte komplexe Verbindungen, aus denen das Cuprioxyd durch die Lauge nicht ausgefällt wird. Solche alkalische Kupferlösungen (z. B. Fehlingsche Lösung!) oxydieren carbonylhaltige Stoffe, wobei das Cupri zu dem roten, unlöslichen Cuprooxyd reduziert wird. Zur Bestimmung von Zucker mit offener Carbonylgruppe hat diese Reaktion eine vielseitige Nutzanwendung gefunden. Sie führt freilich nicht einfach zu den entsprechenden Polyoxysäuren; vielmehr wird das Zuckermolekül weitgehend aufgebrochen, und es bilden sich allerhand niedere organische Säuren.

Die entstandene Menge Cuprooxyd hängt von verschiedenen Umständen ab: Art und Konzentration des Zuckers, Konzentration und besonders Alkalität der Kupferlösung, Zeit und Art des Erhitzens, bisweilen auch Anwesenheit anderer Stoffe. Die Ausbeute an Cuprooxyd bzw. der nachträglich festgestellte Überschuß der benutzten Cuprilösung geben ein empirisches Maß der gesuchten Zuckermenge[1].

Zur Bestimmung der Zuckerarten kommen verschiedene alkalische Kupferreagenzien in Gebrauch. Jedes Reagens erfordert die Einhaltung besonderer gleichbleibender Arbeitsbedingungen und muß empirisch, der entstehenden Menge Kupferoxydul nach, auf eine reine Zuckersubstanz eingestellt sein. Cupromenge und Zuckergehalt sind einander nicht streng proportional. Dabei ist noch zu bedenken, daß verschiedene Kupferreagenzien beim Kochen einer geringen Selbstreduktion unterliegen, welche darum immer durch einen Blindversuch ermittelt werden soll. Die stark alkalischen Kupferlösungen haben, wie schon oben angedeutet, nicht nur eine oxydierende, sondern auch eine abbauende Wirkung auf die einzelnen Zuckerarten. Dadurch wird es ganz unmöglich, die stattfindenden Reaktionen in Glei-

---

[1] Vgl. C. A. ARNICK: J. physic. Chem. Bd. 31, S. 144. 1927.

chungen wiederzugeben. Mit sinkender Alkalität tritt der Abbau der Zuckermoleküle wesentlich zurück. Gleichzeitig werden die Monosen viel eher oxydiert als die Biosen, worauf sich eine wichtige Bestimmungsmethode der ersteren neben den anderen gründet. Trotz der erwähnten Neben- und Folgereaktionen darf hervorgehoben werden, daß die Oxydationswirkung alkalischer Kupferlösungen im wesentlichen auf die CO-Gruppe beschränkt und für diese spezifisch ist. Daraus erklärt sich auch, daß solch ein rein empirisches Verfahren der Zuckerbestimmung eine so allgemeine und vielseitige Anwendung finden konnte.

d) **Die organische Substanz wird mehr oder weniger vollständig zu Kohlensäure und Wasser oxydiert.** Unter geeigneten Bedingungen können die meisten organischen Substanzen mit starken Oxydationsmitteln quantitativ zu Kohlensäure und Wasser oxydiert werden. Wahrscheinlich bilden sich dabei intermediär noch andere Produkte, die jedoch im allgemeinen analytisch nicht von Interesse sind. Als Oxydationsmittel stehen Kaliumpermanganat, Kaliumbichromat und Kaliumjodat zur Verfügung.

Die Oxydation durch Kaliumpermanganat kann in saurer, neutraler oder alkalischer Lösung vorgenommen werden. In alkalischer Lösung führt sie gewöhnlich nicht zu Kohlensäure, sondern nur bis zur Oxalsäure[1]. Nach Ansäuern wird auch die Oxalsäure weiter zu Kohlensäure und Wasser oxydiert[2]. Allerdings tritt oft bei diesen Oxydationen auch ein wenig Essigsäure auf, die von den Oxydationsmitteln nicht mehr angegriffen wird[3].

Die Verwendung des Permanganats zur Oxydation verschiedener Säuren ist schon von Péan de St. Gilles[4] beschrieben worden. Später findet man die Methode öfters in der Literatur

---

[1] Vgl. z. B. E. Donath und H. Ditz: J. prakt. Chem. Bd. 60, S. 566. 1899.

[2] Über die Reaktionsgeschwindigkeit der Oxydation der organischen Substanzen mit Permanganat und Bichromat vgl. G. Lejeune: C. r. Acad. Sci. Paris Bd. 182, S. 694. 1926. Mechanismus der Oxydation. C. r. Acad. Sci. Paris Bd. 82, S. 194. 1926.

[3] Vgl. z. B. W. L. Evans und Mitarbeiter: J. amer. chem. Soc. Bd. 47, S. 3085, 3098 u. 3102. 1925; über die Oxydation von Zuckern und sechswertigen Alkoholen. Vgl. auch R. Kuhn und F. W. Jauregg: Ber. Bd. 58, S. 1441. 1925.

[4] Péan de St. Gilles: Ann. chim. physique (3) Bd. 55, S. 388. 1859.

erwähnt. Gewöhnlich werden die Substanzen mit einem Überschuß an Permanganat in saurer oder alkalischer Lösung so lange erhitzt, bis die Oxydation vollzogen ist, hernach wird der Überschuß jodometrisch oder mit Oxalsäure zurücktitriert. Ganz allgemein ist gegen dies Verfahren einzuwenden, daß Permanganat beim Sieden eine Selbstzersetzung erfährt, die besonders durch entstehendes Mangansuperoxyd katalytisch beschleunigt wird, wie wir an anderer Stelle des Buches ausführlich darlegen werden (S. 230). Daher kann diese Arbeitsweise nie ganz genaue Resultate liefern. Man kann die Korrektur auch nicht exakt in einem blinden Versuch feststellen, weil die Verhältnisse dann wieder anders sind als bei der Bestimmung der organischen Substanz. Daher empfiehlt es sich, das Reaktionsgemisch nicht zu erhitzen, sondern bei Zimmertemperatur längere Zeit sich selbst zu überlassen. Man fügt zur Lösung der zu bestimmenden Substanz wenigstens die zweieinhalbfache Menge an Permanganat, welche theoretisch zur Oxydation benötigt wird, säuert mit reiner 4 n-Schwefelsäure an und läßt verschlossen stehen. Nach 24 Stunden (oder eher) wird der Überschuß zurücktitriert. Ein Blindversuch wird unter gleichen Verhältnissen angesetzt. Bisweilen kann es auch von Vorteil sein, die Oxydation zunächst in alkalischer Lösung vorzunehmen und erst später anzusäuern. Im praktischen Teil kommen wir auf diese Methoden zurück.

Kaliumbichromat wirkt weniger energisch als Permanganat. Dennoch genießt es als Reagens den Vorzug, weil seine Selbstzersetzung beim Kochen viel geringer ist. Die Oxydationen werden in saurer Lösung ausgeführt. Bichromat ist zum genannten Zweck schon von REISCHAUER[1] und besonders HEIDENHAIN[2] empfohlen worden. Neuerdings macht man von der Oxydation durch Bichromat bzw. Chromsäure in vereinfachten Verfahren der organischen Elementaranalyse Gebrauch.

In vielen Fällen gelingt keine vollständige Oxydation zu Kohlensäure und Wasser. Mancherlei Unregelmäßigkeiten bringt das Entstehen und Entweichen von Kohlenmonoxyd mit sich.

---

[1] REISCHAUER: Dinglers polyt. J. Bd. 165, S. 451. 1862; CROSS und BEVAN: Chem. News Bd. 5, S. 2, 1887; R. BOURCAT: Z. anal. Chem. Bd. 29, S. 609. 1890.

[2] HEIDENHAIN, H.: Z. anal. Chem. Bd. 32, S. 357. 1897.

Eine große Verbesserung hat L. J. SIMON[1] eingeführt, indem er Silbersulfat als Katalysator und später die Anwendung von Silberchromat vorschlug. Eine große Reihe wertvoller Versuche über das Verhalten vieler organischer Substanzen gegenüber einem Chromsäure-Silbersulfat-Gemisch sind von ihm mitgeteilt worden. Die diesbezüglichen Literaturstellen werden unten (Fußnote 1) vollzählig aufgeführt.

Betreffs der vollständigen Oxydation organischer Substanzen durch Kaliumjodat in stark saurem Medium sei auf die Untersuchungen von R. STREBINGER[2] und G. VORTMANN[3] hingewiesen, die jedoch noch nicht als abgeschlossen zu betrachten sind.

In dem hier schließenden Kapitel sollten die maßanalytischen Methoden der organischen Chemie auf Grund ihrer physikalisch-chemischen Voraussetzungen zusammenfassend dargestellt werden. Auf ganz spezielle Verfahren, sowie auf lückenlose Literaturnachweise wurde absichtlich kein Wert gelegt, zumal beides in organisch-analytischen Handbüchern nachgeschlagen werden kann.

Neuntes Kapitel.

Die Haltbarkeit der Lösungen.

§ 1. Allgemeine Betrachtungen. In diesem Kapitel soll besonders von der Haltbarkeit solcher Lösungen die Rede sein, die als eingestellte Titerlösungen vorrätig gehalten werden, und die durch Luftoxydation bzw. Selbstreduktion einer Zersetzung unterliegen können.

---

[1] SIMON, L. J. und Mitarbeiter: C. r. Acad. Sci. Paris Bd. 170, S. 514 u. 734. 1920; Bd. 174, S. 1706. 1922; Bd. 175, S. 167, 525, 768 u. 1070. 1922; Bd. 178, S. 775 u. 1816. 1924; Bd. 179, S. 975. 1924; Bd. 180, S. 673 u. 833, 1405. 1925; CORDEBARD, H. und V. MIEHL: Bull. Soc. Chim. Bd. 43, S. 97. 1928; TRONOV, B. V. und A. A. LUKANIN: J. Russ. Phys. Chem. Soc. Bd. 59, S. 1149, 1157, 1173. 1927; Chem. Abstr. Bd. 22, S. 3335. 1928. — Über die katalytische Wirkung von Silber bei der Oxydation durch Persulfat vgl. D. H. JOST: J. amer. chem. Soc. Bd. 48, S. 152. 1926.

[2] STREBINGER, R.: Z. anal. Chem. Bd. 58, S. 97. 1919.

[3] VORTMANN, G.: Z. anal. Chem. Bd. 66, S. 272. 1925. Über die Bestimmung einiger organischer Säuren mit Jodat vgl. L. CUNY: J. Pharm. et Chim. (8), Bd. 3, S. 112. 1926.

Wir lassen also Säuren und Laugen außer Betracht, wie sie zu Neutralisationsanalysen verwendet werden, bei denen andere Faktoren, wie Alkaliabgabe vom Glas (Rückgang des Titers von verdünnten Säuren, Silikatbildung in Lauge), Verdunstung oder Kohlensäureaufnahme aus der Luft (Carbonatbildung in Lauge) eine allmähliche Änderung ihres Gehaltes bedingen.

Ganz allgemein können wir feststellen, daß eine oxydierende bzw. reduzierende Lösung nur dann stabil sein kann, wenn ihr Oxydations- bzw. Reduktionspotential gleich dem des Sauerstoffs unter atmosphärischen Bedingungen ist. Hat eine Lösung ein höheres Oxydationspotential als der Sauerstoff bei einem dieser Lösung entsprechenden Säuregrad, so muß sie sich unter Sauerstoffentwicklung zersetzen. So ist das Oxydationspotential einer Permanganat- oder einer Kobaltilösung (Kobalt-III-) größer als das des Sauerstoffs, und die genannten Lösungen zersetzen sich in der erwähnten Weise. Praktisch kann diese Zersetzung oft sehr langsam vor sich gehen, wie wir später näher besprechen werden; doch ist es interessant, prinzipiell zu wissen, ob eine Lösung geneigt ist, sich unter Sauerstoffverlust zu reduzieren, oder durch Sauerstoffaufnahme zu oxydieren. Denn eine Lösung, die ein niedrigeres Potential hat, als dem Sauerstoff unter atmosphärischen Verhältnissen entspricht (etwa eine Ferrosalzlösung), hegt das Bestreben, oxydiert zu werden. In allgemeiner Betrachtung, ohne Hinblick auf die Reaktionsgeschwindigkeit, folgt aus dem Obenstehenden, daß die Stabilität einer Lösung abhängig ist von der Lage ihres Oxydationspotentials gegenüber dem des Sauerstoffs bei etwa $^1/_5$ Atmosphäre Druck; wir wollen dasselbe als das Luftsauerstoffpotential bezeichnen. Betrachten wir zunächst das Potential einer Sauerstoffelektrode. Die bei elektromotorischer Wirksamkeit des Sauerstoffs stattfindende Reaktion wird durch folgende Gleichung wiedergegeben:

$$^1/_2 O_2 + 2e \leftrightarrows O''.$$

Das Potential der Sauerstoffelektrode ist dann nach der Nernstschen Gleichung:

$$E_{O_2} = \frac{RT}{2F} \ln \frac{K'[O_2]^{1/2}}{[O'']}.$$

Die O''-Ionen reagieren nun mit Wasserstoffionen:

$$O'' + H^\cdot \leftrightarrows OH',$$

so daß nach dem Massenwirkungsgesetz:

$$[\mathrm{O''}] = \frac{[\mathrm{OH'}]}{[\mathrm{H^{\cdot}}]}\, K''.$$

Weil nun nach S. 18

$$[\mathrm{OH'}] = \frac{k_w}{[\mathrm{H^{\cdot}}]},$$

so finden wir für

$$[\mathrm{O''}] = \frac{k_w K''}{[\mathrm{H^{\cdot}}]^2} = \frac{K'''}{[\mathrm{H^{\cdot}}]^2}.$$

Wir führen diesen Wert in die Nernstsche Gleichung ein und erhalten

$$E_{\mathrm{O_2}} = \frac{0{,}059}{2} \log \frac{K'[\mathrm{O_2}]^{1/2}[\mathrm{H^{\cdot}}]^2}{K'''} \qquad (25^0)$$

Bei konstantem Sauerstoffdruck geht dieser Ausdruck in den einfacheren über:

$$E_{\mathrm{O_2}} = \varepsilon_0 + 0{,}059 \log [\mathrm{H^{\cdot}}], \qquad (25^0)$$

in dem ε_0 das Sauerstoffpotential in einer an Wasserstoffionen normalen Lösung bei einem bestimmten Sauerstoffdruck bedeutet.

Aus der Gleichung ergibt sich, daß die Oxydationsenergie des Sauerstoffs bei gegebenem Druck durch die Wasserstoffionenkonzentration bedingt ist, und zwar wächst sie linear mit dem Logarithmus, d. h. wächst mit sinkendem p_{H}. Wenn auch das Reduktionspotential irgendeiner Titerlösung selbst unabhängig ist von der Wasserstoffionenkonzentration, so muß dieselbe von der Luft in saurer Lösung stärker oxydiert werden als etwa in neutraler. Eine Bestätigung dessen sehen wir z. B. in dem Verhalten einer Jodidlösung, die angesäuert bekanntlich leichter zu Jod oxydiert wird, als wenn sie neutral ist.

Theoretisch sind nun die Lösungen stabil, deren Reduktionspotential gleich dem des Sauerstoffs bei demselben p_{H} ist.

Praktisch ist das Potential einer Sauerstoffelektrode stark vom benutzten Elektrodenmaterial abhängig. Aus der freien Energie der Knallgaskette läßt sich berechnen, daß das Normalpotential des Sauerstoffs bei 1 Atm. Druck und 25^0 1,227 Volt beträgt. In Wirklichkeit findet man jedoch im günstigsten Fall an frisch platinierten Platinelektroden einen um fast 0,1 Volt niedrigeren Wert. Die Ursache dieser Abweichung dürfte darin gesucht werden, daß auch so edle Metalle wie Platin oder Iridium dem Sauerstoff gegenüber nicht unangreifbar sind, sondern von ihm in Oxyd übergeführt werden[1]. Das an der Sauerstoffelektrode gemessene Potential ist also nicht das eigentliche Sauerstoffpotential, sondern das der Sauerstoffverbindungen des Elektrodenmetalles.

Luftsauerstoff (Partialdruck 0,21 Atm.) müßte theoretisch ein um 8 mV niedrigeres Potential als solcher von Atmosphärendruck erzeugen. Praktisch stellte N. H. FURMAN[1] 10—15mal größere Differenzen fest.

Das Sauerstoffpotential (im Gegensatz zum Wasserstoffpotential kein reversibles!) ist also je nach dem Elektrodenmaterial verschieden. Angenähert können wir dafür einen praktischen Wert von etwa 1,0 Volt, bezogen auf die Normalwasserstoffelektrode, annehmen. Hieraus folgt, daß Lösungen, die wir für ziemlich stabil halten, wie Ferrosalze, Jodid usw., quantitativ vom Sauerstoff zur höheren Oxydationsstufe oxydiert werden sollten. In Wirklichkeit finden derartige Luftoxydationen immer nur langsam statt; der Sauerstoff ist sehr reaktionsträge. Jedoch können diese Oxydationen durch Zusatz geeigneter Katalysatoren, wie von fein verteiltem Platin, stark beschleunigt werden. Dies zeigen u. a. deutlich die schönen Untersuchungen von C. FREDENHAGEN[2], der schon 1902 eine eingehende Arbeit über die Theorie der Oxydations- und Reduktionsketten mitteilte. So hat er z. B. das Potential einer Eisenlösung; die gleiche Mengen Ferri und Ferro enthielt, in 0,1 n-Salzsäure gegen die Sauerstoffelektrode unter Atmosphärendruck in 0,1 n-Salzsäure gemessen. Er fand, daß letztere ein um 0,238 Volt höheres Oxydationspotential führt als die betreffende Eisenlösung. Hieraus läßt sich z. B. berechnen, daß die Eisenlösung erst beim Verhältnis Ferri : Ferro von $10^4:1$ das gleiche Potential wie der Sauerstoff haben und also erst dann stabil sein kann.

FREDENHAGEN (l. c.) machte weitere Versuche an einer Ferrochloridlösung in 0,1 n-Salzsäure, welche ungefähr 5% Ferri ent-

---

[1] Betr. eingehender Literatur sei besonders verwiesen auf F. FOERSTER: Elektrochemie wässeriger Lösungen S. 164, 3. Aufl. 1921 und N. H. FURMAN: J. amer. chem. Soc. Bd. 44, S. 2685. 1922; LEWIS und RANDALL: J. amer. chem. Soc. Bd. 36, S. 1985. 1914.

[2] FREDENHAGEN, C.: Z. anorg. u. allg. Chem. Bd. 29, S. 396. 1902.

hielt. Er leitete 40 Stunden lang einen langsamen Sauerstoffstrom hindurch und fand nach dieser Zeit den Ferrogehalt ungeändert. Fügte er jedoch eine Spur Bredigscher Platinlösung hinzu, so waren nach 40 Stunden etwa 5% Ferro oxydiert. Der Sauerstoff an sich wirkt also sehr langsam, doch müssen wir immer bedenken, daß bei sehr langem Stehen auch an ziemlich stabilen Reduktionsmitteln eine Luftoxydation eintreten kann. Diese geht um so schneller vor sich, je niedriger das Potential der Lösung ist. So hat eine reine Ferrolösung ein viel niedrigeres Reduktionspotential als eine solche mit 5% Ferrigehalt, und daher unterliegt eine reine Ferrolösung rascher der Luftoxydation als eine solche mit geringem Ferrizusatz. Sofern die Anwesenheit der höheren Oxydationsstufe bei maßanalytischen Bestimmungen nicht stört, empfiehlt sich bei Vorratslösungen von Reduktionsmitteln eine kleine Zugabe der oxydierten Form.

Ebenso wie die Sauerstoffaufnahme bei Reduktionsmitteln gewöhnlich langsam verläuft, findet auch der Sauerstoffverlust oxydierender Lösungen nur sehr allmählich statt. So zersetzen sich denn Ceri- oder Permanganatlösungen erst langsam unter Sauerstoffentwicklung. Auch hier wirkt ein Platinsol wieder stark katalytisch.

An dieser Stelle seien auch noch einige Bemerkungen über die Veränderung von Reduktionsmitteln durch eine Oxydation mit Wasserstoffionen angeschlossen. Unter Umständen hat eine Substanz ein so niedriges Reduktionspotential, daß es unter dem des Wasserstoffs bei gleichem Säuregrad liegt. Dann wirken die Wasserstoffionen oxydierend auf die reduzierende Substanz ein, sie werden unter Wasserstoffentwicklung entladen, bis sich die Potentiale ausgeglichen haben.

So sind Chromo- (Chrom-II-), Vanado- (Vanadium-III-) und Molybdän-III-Lösungen nicht stabil, sie oxydieren sich unter Wasserstoffentwicklung. Auch hier wird der Vorgang wieder von platiniertem Platin beschleunigt. Von größerer analytischer Bedeutung ist das Verhalten der Titanolösungen. Der Theorie nach müssen stark saure Titanolösungen die gleiche Zersetzung erfahren. Bei Zimmertemperatur verläuft dieser Vorgang immerhin sehr langsam. Wenn man die Lösungen jedoch einige Zeit kocht, wie es bei der Bestimmung aromatischer Nitrogruppen gewöhnlich vorgeschrieben ist, nimmt der Titer merklich ab.

§ 2. Die Haltbarkeit der in der Maßanalyse gebräuchlichen Vorratslösungen.

A. Oxydationsmittel.

Kaliumpermanganat: Bekanntlich sind Permanganatlösungen starke Oxydationsmittel; so hat eine 0,05 n-Lösung in 0,05 n-Schwefelsäure ein Potential von $+1,51$ V, gemessen gegen die Normal-Wasserstoffelektrode. Ihr Oxydationspotential ist daher viel höher als das des Sauerstoffs, und eine Permanganatlösung sollte daher nicht stabil sein. Dabei sei noch hervorgehoben, daß das Oxydationspotential der Permanganatlösung mit der 1,6ten Potenz der Wasserstoffionenkonzentration, hingegen das der Sauerstoffelektrode linear mit derselben wächst. Daher müßte Permanganat angesäuert weniger haltbar sein, als in neutraler Lösung. Diese Schlußfolgerungen werden, wie wir weiter zeigen wollen, von der Erfahrung bestätigt. Eine reine Permanganatlösung hält sich immerhin längere Zeit, ohne ihren Titer praktisch zu ändern.

Die Zersetzung unter Sauerstoffentwicklung findet also äußerst langsam statt. Ein wenig Platinschwarz beschleunigt den Zerfall. Neben Platinschwarz wirken auch andere fein verteilte Substanzen katalytisch; insbesondere der Braunstein, der ja gerade bei der Selbstzersetzung gebildet wird. Sobald eine geringe Zersetzung der Permanganatlösungen begonnen hat, läuft sie unter Einwirkung des entstandenen Mangansuperoxydhydrats mit gesteigerter Geschwindigkeit weiter.

Einen wichtigen Beitrag über diese Erscheinung verdanken wir MORSE, HOPKINS und WALKER[1]. Sie stellten fest, daß Permanganat mit gefälltem Braunstein in der Weise reagiert, daß drei Fünftel von der aktiven Menge Sauerstoff in Freiheit gesetzt werden.

$$2\,HMnO_4 + x\,MnO_2 \rightarrow (x+2)\,MnO_2 + 3O + H_2O \, .$$

Manganosalze haben denselben Einfluß wie Braunstein. Dies ist auch leicht erklärlich, bildet doch Mangano mit Permanganat das katalytisch wirksame Mangansuperoxydhydrat.

Daß in sauren Lösungen das Permanganat stärker zurückgeht als in neutralen, haben schon VORLÄNDER, BLAU und WALLIS[2]

---

[1] MORSE, HOPKINS und WALKER: Amer. chem. J. Bd. 18, S. 401. 1896.

[2] VORLÄNDER, BLAU und WALLIS: Ann. Chem. Bd. 345, S. 261. 1906.

wahrgenommen. Unbegreiflich ist es, wie GAILHAT[1] eine Lösung in verdünnter Schwefelsäure unter Manganozusatz empfehlen konnte. Damit trifft er gerade die günstigsten Verhältnisse für eine Selbstzersetzung.

Wesentlich für die Haltbarkeit von Permanganat ist das Fernbleiben des Braunsteins (vgl. Näheres im praktischen Teil). So fand GRÜTZNER[2] nach einem Jahre Aufbewahrung einer 0,1 n-

Zersetzung von 0,1 n-Permanganat nach 7 Monaten.

Versuchsnummer	Art der Permanganatlösung beim Einstellen der Versuche	Art der Aufbewahrung	Abnahme des Titers in %
1	Reines Präparat in reinem Wasser	dunkel	0,2
2	wie 1	diffuses Tageslicht	0,9
3	aus n-Lösung hergestellt ohne Filtration	dunkel	4,5
4	wie 3	licht (wie 2)	6,0
5	wie 3, aber über Asbest filtriert	dunkel	0,5
6	wie 5	licht	1,2
7	wie 5, in 0,04 n-Schwefelsäure	dunkel	9,5
8	wie 7	licht	16,0
9	wie 5 in 0,5 n-Schwefelsäure	,,	40
10	,, 5 ,, 1 ,, ,,	,,	46
11	,, 5 ,, 2 ,, ,,	,,	95
12	wie 11	dunkel	76
13	wie 5, in 0,04 n-Natron . .	,,	2,9
14	wie 13.	licht	10,5
15	wie 5, in 0,02 n-Natriumcarbonat	dunkel	7,3
16	wie 15	licht	3,7
17	wie 5, in 0,0002% Manganochlorid.	dunkel	3,2
18	wie 17	licht	7,0
19	wie 5, in 0,5 n-Natron . . .	,,	13
20	,, 5, ,, 1 ,, ,, . . .	,,	14
21	,, 20	dunkel	10

Zersetzung von 0,01 n-Permanganat.

22	Aus reiner 0,1 n-Lösung, mit reinem Wasser verdünnt. .	licht	67
23	wie 22	dunkel	1,4
24	aus reiner Zubereitung mit reinem Wasser	licht	73
		dunkel	25

[1] GAILHAT: Bull. Soc. Chim. Bd. 25, S. 395. 1902.
[2] GRÜTZNER: Arch. Pharmaz. Bd. 230, S. 321. 1892.

Lösung in diffusem Lichte einen ungeänderten Titer. TREADWELL[1] obebachtete nach 8 Monaten ein Abnehmen von 0,17% ; LUNGE[2] nach 3 Monaten von 0,2%. BRUHNS[3] hält sogar $^1/_{50}$ n-Lösungen für vollkommen stabil. In untenstehenden Tabellen bringen wir einige Ergebnisse eigener Versuche. Betr. Einzelheiten vgl. KOLTHOFF[4].

Unsere Zahlen bestätigen also diejenigen von GRÜTZNER, TREADWELL, LUNGE und BRUHNS.

Wir entnehmen aus den Messungen, daß die Zersetzung einerseits in neutraler Lösung am geringsten ist, bei alkalischer Reaktion stärker, und am stärksten in saurem Medium; daß sie andererseits in diffusem Tageslicht mehr gefördert wird, als bei Aufbewahrung im Dunkeln. Letzteres gilt besonders für verdünnte Lösungen (0,01 n; vgl. die zweite Tabelle), welche ja das Licht stärker eintreten lassen als konzentriertere. Reine 0,01 n-Permanganatlösungen dürfen daher nie in farblosen Gläsern am Tageslicht stehen. Im allgemeinen können wir die Verwendung brauner Flaschen, die zuvor mit Bichromat-Schwefelsäure gereinigt wurden, für die Aufbewahrung der Vorratslösungen empfehlen (vgl. übrigens den praktischen Teil).

Andere Oxydationsmittel: Lösungen von **Kaliumjodat, Kaliumbromat und Kaliumbichromat** verändern sich beim Stehen nicht im geringsten.

Kaliumferricyanidlösungen scheinen sich mit der Zeit ein wenig zu zersetzen. Anscheinend handelt es sich hier nicht um einen Sauerstoffverlust, sondern um den Vorgang:

$$2K_3Fe(CN)_6 + 6KOH \leftrightarrows 2Fe(OH)_3 + 12KCN$$

oder $\qquad 2Fe(CN)_6''' + 6OH' \leftrightarrows 2Fe(OH)_3 + 12CN'.$

Dabei wird das gebildete Cyanid durch Ferricyanid oxydiert, wodurch sich das Gleichgewicht mehr und mehr nach der rechten Seite verschiebt. Mit dieser Annahme steht auch die Tatsache in Einklang, daß die Zersetzung mit steigender Alkalität zu-

---

[1] TREADWELL: Kurzgefaßtes Lehrbuch der analytischen Chemie. II.
[2] LUNGE: Z. anal. Chem. Bd. 18, S. 1520. 1905.
[3] BRUHNS: Zbl. Zuckerind. Bd. 14, S. 35.
[4] KOLTHOFF: Pharmac. Weekbl. Bd. 61, S. 337. 1924.

nimmt (vgl. KASSNER[1]). Nach meinen Erfahrungen hat auch das Licht einen großen Einfluß. Eine frisch bereitete Kaliumferricyanidlösung erleidet, wenn man sie in direktes Sonnenlicht stellt, schon nach einigen Stunden eine merkliche Veränderung, bei der sich auch Ferrocyanid bildet. In braunen oder dunklen Flaschen aufbewahrt behält Ferricyanidlösung auch bei längerem Stehen ihren Titer bei.

S. JIMORI[2] verdanken wir eingehende und schöne Untersuchungen über die Einwirkung von Licht und Wärme auf wässerige Lösungen von Hexacyaneisensalzen. Die durch Licht oder Wärme erzeugte dunkelbräunliche Färbung der wässerigen Ferricyankaliumlösung, welche der durch Ansäuern bewirkten gleich ist, beruht auf der Bildung von Aquopentacyan-Komplexsalzen, deren Lösungen durch stark dunkle Farbe gekennzeichnet sind.

Primär findet folgende Reaktion statt:

$$\mathrm{Fe(CN)_6'''} + 2\,\mathrm{H_2O} \underset{\text{im Licht}}{\longrightarrow} (\mathrm{Fe(CN)_5H_2O})'' + \mathrm{OH'} + \mathrm{HCN}\,.$$

Das gebildete Prussiaquosalz wird zu stark gefärbtem Prussoaquosalz reduziert:

$$2\,[\mathrm{Fe(CN)_5H_2O}]'' + 2\,\mathrm{OH'} \longrightarrow 2\,(\mathrm{Fe(CN)_5H_2O})''' + \mathrm{H_2O} + \mathrm{O}\,.$$

Diese Zersetzungsprodukte können wieder in verschiedener Weise miteinander reagieren, wobei etwa Ferrocyankalium, Cyanursäure, Ferrihydroxyd u. a. auftreten.

Besonders sei hervorgehoben, daß an dieser Lichtzersetzung vor allem violette und ultraviolette Wellenlängen beteiligt sind.

B. Reduktionsmittel.

Eine der wichtigsten Maßflüssigkeiten ist Natriumthiosulfatlösung. Mit der Zeit nimmt ihr Titer gewöhnlich etwas ab. Dafür hat man verschiedene Ursachen angegeben. Schon MOHR zeigte, daß Natriumthiosulfat in wässeriger Lösung durch Kohlensäure unter Abscheidung von Schwefel und schwefliger Säure zersetzt wird:

$$\mathrm{Na_2S_2O_3} + \mathrm{H_2CO_3} \longrightarrow \mathrm{NaHCO_3} + \mathrm{NaHSO_3} + \mathrm{S}\,.$$

---

[1] KASSNER: Arch. Pharmaz. Bd. 234, S. 330. 1896.
[2] JIMORI, S.: Z. anorg. u. allg. Chem. Bd. 167, S. 145. 1927.

TOPF[1] empfiehlt daher die Herstellung der Lösung in ausgekochtem, destilliertem Wasser. TREADWELL schlägt vor, diese in gewöhnlichem, destilliertem Wasser zu bereiten und sie erst nach 8—14 tägigem Stehen einzustellen. Nach dieser Frist soll alle vorhandene Kohlensäure verbraucht sein und die Lösung monatelang keiner nennenswerten Änderung mehr unterliegen.

Ich habe jedoch nie einen Einfluß der im destillierten Wasser gelösten Kohlensäure auf die Zersetzung von Thiosulfat nachweisen können[2]. Nur wenn das Wasser mehr Kohlensäure enthält, als seinem Gleichgewicht mit der Luft entspricht, kann diese zersetzend wirken. Vielmehr dürften andere Momente für den Rückgang des Titers verantwortlich sein; nämlich:

a) eine über Sulfit verlaufende Luftoxydation:

$$Na_2SO_3 + O \rightarrow Na_2SO_4 + S \, ,$$

bestehend in zwei Teilvorgängen:

$$Na_2S_2O_3 \rightarrow Na_2SO_3 + S \qquad \text{(sehr langsam)}$$

$$Na_2SO_3 + O \rightarrow Na_2SO_4 \, . \qquad \text{(meßbar)}$$

Als Argument für die Annahme einer intermediären Sulfitbildung führen wir die Tatsache an, daß Spuren Kupfer die Zersetzung stark beschleunigen[3]. Bekanntlich ist nun das Kupfer ein stark positiver Katalysator bei der Oxydation des Sulfits durch Sauerstoff.

Freilich erklärt E. ABEL[4] die katalytische Wirkung des Kup-

---

[1] TOPF: Z. anal. Chem. Bd. 26, S. 137. 1887.

[2] Vgl. auch C. MAYR und E. KIRSCHBAUM: Z. anal. Chem. Bd. 72, S. 321. 1928.

[3] SCHULEK, E. (Z. anal. Chem. Bd. 68, S. 387. 1926) konnte in zersetzten Thiosulfatlösungen auch Sulfid nachweisen. Er hält auch den folgenden Reaktionsgang bei der Zersetzung für denkbar:

$$Na_2S_2O_3 + H_2O \rightarrow Na_2SO_4 + H_2S$$

$$H_2S + O \rightleftharpoons H_2O + S \, .$$

Der Rückgang des Titers sehr verdünnter Thiosulfatlösungen kann nach ihm besser durch folgende Reaktion dargestellt werden:

$$2 Na_2S_2O_3 + H_2O + O \rightarrow Na_2S_4O_6 + 2 NaOH \, .$$

(Vgl. mit ABEL!)

[4] ABEL, E.: Ber. Bd. 56, S. 1076. 1923.

fers in anderem Sinne:

$$2\,\mathrm{Cu}^{\cdot\cdot} + 2\,\mathrm{S_2O_3''} \rightarrow 2\,\mathrm{Cu}^{\cdot} + \mathrm{S_4O_6''} \qquad \text{(momentan)}$$

$$2\,\mathrm{Cu}^{\cdot} + {}^{1}\!/_{2}\mathrm{O_2} \rightarrow 2\,\mathrm{Cu}^{\cdot\cdot} + \mathrm{O''} \qquad \text{(meßbar langsam)}$$

$$\underline{\hspace{3em} \mathrm{O''} + 2\,\mathrm{H}^{\cdot} \rightarrow \mathrm{H_2O}\,. \hspace{3em}} \qquad \text{(momentan)}$$

$$2\,\mathrm{S_2O_3''} + 2\,\mathrm{H}^{\cdot} + {}^{1}\!/_{2}\mathrm{O_2} \rightarrow \mathrm{S_4O_6''} + \mathrm{H_2O}\,.$$

Die Verhinderung der Zersetzung durch alkalisch reagierende Substanzen, wie Soda oder Lauge (MOHR, TOPF u. a.) führt er auf eine durch diese bewirkte Ausfällung des Kupfers zurück. ABEL empfiehlt die Lösungen aus möglichst kupferfreiem Wasser herzustellen, das in gläsernen Gefäßen destilliert wird. Daß die Reinheit des Wassers eine große Rolle spielt, ergibt sich auch aus Untersuchungen von M. KILPATRICK und M. L. KILPATRICK und von RICE, KILPATRICK und LEMKIN[1]. Sie fanden, daß eine Thiosulfatlösung in gewöhnlichem, destilliertem Wasser nach 51 Tagen zu 20% zersetzt war, in zweimal destilliertem Wasser zu etwa 4%; in gasfreiem zu 1,5%.

b) eine Zersetzung durch Mikroorganismen:

Anscheinend existieren in der Luft schwefelverzehrende Organismen, welche auch dem Thiosulfat Schwefel entziehen und es dabei in Sulfit überführen, welches wieder leicht von Sauerstoff zu Sulfat oxydiert wird. Wahrscheinlich handelt es sich in erster Linie um den Bacillus thioxydans[2]. In einer infizierten Thiosulfatlösung läßt sich die mikrobiologische Veränderung durch Zusatz eines Desinfiziens, etwa einer Spur Mercurijodid aufhalten.

Der Mechanismus der Thiosulfatzersetzung scheint sehr kompliziert zu sein. Bei systematischen Studien stößt man immer auf neue Unregelmäßigkeiten[3], wahrscheinlich dadurch, daß verschiedene Vorgänge einander überlagern, deren jeder von den ver-

---

[1] KILPATRICK, M. und L. KILPATRICK: J. amer. chem. Soc. Bd. 45, S. 2132. 1923; RICE, KILPATRICK und LEMKIN: J. amer. chem. Soc. Bd. 45, S. 1361. 1923.

[2] Vgl. besonders J. S. JOFFE: Chem. Abstr. Bd. 17, S. 2900. 1923.

[3] Vgl. TOPF: Z. anal. Chem. Bd. 26, S. 137. 1887; H. J. WATERMAN: Chem. Weekbl. Bd. 15, S. 1098. 1918; J. M. KOLTHOFF: Z. anal. Chem. Bd. 60, S. 341. 1921; F. FEIGL: Ber. Bd. 56, S. 2086. 1923; F. L. HAHN und H. WINDISCH: Ber. Bd. 55, S. 3163. 1923; A. SKRABAL: Z. anal. Chem. Bd. 64, S. 107. 1924.

schiedenen Faktoren in verschiedenem Maße beeinflußt wird[1]. Selbst Licht beschleunigt die Zersetzung, weshalb man die Lösungen am besten im Dunkeln oder in diffusem Licht aufbewahrt.

Neuerdings hat C. MAYR[2] Studien über die Veränderlichkeit des Thiosulfats veröffentlicht.

Aus diesen schönen Untersuchungen ergibt sich zwanglos, daß in den meisten Fällen die sogenannten Thiobakterien (von A. NATHANSON im Jahre 1902 im Meerwasser aufgefunden) zum Teil für die Zersetzung des Thiosulfats verantwortlich sind. Sie verdauen den Schwefel des Thiosulfats unter Sulfitbildung, und letzteres wird bald zu Sulfat oxydiert.

Die Zersetzungsgeschwindigkeit steigt anfangs mit zunehmender Temperatur. Das optimale p_H liegt zwischen 8—9. Sterile Thiosulfatlösungen zersetzen sich nicht; wenn sie mit einer Reinkultur von Thiosulfatbakterien geimpft werden, findet eine starke Zersetzung (unter Sulfitbildung) statt.

In einer weiteren Untersuchung haben C. MAYR und E. KIRSCHBAUM[3] die Zersetzung von Thiosulfatlösungen verfolgt. Sie erkennen als einzig wesentliche Ursache für die Titerunbeständigkeit der Thiosulfatlösungen die Zersetzung durch den Lebensprozeß von Mikroorganismen, den sogenannten Thiosulfatbakterien. Zu diesen gehören wenigstens drei verschiedene Bakterienarten. Davon dürfte die eine das Thiosulfat nach der Gleichung:

$$2\,Na_2S_2O_3 + H_2O + O \rightarrow Na_2S_4O_6 + 2\,NaOH\,,$$

eine zweite etwa nach dem Schema:

$$\left.\begin{array}{l} Na_2S_2O_3 \rightarrow Na_2SO_3 + S \\ Na_2SO_3 + O \rightarrow Na_2SO_4 \end{array}\right\}$$

zersetzen. Eine dritte Spezies vermag auch noch den nach Gleichung II abgeschiedenen Schwefel etwa nach der Formel:

$$S + 3\,O + H_2O \rightarrow H_2SO_4$$

weiter zu Schwefelsäure zu oxydieren.

---

[1] DAVIDSOHN, J.: (Seifensieder-Zg.) Bd. 52, S. 639. 1925, behauptet z. B., daß Kupfer keinen Einfluß auf die Titerbeständigkeit des Thiosulfats hat.

[2] MAYR, C.: Z. anal. Chem. Bd. 68, S. 274. 1926.

[3] MAYR, C. und E. KIRSCHBAUM: Z. anal. Chem. Bd. 72, S. 321. 1928.

Nach MAYR und KIRSCHBAUM sind sterile Thiosulfatlösungen sehr gut haltbar. Katalytisch beschleunigt wird die Zersetzung durch Kupfer auch nur in solchen Lösungen, in denen sich bereits Bakterien entwickeln.

Einen sehr wertvollen Beitrag zur Aufklärung der Vorgänge in alternden Thiosulfatlösungen haben F. L. HAHN und H. CLOS[1] geliefert. Es kommt nur selten vor, daß eine Thiosulfatlösung beim Aufbewahren ihren Titer erhöht, eine Erklärung dieser Erscheinung ist nie gegeben worden. HAHN und CLOS fanden nun, daß kristallisiertes Thiosulfat regelmäßig kleine Mengen Pentathionat enthält, und daß dieses unmittelbar nach dem Lösen des Salzes in Tetrathionat und Schwefel zerfällt. Dafür sprechen u. a. die Erscheinungen, die oftmals beim Auflösen von Thiosulfat beobachtet werden: vorübergehend entsteht eine leichte Schwefeltrübung, es tritt ein eigenartiger, etwas an Schwefelwasserstoff erinnernder, aber auch wieder deutlich davon verschiedener Geruch auf. Beide Symptome sind nach kurzer Zeit völlig verschwunden; sie kehren beide, Trübung und Geruch, sofort wieder, und auch nur für kurze Zeit, sobald man der Lösung ein wenig Pentathionat zusetzt. Zwischen Thiosulfat und Pentathionat besteht folgendes Gleichgewicht:

$$5\,S_2O_3'' + 6\,H^{\cdot} \rightleftharpoons 2\,S_5O_6'' + 3\,H_2O\,.$$

Damit wird verständlich, daß sich auch im kristallisierten Thiosulfat, das ja 5 Moleküle Kristallwasser und leicht Mutterlaugeneinschlüsse enthält, nach längerer Zeit ein solches Gleichgewicht einstellen kann.

Auch in Lösung kann sich bei schwach saurer Reaktion aus Thiosulfat Pentathionat und anschließend durch dessen Zufall Tetrathionat bilden. Durch diese Reaktion wird der Jodtiter vermindert. Endlich kann Tetrathionat, wie wir sahen, durch Luftoxydation aus Thiosulfatlösung entstehen; besonders Spuren Kupfer beschleunigen diese Reaktion sehr stark katalytisch, und auch hierdurch wird der Jodtiter abnehmen.

Eine Erhöhung des Thiosulfattiters nach HAHN und CLOS läßt sich folgendermaßen erklären:

Durch Zerfall oder bakterienbedingte Entschwefelung des Thiosulfats kann Sulfit auftreten; letzteres reagiert sofort mit

---

[1] HAHN, F. L. und H. CLOS: Z. anal. Chem. Bd. 79, S. 11. 1929.

Tetrathionat unter Rückbildung des Thiosulfats, wobei es selbst in Trithionat übergeht. Dadurch kann sich der Jodtiter zwar noch nicht ändern, jedoch wird das entstandene Trithionat besonders in schwach alkalischer Lösung zu Sulfat und Thiosulfat hydrolysiert, der Jodtiter steigt. Enthält das ursprüngliche Natriumthiosulfat schon etwas Pentathionat, welches in Lösung in Tetrathionat zerfällt, so wird eine Zunahme des Thiosulfattiters verständlich.

Aus alledem geht hervor, wie kompliziert die Zersetzung einer Thiosulfatlösung verläuft, und wie schwer es ist, mit Natriumthiosulfatpräparaten verschiedener Herkunft reproduzierbare Erscheinungen zu erhalten. Ein Teil der genannten titerverändernden Nebenreaktionen, — insbesondere die Kondensation des gelösten Thiosulfates zu Pentathionat und die katalytische Mitwirkung von Kupferspuren, — wird durch geringe Mengen Alkali verhindert; daher macht ein wenig Alkali die Lösung titerbeständiger. Ammoniumcarbonat hingegen verdirbt die Lösung, weil es das katalytisch wirksame Kupfer in Lösung hält.

Ein geringer Sodazusatz zur Thiosulfatlösung nach dem Vorschlag von TOPF hat sich immer bewährt. Die meisten Autoren meinen, durch Alkalien verschiedener Art die Zersetzung fast ganz verhindern zu können. Dazu möchte ich, auf Grund eigener Versuche, einige Einschränkungen machen! Ammoncarbonat (nach MOHR) hat überhaupt keinen nennenswerten, eher einen ungünstigen Einfluß. Weiter zersetzen sich verdünntere Lösungen (0,01 n) relativ viel stärker als konzentriertere (0,1 n). Die ganze Angelegenheit ist jedenfalls noch nicht restlos geklärt.

Offenbar bestehen bei einem p_H von 9 bis 10 die ungünstigsten Lebensbedingungen für die Thiosulfatbakterien. Daher empfiehlt A. SKRABAL[1] den Zusatz eines solchen Puffergemisches, das das p_H auf etwa 9,5 abstimmt. I. YOSHIDA[2] empfiehlt den Zusatz von Borax (0,05 n) oder Dinatriumphosphat (0,1 n). Nach C. MAYR und KIRSCHBAUM und auch meiner Erfahrung nach erweist sich ein Sodazusatz sehr günstig. Die genannten Autoren beobachten die geringste Zersetzung in Gegenwart von 0,001 n-Natrium-

---

[1] SKRABAL, A.: Z. anal. Chem. Bd. 64, S. 111. 1924.

[2] YOSHIDA, I.: J. Chem. Soc. Japan Bd. 48, S. 26. 1927; Chem. Abstr. wd. 21, S. 3030. 1927.

carbonat. Hier darf auch unsere kürzliche Feststellung erwähnt werden, daß beim Aufbewahren von 0,1 n-Thiosulfat in 0,1 n-Natron der Titer allmählich, aber ausgesprochen (um einige Prozente) zunimmt.

Man könnte auch daran denken, die Thiosulfatlösungen durch Antiseptica zu konservieren. Jedoch ist man in der Auswahl sehr beschränkt, weil die meisten organischen Substanzen die jodometrischen Titrationen beeinträchtigen können. MAYR und KIRSCHBAUM konnten durch Zusatz von 1% Amylalkohol die Zersetzung fast vollständig beseitigen. YOSHIDA empfiehlt zum gleichen Zweck, das Lösungswasser mit Schwefelkohlenstoff zu sättigen, während L. W. WINKLER[1] 0,1 g Quecksilbercyanid per Liter hinzusetzt, um 0,1 bis 0,01 n-Lösungen haltbar zu machen. Sogar gute salzarme Sorten Leitungswasser (weniger als 100 mg Rückstand im Liter) sind zur Herstellung ungeeignet.

Arsenige Säure: Lösungen der arsenigen Säure werden in der Maßanalyse oft zur Jodbestimmung bei neutraler oder schwach alkalischer Reaktion verwendet. Unter bestimmten Verhältnissen kann der Gehalt der Lösungen auch wieder infolge der Luftoxydation abnehmen. Nach den eingehenden Untersuchungen von W. REINDERS und S. J. VLES[2] findet eine Oxydation durch Sauerstoff zu Arsenat nur bei Anwesenheit von Katalysatoren statt. Kupfer wirkt auch hier wieder stark beschleunigend. Wahrscheinlich wird ein Cupri-Arsenit-Komplex gebildet, der zu einem Cupro-Komplex reduziert wird, wobei das Arsenit in Arsenat übergeht. Das Cupro wird von dem Luftsauerstoff wieder schnell nachoxydiert und mit der Wiederholung dieses Vorganges muß die Zersetzung merklich zunehmen. Die Reaktionsgeschwindigkeit wird auch bei Anwesenheit von Kupfer sehr wesentlich durch die Wasserstoffionenkonzentration bedingt. In neutraler und saurer Lösung ist sie meßbar klein, in alkalischem Medium ist sie hingegen meßbar; ihr Maximum liegt etwa bei 0,05 n-Kaliumhydroxyd. Darüber hinaus nimmt die Geschwindigkeit wieder ab. Auch fein verteilte Substanzen, wie Kohle, wirken in alkalischer Lösung als Katalysatoren. Bei Versuchen

---

[1] WINKLER, L. W.: Pharmaz. Zh. Bd. 69, S. 369. 1928.
[2] REINDERS und VLES: Rec. Trav. chim. Bd. 44, S. 29. 1925.

an Arsenigsäurelösungen konnte ich deren gute Haltbarkeit bei schwach alkalischer, neutraler und saurer Reaktion feststellen[1]; in stark alkalischer Lösung dagegen erleiden sie eine merkbare Oxydation.

Haltbarkeit einer 0,1 n-As_2O_3-Lösung nach 2 Monaten.

Zusatz auf 100 cm³	Abnahme des Titers
— ($p_H = 7,0$)	0,0 %
20 cm³ 2 n-Ammoniumcarbonat	0,0 ,,
20 cm³ 2 n-Soda	0,0 ,,
4 cm³ 2 n-NaOH	**16,5** ,,
20 cm³ 2 n-HCl	0,5 ,,

Neutrale oder schwach alkalische Lösungen geben also die beste Gewähr für die Haltbarkeit der arsenigen Säure.

Sulfit bzw. Bisulfit: Lösungen der sauren und neutralen Salze der schwefligen Säure sind gegen den Luftsauerstoff sehr empfindlich. Da Bisulfit- bzw. Sulfitlösungen oft bei Aldehydbestimmungen als Maßflüssigkeiten verwendet werden, ist es von Interesse, deren Haltbarkeit näher zu kennen. BIGELOW[2] hat schon gefunden, daß die Oxydationsgeschwindigkeit durch die Anwesenheit organischer Substanzen beeinflußt wird, je nach deren Art in verschiedenem Maße. Oxalsäure und tertiärer Butylalkohol sind ohne Wirkung. Propylalkohol und Aceton schränken hingegen die Zersetzung merkbar ein; besonders stark wirken Benzylalkohol und Nitrokörper. YOUNG[3] beobachtete ein interessantes Verhalten der Alkaloide gegenüber Sulfiten: Der minimale Zusatz von 0,000005 molar Brucinchlorid zu einer alkalischen Sulfitlösung setzt die Geschwindigkeit der Luftoxydation auf ein Hundertstel herab. Es ist aber fraglich, ob der hemmende Einfluß wirklich der Spur Alkaloid zuzuschreiben ist. YOUNG arbeitet in stark alkalischen Lösungen, und daher ist es möglich, daß schon das Alkali die Oxydationsgeschwindigkeit vermindert. Andere Alkaloide haben ähnliche, wenn auch weniger auffällige Wirkung. Offenbar sind alle organischen Substanzen mehr oder weniger befähigt, die Luftoxydation des Sulfits aufzuhalten. Auf

---

[1] Vgl. KOLTHOFF: Z. anal. Chem. Bd. 60, S. 393. 1921; auch RHEINTHALER: Chem.-Zg. Bd. 36, S. 713. 1912.

[2] BIGELOW: Z. physik. Chem. Bd. 26, S. 493. 1898.

[3] YOUNG: J. amer. chem. Soc. Bd. 24, S. 297. 1902.

der anderen Seite erkannte TITOFF[1], daß Metallsalze im allgemeinen die Luftoxydation der schwefligsauren Salze katalytisch fördern, ganz besonders Kupfersalze. Mannit und Stannichlorid halten dagegen den Oxydationsprozeß auf, was TITOFF darauf zurückführt, daß diese negativen Katalysatoren Kupferverbindungen unschädlich machen. Streng bewiesen ist diese Annahme jedoch noch nicht. W. REINDERS und S. J. VLES[2] bestätigten die Wahrnehmungen von TITOFF und stellten überdies fest, daß die Oxydationsgeschwindigkeit eine Funktion der Wasserstoffionenkonzentration ist.

Eine Bisulfitlösung mit $p_H = 3$ oxydiert sich nur sehr langsam, bei $p_H = 5$ ist die Geschwindigkeit etwas größer, ein Maximum erreicht sie bei $p_H = 8$; sodann nimmt sie wieder ab. Wahrscheinlich sind im wesentlichen die Sulfitionen so leicht oxydierbar. Die optimale Wasserstoffionenkonzentration für die Zersetzung hängt übrigens auch von der Art des Katalysators ab. An Kupfer und Eisen liegt sie bei p_H zwischen 8 bis 10. (REINDERS und VLES, l. c.) Jedoch verschieben negative Katalysatoren ihrerseits wieder die Lage des Optimums.

In der folgenden Tabelle gebe ich eine Reihe unveröffentlichter Messungen bekannt, die von praktischem Interesse sein dürften. 0,05 molare Natriumsulfit- bzw. Natriumbisulfitlösungen wurden in vollgefüllten Flaschen im diffusen Tageslicht unter den angegebenen Zusätzen sich selbst überlassen. Nach 5 Tagen wurden sie jodometrisch nachtitriert und aus dem Verbrauch die prozentische Abnahme des Titers berechnet. Nach der Probenahme am 6. Tag ließen wir die halbgefüllten Flaschen weitere 7 Tage stehen, um darauf nochmals ihren Gehalt zu bestimmen.

Die Versuche lehren, daß sich Natriumsulfit- und Natriumbisulfitlösung je nach Art der anwesenden Zusatzstoffe ganz verschieden verhalten. Höchst eigenartigerweise haben 10 mg Kupfer (in Form eines Salzes) fast gar keinen Einfluß auf den Rückgang der Lösungen. Mangano- und Eisenionen beschleunigen die Luftoxydation sehr stark. Von den negativen Katalysatoren wirken beim Sulfit Äthylalkohol und Saccharose am stärksten. Um Sulfitlösungen wenigstens für 2 Tage stabil

---

[1] TITOFF: Z. physik. Chem. Bd. 45, S. 645. 1903.
[2] REINDERS und VLES: Rec. Trav. chim. Bd. 44, S. 249. 1925.

Zersetzung von 0,05 molar Natriumsulfit.

Zusatz auf 100 cm³ Flüssigkeit	Prozentische Abnahme des Titers nach	
	5 Tagen	12 Tagen
Ohne Zusatz	10,5	20
10 mg Kupferionen	9	19
10 ,, Manganoionen	**30**	**50**
10 ,, Ferroionen	**27**	**44**
1 g Äthylalkohol	7,5	28
5 ,, ,, ...	2	22
10 ,, ,, ...	2	10
5 ,, Mannit	5,5	25
5 ,, Glycerin	**1,8**	14
5 ,, Saccharose.	**0,05**	**6**
5 ,, Glucose	5	12
5 ,, Lactose	2	13

Zersetzung von 0,05 molar Natriumbisulfit.

Zusatz auf 100 cm³ Flüssigkeit	5 Tagen	12 Tagen
Ohne Zusatz	10	23
10 mg Kupferionen	4,5	22
10 ,, Manganoionen	8	20
10 ,, Ferroionen	**18**	**32**
1 g Äthylalkohol	1,5	3,5
5 ,, ,, ...	0	0
10 ,, ,, ...	0	0
5 ,, Mannit	3,5	15
5 ,, Glycerin	2	**2,5**
5 ,, Saccharose	4	7,5
5 ,, Lactose	3,5	7
1 ,, Borsäure	0	0

zu halten, empfiehlt sich der Zusatz von 5% Äthylalkohol oder 5% Saccharose. Zufälliger Störungen durch spurenweise Verunreinigungen muß man beim Sulfit und Bisulfit (Selen aus der schwefligen Säure) immer gewärtig sein; man hat daher selbst nach kurzer Zeit den Gehalt der Lösungen zu kontrollieren[1].

---

[1] Allerdings unterliegen Lösungen der schwefligen Säure, Bisulfite und Sulfite auch einer Selbstzersetzung, welche von verschiedenen Faktoren beeinflußt wird. Die Hauptreaktion kann in folgende Gleichung gefaßt werden:

$$3\,HSO_3' \rightarrow 2\,SO_4'' + H^{\cdot} + S + H_2O\,.$$

Die Selbstzersetzung wird besonders von Spuren Selen katalytisch beschleunigt.

Näheres über den verwickelten Mechanismus findet man in den schönen eingehenden Untersuchungen von F. FOERSTER, F. LANGE, O. DROSSBACH und W. SEIDEL: Z. anorg. u. allg. Chem. Bd. 128, S. 244—343. 1923.

Die Luftoxydation der Bisulfitlösungen wird besonders durch Ferroionen beschleunigt. Bekanntlich arbeiten die Alkohole der Zersetzung entgegen, wie es sehr deutlich aus unserer Tabelle hervorgeht. Am besten wirkt hier Äthylalkohol, der, zu 5 bis 10 Raumteilen zugefügt, den Titer sogar nach 12 Tagen unverändert erhält. In Übereinstimmung mit W. OSTWALD empfehlen wir deshalb als stabilisierenden Zusatz 5 bis 10% Äthylalkohol, evtl. auch die Aufbewahrung unter Stickstoff oder Wasserstoff.

Im übrigen ist die antikalalytische Wirkungsweise des Alkohols gar nicht recht aufgeklärt. Man weiß nicht, welcher positive Katalysator vom Alkohol vernichtet werden kann.

Borsäure hemmt die Bisulfitzersetzung in ausgeprägtem Maße. Näheres darüber ist, soviel uns bekannt, in der Literatur bisher noch nicht mitgeteilt worden. Es lohnte sich, diese Angelegenheit weiter zu verfolgen.

Titanochlorid- und Stannochloridlösungen sind sehr leicht oxydierbar. Sie müssen unbedingt unter indifferenter Atmosphäre: Wasserstoff, Stickstoff oder Kohlendioxyd aufbewahrt werden.

Oxalsäure: Die langsame Zersetzung von Oxalsäurelösungen ist schon lange bekannt[1]. Man nimmt folgenden Weg der Oxydation an:

$$H_2C_2O_4 + {}^1/_2 O_2 \rightarrow H_2O + 2CO_2 \,.$$

Diese Reaktion wird besonders vom Licht beschleunigt: dabei wirken verschiedene Substanzen, vor allem Manganosalze als Katalysator. Aus eigenen Experimenten konnten wir schließen, daß das Licht nicht allein die Luftoxydation befördert, sondern auch die Selbstzersetzung nach der Gleichung:

$$H_2C_2O_4 \rightarrow CO_2 + CO + H_2O \,.$$

---

[1] Betreffs Literatur sei verwiesen auf die Untersuchungen von W. P. JORISSEN: Maandbl. voor Natuurwetensch. Nr. 7, 1898; Arch. néerland. de physiol. de l'homme et des anim. Ser. II, T. II, S. 435. 1900; W. P. JORISSEN und C. TH. REICHER: Chem.-Zg. Bd. 26, Nr. 99. 1902; Tijdschr. voor toegep. Scheikunde en Hygiëne Bd. 6, Nr. 3. 1902; Handelingen van het Zevende Vlaamsch Natuur en Geneeskundig. Congres 1903. W. P. JORISSEN: Z. Farben- u. Textilchem. Bd. 2, H. 22. 1903.

Das gebildete Kohlenmonoxyd konnte leicht nachgewiesen werden. Bewahrt man jedoch eine 0,1 n-Oxalsäure im dunkeln Raume auf, so behält sie sogar nach einem Jahr noch ihren Titer unverändert bei. Wir können daher diese Vorsichtsmaßnahme sehr empfehlen.

Kaliumferrocyanid. Auf die Zersetzung wässeriger Kaliumferrocyanidlösungen übt das Licht einen großen Einfluß aus. Schon SCHÖNBEIN[1] beobachtete, daß Ferrocyanidlösung sich am Lichte unter Bildung von Kaliumhydroxyd und Cyanid dunkel färbt. MATUSCHEK[2] stellte als Zersetzungsprodukte Ferrihydrooxyd und Cyanid fest. Bei sinkender Ferrocyanid-Konzentration nimmt die Menge Ferrihydroxyd zu. Nach SCHAUM und VAN DER LINDE[3] spielt dabei auch die Acidität der Flüssigkeit eine wesentliche Rolle. Nach HABER und FOSTER[4] zerfällt Ferrocyanid in alkalischer Lösung im Lichte in Ferro- und Cyanionen; im Dunkeln verläuft jedoch diese Reaktion rückwärts:

$$\overset{\text{Licht}}{\underset{\text{Dunkel}}{Fe(CN)_6'''' \rightleftarrows Fe^{\cdot\cdot} + 6\,CN'.}}$$

BAUDISCH[5] gelang der Nachweis, daß auch der Sauerstoff am Zerfall beteiligt ist, obgleich nach BAUDISCH und BASS[6] selbst sauerstofffreie Lösungen am Licht dunkel gefärbt und im Dunkeln wieder entfärbt werden. Am Lichte schieden sich allmählich auch Spuren schneeweißer Ferrohydroxydkristalle aus. Bei Anwesenheit von Sauerstoff nehmen BAUDISCH und BASS die Bildung eines Eisenperoxydhydrats an von der Formel:

$$\left[\begin{array}{l} FeO_2 \\ \quad (OH_2)_5 \end{array}\right](OH)_2 .$$

KOLTHOFF[7] konnte die photochemische Zersetzung des Ferro-

<hr>

[1] SCHÖNBEIN nach BAUDISCH und BASS: Ber. Bd. 55, S. 2695. 1922.

[2] MATUSCHEK: Chem.-Zg. Bd. 25, S. 565. 1901.

[3] SCHAUM und VAN DER LINDE: Z. Elektrochem. Bd. 9, S. 406. 1903.

[4] HABER und FOSTER: Chem.-Ztg. Bd. 29, S. 652. 1905; Z. Elekrochem. Bd. 11, S. 846. 1905.

[5] BAUDISCH und BASS: Ber. Bd. 54, S. 413. 1921; vgl. auch G. ROSSI und C. BOCCHI: Gazz. chim. ital. Bd. 55, S. 876. 1925.

[6] BAUDISCH und BASS: Ber. Bd. 55, S. 2698. 1922; vgl. auch E. BAUER: Helvet. chim. Acta Bd. 8, S. 403. 1925.

[7] KOLTHOFF: Z. anorg. u. allg. Chem. Bd. 110, S. 147. 1920.

cyanids sehr leicht mit Phenolphthalein nachweisen. Eine frisch bereitete Lösung rötet Phenolphthalein nicht, beim Stehen am Lichte wird sie rot gefärbt. Nach einigem Aufenthalt in verdunkeltem Raum verschwindet die Farbe des Indikators wieder. Hier findet anscheinend also eine Oxydation nach der Gleichung statt:

$$2\,Fe(CN)_6'''' + {}^1/_2 O_2 + H_2O \underset{Licht}{\overset{Dunkel}{\rightleftarrows}} 2\,Fe(CN)_6''' + 2\,OH'.$$

In Gegenwart von Ferricyanid tritt die Rotfärbung des Phenolphthalein viel langsamer ein. Nach S. JIMORI[1] hingegen trägt der Luftsauerstoff nicht zur Gelbfärbung der Lösung durch Licht bei. Andererseits beobachtet, man daß ein Überschuß von Cyankalium den Lichteinfluß verhindert. Nach genanntem Autor entsteht bei der Zersetzung primär Prussoaquosalz (und nicht Ferricyanid!), wobei die Lösung — wie folgendes Schema zeigt — alkalische Reaktion annimmt.

$$Fe(CN)_6'''' + 2\,H_2O \rightarrow (Fe(CN)_5H_2O)''' + OH' + HCN\,.$$

Über die Haltbarkeit von Kaliumferrocyanidlösungen haben wir viele Versuche unter wechselnden Bedingungen angestellt[2]. Es ergab sich, daß die Zersetzung vom Licht ausgelöst wird, unabhängig davon, ob Sauerstoff zugleich anwesend ist oder nicht. Wider Erwarten fanden wir, daß Kaliumferricyanid den Zerfall beschleunigt.

Im Dunkeln war auch nach tagelangem Stehen keine Zersetzung eingetreten, auch nicht im Beisein von Ferricyanid. Nicht alle Wellenlängen rufen die Umsetzung hervor, im wesentlichen nur diejenigen zwischen 350 und 500 $\mu\mu$; also ultraviolette, violette und blaue Strahlen.

Daher konnten wir auch 0,1 normale (0,025 molare) Kaliumferrocyanidlösung in Flaschen von gutem, braunem Glas aufbewahren, ohne daß ihr Titer nach drei Monaten sich änderte.

---

[1] JIMORI, S.: Z. anorg. u. allg. Chem. Bd. 167, S. 145. 1927.

[2] Über Einzelheiten vgl. E. J. A. VERZYL: Die potentiometrische Zinktitratie. Diss. Utrecht 1923.

Zehntes Kapitel.

Übersicht über die Methoden der Maßanalyse. Die Bestimmung des Äquivalenzpunktes.

§ 1. Allgemeine Betrachtungen. Die Beurteilung einer Reaktion als Grundlage für eine Maßanalyse. Bei Gewichtsanalysen versetzt man die Lösung der zu bestimmenden Substanz mit einem Überschuß des Fällungsmittels, sammelt den erhaltenen Niederschlag auf und wägt ihn, gegebenenfalls nach Überführung in eine geeignete Wägeform.

In der Maßanalyse hingegen verbraucht man das Reagens nicht im Überschuß, sondern ermittelt genau die Menge, welche für die quantitative Umsetzung erforderlich ist. Den Punkt, wo sich die Reaktion gerade quantitativ vollzogen hat, nennt man den Äquivalenzpunkt, weil hier das der gesuchten Stoffmenge äquivalente Quantum an Reagens hinzugefügt worden ist.

Dieser Punkt wird häufig auch als Umschlagspunkt (auch wohl als „Neutralisationspunkt") bezeichnet. Indessen ist der Name „Umschlagspunkt" falsch; er bezieht sich doch nur auf das Sichtbarwerden des Endpunktes mit Hilfe von Indikatoren. Dabei fällt der Umschlagspunkt gewöhnlich nicht genau mit dem Äquivalenzpunkt zusammen. Im Kapitel über den „Titrierfehler" (S. 118) sind wir darauf bereits ausführlich eingegangen.

Nicht alle chemischen Reaktionen können als Grundlage einer Maßanalyse dienen. Zumindestens müssen folgende Bedingungen erfüllt sein:

1. **Einsinnigkeit der Reaktion.** Die Reaktion muß quantitativ in der Richtung verlaufen, wie sie die stöchiometrische Gleichung angibt, ohne daß Nebenreaktionen mit hineinspielen. Es kommt vor, daß die Hauptreaktion von der Bildung von Nebenprodukten begleitet wird, wie z. B. bei der Oxydation des Hydrazins oder verschiedener organischen Substanzen durch einzelne Oxydationsmittel oder bei Fällungsanalysen durch die Adsorption. Will man eine solche Reaktion zu einer Maßanalyse verwerten, so hat man zunächst die Bedingungen festzulegen, unter denen die störenden Nebenreaktionen vermieden werden.

2. **Große Reaktionsgeschwindigkeit.** Langsam verlaufende Reaktionen sind im allgemeinen nicht zu maßanalyti-

schen Zwecken geeignet. In vielen Fällen, besonders bei Oxydations- und Reduktionsreaktionen, kann man die Geschwindigkeit oft durch Temperaturerhöhung — oder durch Zusatz eines geeigneten Katalysators (z. B. Kupfer bei der Ferrireduktion; vgl. auch Kapitel VI, S. 134) beschleunigen. Die Bildung mikrokristalliner Niederschläge — z. B. des Bariumsulfats — geht sehr oft — und besonders in verdünnten Lösungen — langsam vor sich. Der Zusatz des reinen Niederschlags (Impfwirkung) begünstigt die Fällung während der Titration. Ähnlich wirkt Äthylalkohol, der gleichzeitig die Löslichkeit der meisten in. Wasser schon schwer löslichen Salze noch weiter verringert.

In anderen Fällen kann man auch das Reagens im Überschuß zufügen und diesen in geeigneter Weise zurücktitrieren. So verfährt man etwa bei der Aldehydbestimmung durch Bisulfit, weil beide Stoffe nur langsam nach dem Gleichgewicht zu reagieren.

3. Die geeignete Bestimmung des Äquivalenzpunktes. Wie wir in § 4 näher besprechen werden, stehen uns verschiedene Methoden zur Feststellung des Äquivalenzpunktes zur Verfügung. Die Genauigkeit hängt außer von der Methode auch von der Gleichgewichtskonstante des zu titrierenden Systems ab.

Diese drei Hauptbedingungen sind gewöhnlich erfüllt, sobald die stattfindende Reaktion reversibel ist.

Insbesondere trifft dies in der Neutralisationsanalyse zu, wo die Reaktionen immer einsinnig, mit großer Geschwindigkeit verlaufen, und der Äquivalenzpunkt genau wahrgenommen werden kann. Auch die meisten Fällungsreaktionen, wobei Ionen sich zu einem schwer löslichen Salz kombinieren, sind gewöhnlich zur Anwendung in der Maßanalyse geeignet. Das gleiche gilt von allen umkehrbaren Oxydations-Reduktionsvorgängen, aber nur zum Teil für die nicht reversibelen (vgl. auch Kapitel III). Wieweit die drei Voraussetzungen in den Titrationen der organischen Chemie eingehalten werden, ist in einem besonderen Kapitel VIII behandelt worden.

Neben den genannten Hauptbedingungen sind noch andere Momente für die praktische Durchführung einer maßanalytischen Methode von Wichtigkeit.

Oft liegt ein Stoff nicht rein in der Lösung vor, sondern wird von anderen Substanzen begleitet. Will man also das Titrationsverfahren auf eine Mischung anwenden:

a) so dürfen die Begleitstoffe nicht mit der Titerlösung in Reaktion treten, oder nur erst dann, wenn die zu bestimmende Substanz bereits quantitativ umgesetzt ist. Diesen Fall haben wir in diesem Buch bereits eingehend berücksichtigt.

b) so dürfen die Begleitstoffe die stattfindende Reaktion nicht stören. Beispielsweise reagiert oft ein Reduktionsmittel nur sehr langsam mit dem Luftsauerstoff, so daß seine Lösung längere Zeit an der Luft beständig ist. Bei der Titration mit einem Oxydans kann es aber doch vom Sauerstoff angegriffen werden, weil die Reaktion zwischen beiden vom Hauptvorgang der Titration „induziert" wird (vgl. das Kapitel VI: „Induzierte Reaktionen"). — Bei Fällungsanalysen können Adsorptionserscheinungen störend hinzutreten (S. 156, 170).

Gewöhnlich läßt sich rein empirisch untersuchen, ob eine Titration durch die Anwesenheit von fremden Stoffen beeinträchtigt wird. Man prüft zuerst die Genauigkeit der Methode in einer reinen Lösung und sodann in Gemischen mit fremden Substanzen.

Kennt man die Begleitstoffe nicht, oder nur unvollständig, wie es so oft bei Naturprodukten der Fall ist, so kann man absichtlich eine bekannte Menge der zu bestimmenden Substanz beifügen und kontrollieren, ob sich diese zugesetzte Menge im Mehrverbrauch genau wiederfindet. Jedoch kann diese Methode keine absolute Gewähr für das vollkommene Fernbleiben von Störungen geben.

§ 2. Titrierfehler. In einem besonderen Kapitel (S. 118) haben wir den Titrierfehler vom mathematischen Standpunkt aus eingehend behandelt. Hier wollen wir dazu noch einige allgemeine Bemerkungen anschließen.

Bei einer Kritik der Fehlerquellen in der Maßanalyse müssen wir unterscheiden zwischen methodischen oder technischen Fehlern, mit denen jegliche Titration unabhängig von ihrer chemischen Natur, mehr oder weniger verknüpft ist, und den inneren oder spezifischen Fehlern, welche in den Werten der Gleichgewichtskonstante der stattfindenden Reaktion begründet liegen, sowie in der Genauigkeit, mit der jeweils die Äquivalenzpunkte wahrgenommen werden können. Die letztgenannte Fehlerart bezeichnen wir mit BJERRUM als den Titrierfehler. Die methodischen Fehler sind der Unvollkommenheit unserer Meßgeräte und Sinneswerkzeuge zuzuschreiben, etwa Ungenauigkeiten in der Eichung von Maßkolben, Büretten und Pipetten, Irrtümern in der Ablesung (parallaktischer Fehler), wechselnden Temperatureinflüssen auf die Ausdehnung der Flüssigkeiten und Glasgefäße, verschiedener Wandbefeuchtung der auf Ausguß berechneten Gefäße (Pipetten und Büretten) durch Flüssigkeiten verschiedener Viscosität und den damit zusammenhängenden Nachlauf- und Tropfenfehlern.

Diese methodischen Fehler haben alle das gemein, daß sie durch geeignete Wahl der Hilfsmittel willkürlich und fast unbeschränkt, d. h. bis auf ein Minimum, das dann selbst die exaktesten Bestimmungen nicht mehr beeinträchtigt, verkleinert werden können. Die experimentellen Verfeinerungen (z. B. Anwendung von Wägebüretten statt Ablesebüretten, Abwägung der Menge gelöster Substanz statt Abmessung durch Pipetten) wählt man je nach der Genauigkeit, die bezweckt wird. So lassen sich also die methodischen Fehler in außerordentlich engen Grenzen halten; allerdings wächst dabei die Präzision jeder Titration auf Kosten der Einfachheit und Schnelligkeit ihrer Ausführung. Zu den methodischen Fehlern sind auch die Ungenauigkeiten der subjektiven Wahrnehmung zu rechnen; sind doch die menschlichen Augen ganz verschieden empfindlich im Erkennen feiner Farbnuancen und Farbänderungen an den Indikatoren.

Der Titrierfehler aber ist unabhängig von der experimentellen Genauigkeit, mit der gearbeitet wird; er richtet sich lediglich nach dem jeweiligen chemischen Vorgang und der Natur des Indikators, er ist also ganz spezifisch für jedes einzelne Titrierverfahren. Er läßt sich auch nicht willkürlich verkleinern; er wird nur dann gleich Null, wenn der Indikator genau im Äquivalenzpunkt seine Farbe ändert, oder allgemeiner gesagt, als „Indikator" anspricht. Sobald der Indikator aber außerordentlich empfindlich ist, so kann er womöglich schon vor dem theoretischen Endpunkt, umschlagen; andrerseits bei geringerer Empfindlichkeit erst dann, wenn der Äquivalenzpunkt bereits überschritten ist. Je kleiner die Gleichgewichtskonstante der zugrunde liegenden Reaktion (bzw. das Löslichkeitsprodukt der entstehenden Verbindung) ist, um so stärker ändern sich die Ionenkonzentrationen in der Nähe des Äquivalenzpunktes. In solchen Fällen ist bei geeigneter Wahl des Indikators ein scharfer Umschlag zu erwarten. Wo aber die Konzentrationsänderungen in Gegend des Endpunktes relativ gering sind, bleibt ein scharfer Umschlag aus, und die Resultate können nicht sehr genau werden.

Die relativen Fehler nehmen gewöhnlich mit steigender Verdünnung zu, wie schon im Kapitel „Titrierfehler“ ausführlich dargelegt wurde. Die günstigsten Bedingungen, unter denen der Titrierfehler möglichst klein gehalten wird, lassen sich im allgemeinen mathematisch ableiten, müssen aber auch immer empirisch nachgeprüft werden. Daraus ergeben sich dann die Korrekturen, die an den unmittelbaren Titrationsergebnissen anzubringen sind.

Bei Physiko-Chemikern steht die Maßanalyse bisweilen noch in geringem Ansehen, sie geben oft — und meist mit Unrecht — einer gravimetrischen Bestimmung den Vorzug. Beide Methoden unterliegen den gleichen Fehlern, die durch die Wage, die Gewichtssätze und die Operation des Wägens verursacht werden. Zu den Gewichtsanalysen treten die Komplikationen beim Auswaschen (in-Lösung-Gehen des Niederschlags), durch Adsorption (auch Okklusion usw.); zu den maßanalytischen Bestimmungen die methodischen und Titrierfehler.

Sofern man diese letzteren Fehler genau kennt, sie möglichst einschränkt, überdies noch Korrekturen feststellt und anbringt, sind zahlreiche maßanalytische Bestimmungen nicht nur den gravimetrischen gleichwertig, sondern können denselben an Genauigkeit sogar überlegen sein.

§ 3. Äquivalent- oder Normalgewicht. Die Konzentration einer gelösten Substanz wird in verschiedener Weise ausgedrückt; in Grammolen auf 1 Liter Lösung; oder Grammolen auf 1000 g Lösung — oder auf 1000 g Lösungsmittel. Sogar die Angabe: Mole gelöste Substanz auf Mole Lösung (= Molenbruch) kommt hier und da vor. Weil man in der Maßanalyse gewöhnlich den Verbrauch in Raumteilen abliest, ist die Definition der Konzentration in bezug auf 1 Liter Lösung die rationellste. Jedoch lauten meist die Konzentrationsangaben nicht auf Grammole gelöster Substanz, sondern auf Grammäquivalente. Die Anzahl Grammäquivalente im Liter bezeichnet die Normalität oder den Titer der Lösung. Das Gewicht eines Grammäquivalentes nennt man daher das Äquivalent- oder Normalgewicht.

Welche Beziehung besteht nun zwischen Mol- und Äquivalentgewicht? Im allgemeinen versteht man unter dem Äquivalentgewicht diejenige Menge Substanz, welche in ihrer Wirkung einem Grammatom Wasserstoff entspricht. Dieser Vergleich mit Wasserstoff ist mehr oder weniger konventionell und ist mehr als eine „Eselsbrücke" zu betrachten, um in einfacher Weise das Äquivalentgewicht auffinden zu können. So enthält z. B. 1 Mol Salzsäure ein Grammatom reaktionsfähigen Wasserstoff. Das Äquivalentgewicht (Äq.-G.) der Salzsäure ist dem Molargewicht (M) gleich. Eine einsäurige Base enthält im Molekül eine reaktionsfähige Hydroxylgruppe. Letztere entspricht einem Grammatom Wasserstoff, daher ist das Äq.-G. der einsäurigen Base wieder gleich deren Molgewicht. Bei mehrsäurigen Basen oder mehrbasischen Säuren gibt die im Molekül enthaltene Anzahl neutralisierbarer Hydroxylgruppen bzw. Wasserstoffionen die Zahl an, durch welche dividiert, aus dem Molgewicht das Äquivalentgewicht hervorgeht. Auch bei den Fällungsanalysen kann man direkt aus der Reaktionsgleichung das Verhältnis zwischen Mol- und Äquivalentgewichten ablesen. Anders liegt die Sache bei den Oxydations- bzw. Reduktionsreaktionen. Man stellt hier zunächst durch eine einfache Gleichung fest, wie viele Atome Sauerstoff von einem Mol des Oxydans abgegeben bzw. von einem Mol des Reduktors aufgenommen wurde. Diese Zahl der Sauerstoffatome, multipliziert mit 2, gibt die entsprechende Anzahl Wasserstoffatome an. Die Oxydationswirkung des Permanganats in saurer Lösung beruht auf dem Vorgang

$$2\,KMnO_4 \rightarrow K_2O + 2\,MnO + 5\,O\,.$$

1 Mol Permanganat liefert also 2,5 Atome Sauerstoff, entsprechend 5 Grammatomen Wasserstoff. Das Äquivalentgewicht des Permanganats beträgt mithin ein Fünftel seines Molgewichts.

Das Äquivalentgewicht auf eine bestimmte Menge Wasserstoff zu beziehen, ist wohl üblich, aber nicht eindeutig und daher wissenschaftlich nicht ganz gerechtfertigt. Eine Substanz ist in ihrer Reaktion doch nicht immer mit Wasserstoff zu vergleichen. Im Grunde genommen will man bei der Ableitung des Äq.-G. nur wissen, wieviel von der fraglichen Substanz einem Mol eines univalenten Stoffes in ihrer Wirkung gleichkommt. Bei den Titrationsmethoden, welche auf Ionenkombinationen beruhen, muß man daher die Valenzbetätigung bei der Reaktion kennen. Wenn 1 Mol der Substanz mit einem Grammäquivalent eines einwertigen Ions reagiert, so ist das Äq.-G. gleich dem Molekulargewicht; verbindet es sich mit 2 einwertigen Grammionen oder mit einem Formelgewicht eines zweiwertigen Ions, so ist das Äquivalentgewicht der Substanz gleich dem halben Molekulargewicht. Und allgemein: wenn 1 Mol der Substanz mit x einwertigen Ionen in Reaktion tritt oder in seiner Reaktion vergleichbar ist, wird das

$$\text{Äq.-G.} = \frac{M}{x}$$

sein.

Reagieren a Mole mit x univalenten Ionen, so ist endlich

$$\text{Äq.-G.} = \frac{M \cdot a}{x}.$$

Bei Oxydations- bzw. Reduktionsreaktionen ist die Anzahl der Elektronen, welche aufgenommen bzw. abgegeben werden, für die stöchiometrischen Beziehungen maßgebend. Das Äquivalentgewicht ist hier gleich dem Molgewicht dividiert durch die Zahl der Elektronen x, welche 1 Molekül der Substanz bei der Reaktion abgibt, bzw. aufnimmt. Also

$$\text{Äq.-G.} = \frac{M}{x}.$$

Die Reaktion des Ferrosulfats als Reduktionsmittel wird durch die Gleichung:

$$\text{Fe}^{\cdot\cdot} \leftrightarrows \text{Fe}^{\cdot\cdot\cdot} + e$$

wiedergegeben.

(e ist ein negatives Elektron.)

Da hier x gleich 1 ist, fallen Äq.-Gewicht und Molekulargewicht zusammen.

Die Oxydationswirkung des Permanganats in saurer Lösung lautet als Gleichung:

$$\text{MnO}_4' + 8\,\text{H}^{\cdot} \rightarrow \text{Mn}^{\cdot\cdot} + 4\,\text{H}_2\text{O} + 5\,e.$$

$x = 5$ und das Äq.-G. ist also $\frac{1}{5}$ des Molekulargewichts. Auf diese Art können wir auch für komplizierte Reaktionen das Äquivalentgewicht leicht auffinden.

Es sei nachdrücklich darauf hingewiesen, daß das Äquivalentgewicht im Gegensatz zu dem Molgewicht keine Konstante für eine Substanz ist. Es hängt von deren Reaktionsweise ab und kann, wo verschiedenartige Reaktionsmöglichkeiten vorliegen, verschiedene Werte haben. Titrieren wir z. B. Chromsäure als zweibasische Säure, so ist das Äquivalentgewicht gleich dem halben Molgewicht:

$$H_2CrO_4 \rightleftarrows 2\,H^{\cdot} + CrO_4'',$$

$$2\,H^{\cdot} + 2\,OH' \rightleftarrows 2\,H_2O \qquad (x = 2).$$

Als Oxydationsmittel hat Chromsäure ein Ä.-G. $= \dfrac{1}{3}$ Molgewicht.

$$2\,H_2CrO_4 \rightleftarrows Cr_2O_3 + 2\,H_2O + 3\,O$$

oder $\qquad CrO_4'' + 8\,H^{\cdot} \rightleftarrows Cr^{\cdots} + 4\,H_2O + 3\,e \qquad (x = 3).$

Bei der argentometrischen Jodidbestimmung ist das Äq.-G. gleich dem Molekulargewicht. Wird Jodion jedoch zuerst mit Chlor zu Jodat oxydiert und als solches dann titriert, so ist das Äq.-Gew. $= \dfrac{M}{6}$.

Wird das Jodid in saurer Lösung mit Jodat behandelt und das freigesetzte Jod nach Neutralisation der Säure mit Thiosulfat titriert, so ist Äq.-G. $= \dfrac{5\,M}{6}$:

$$5\,J' + JO_3' + 6\,H^{\cdot} \rightleftarrows 3\,J_2 + 3\,H_2O$$

$$3\,J_2 + 6\,S_2O_3'' \rightleftarrows 3\,S_4O_6'' + 6\,J'.$$

Bei der oxydimetrischen Bestimmung des Ferrocyanids wird dieses zu Ferricyanid oxydiert:

$$Fe(CN)_6'''' \rightleftarrows Fe(CN)_6''' + e.$$

Das Äquivalentgewicht ist gleich M. Wenn das Ferrocyanid zu Fällungsanalysen verwendet wird, so richtet sich das Äq.-G. je nach der Zusammensetzung des gebildeten Niederschlags.

Bei Angaben der Normalität von Lösungen (etwa auf den Anschriften der Vorratsflaschen) empfiehlt es sich, gleichzeitig die molare Konzentration im Liter zu vermerken, um erkennen zu lassen, auf welche Reaktionsweise sich die Normalität bezieht.

§ 4. Die Einstellung der Titerlösungen. Um aus dem Verbrauch an Maßflüssigkeit bei einer Titration auf die gesuchte Menge der titrierten Substanz schließen zu können, muß deren Titer oder Äquivalentgehalt bekannt sein. Die Herstellung einer definierten Titerlösung oder die Ermittlung ihres Titers ist nicht nur eine wesentliche Aufgabe der praktischen Maßanalytik, als solche wird sie im zweiten Band ausführlich zu behandeln sein; vielmehr hat diese Angelegenheit auch einiges allgemeine und theoretische Interesse, weshalb sie hier schon kurz gestreift werden soll.

Am einfachsten liegt die Sache, sobald die in den Maßflüssigkeiten enthaltenen Stoffe dem Chemiker analysenrein und formelgerecht zur Verfügung stehen, oder er sie einigermaßen bequem auf diesen Reinheitszustand durch Trocknen, Umkristallisieren oder anderswie bringen kann. Durch Einwägen des Äquivalentgewichtes oder eines aliquoten Teiles desselben und Auflösen auf ein bestimmtes Volumen gelangt man zu außerordentlich genauen Titerlösungen. Auf die genannte Art kann man Dichromat-, Permanganat-, Bromat-, Oxalat-, Ferricyanid-, Natriumkarbonat-, Silbernitrat-, Alkalichlorid- und viele andere vielbenutzte Lösungen von genauem Gehalt ohne viel Mühe zubereiten[1]. Dabei ist es natürlich erforderlich, daß diese Lösungen beim Stehen ihren ursprünglichen Gehalt nicht verändern, andernfalls ja ihre genaue Zubereitung bald hinfällig wird. Näheres darüber erfuhren wir im Kapitel: Haltbarkeit der Lösungen (S. 225).

Zur Kontrolle der genannten Art Titerlösungen empfiehlt es sich immer, diese nach dem weiter unten erwähnten Verfahren auf ihren Gehalt und auf ihre Haltbarkeit hin nachzuprüfen.

Anders verhält es sich bei Stoffen, die nicht leicht analysenrein zu erhalten sind, wie Cyanalkalien, den meisten Säuren und Laugen. Da kann man nur Lösungen von ungefährem Gehalt ansetzen und muß ihren maßanalytischen Wirkungswert hernach genau bestimmen, man muß die Lösungen auf gut definierte Lösungen der erstgenannten Art oder auf chemische Einwagen reiner Bezugsstoffe, sogenannter Urtitersubstanzen, „einstellen".

---

[1] Fix und fertig in genauer Einwage von $^1/_{10}$ Grammäquivalent (geeignet also für 1 l $^n/_{10}$-Lösung, 250 cm³ 0,4 n-Lösung usw.) werden beispielsweise solche Stoffe, eingeschmolzen in Glasröhrchen, unter dem Namen Fixanalsubstanzen von der Firma E. de Haën, Seelze-Hannover, in den Handel gebracht; diese Fixanalsubstanzen haben sich, vor allem in Industrielaboratorien, als sehr zweckmäßig und zeitsparend bewährt. Vgl. hierzu W. Böttger, Z. angew. Chem. Bd. 35, S. 257, 497. 1922.

Die Einstellung einer Maßflüssigkeit, soweit sie nicht, wie es selten vorkommt, auf gravimetrischem Wege geschieht, ist meist in der Ausführung nichts anderes als eine Maßanalyse selbst — nur besteht der Unterschied, daß man bei der Analyse die Titerlösung kennt und die titrierte Substanz ermittelt, beim Einstellen aber vom bekannten Gehalt der titrierten Substanz aus den Gehalt der Titerlösung feststellt — ein Unterschied freilich, der nur in der Auswertung der Titration zur Geltung kommt.

Um den absoluten Äquivalentgehalt der Titerlösungen unabhängig von den inneren Fehlern der beim Einstellen eingeschlagenen Titriermethode festzustellen, müssen bei der Titerbestimmung selbstverständlich auch die dem Titrierfehler entsprechenden Korrekturen berücksichtigt werden, wie wir das für die Analysen selbst für notwendig erkannt haben, soweit nicht der Titrierfehler bei der Einstellung praktisch zu vernachlässigen ist. Physiko-chemische Titriermethoden, etwa die potentiometrische, die im folgenden noch zu erwähnen ist, empfehlen sich oft zu besonders einwandfreier und zuverlässiger Titerstellung.

Praktisch ist bisweilen der absolute, vom Titrierfehler befreite Titerwert einer Lösung weniger wichtig als ihr relativer Wirkungswert bei einer bestimmten Analysenmethode, bei Benutzung eines bestimmten Indikators. Dies trifft namentlich dann zu, wenn bei der Einstellung der Lösung und ihrem weiteren analytischen Gebrauch unter gleich gehaltenen Verhältnissen gearbeitet wird. Beispielsweise können wir bei der Einstellung einer $^n/_{10}$-Salzsäure auf Methylorange und Borax den kleinen Titrierfehler in Rechnung ziehen. Falls wir aber weiterhin diese Salzsäure zu Methylorangetitrationen benutzen, genügt uns der relative Methylorangetiter der Säure. Indem wir bei Einstellung und späteren Titrationen den gleichen kleinen Titrierfehler begehen und ihn in beiden Fällen als gleich annehmen dürfen, hat er auf die Auswertung der Analysen praktisch keinen Einfluß mehr. Das Entsprechende gilt für carbonathaltige verdünnte Laugen bei Phenolphthaleineinstellung und -titrationen; wir arbeiten mit ihren „Phenolphthaleintitern"; oder auch von nach MOHR eingestellten Silberlösungen, die hernach zu Chlorbestimmungen nach MOHR verwendet werden.

Soviel davon; — alle weiteren Ausführungen zur Titereinstellung der Maßflüssigkeiten, spezielle Angaben und praktische Erfahrungen behalten wir uns für den zweiten Teil unseres Buches vor.

§ 5. Die Bestimmung des Äquivalenzpunktes. Physiko-chemische Titrationen. Um bei einer Titration den Äquivalenzpunkt möglichst genau zu bestimmen, stehen verschiedene Mittel zur Verfügung:

1. Die Erkennung des Endpunktes durch Indikatoren. In der maßanalytischen Praxis gebührt den Indikatorenmethoden der Vorrang, weil sie am schnellsten und ohne besondere Apparaturen zum Ziele führen.

Falls Titerlösung oder vorgelegte Substanz selbst stark gefärbt sind und sie bei der Reaktion in farblose Verbindungen übergeführt werden, erübrigt sich, wie schon an anderer Stelle bemerkt, ein besonderer Indikatorzusatz (Titrationen mit Permanganat; Jodometrie), ebenso bei einigen Komplexbildungsanalysen, wenn nämlich das gebildete komplexe Ion mit überschüssigem Reagens einen Niederschlag liefert (z. B. Cyanidtitration in alkalischer Lösung mit Silbernitrat).

Falls wir bei einer Titration verschiedene Indikatoren zur Verfügung haben, hängt die Wahl des geeignetsten außer von dessen Empfindlichkeit noch von der Gleichgewichtskonstante der Reaktion und der Verdünnung ab. In diesem Buch (vgl. besonders die Kapitel: „Die Indikatoren" und „Der Titrierfehler") sind bereits eingehend die für eine gute Indikatorwirkung notwendigen Bedingungen entwickelt worden.

2. Die physikalisch-chemischen Endpunktsbestimmungen ohne Indikatoren. Bei diesen Methoden verfolgt man irgendeine physikalisch-chemische Größe der Lösung, die sich im Verlauf der Titration allmählich, im Endpunkt dagegen plötzlich sehr stark ändert.

Am bekanntesten sind die elektrometrischen Titrationen, bei denen wir wieder die konduktometrischen und potentiometrischen Methoden unterscheiden können.

Die konduktometrischen Titrationen[1]: BERTHELOT hat schon im Jahre 1891 eine ausgezeichnete und ausführliche Untersuchung über die Leitfähigkeitskurven bei der Neutralisation der verschiedenen Typen von Säuren und Basen mitgeteilt. Auf die analytische Bedeutung dieser Methode haben besonders

---

[1] Vgl. J. M. KOLTHOFF: Die konduktometrischen Titrationen. Dresden: Theodor Steinkopf 1923.

Küster und seine Mitarbeiter hingewiesen (1902, 1904). Ein besonderes Verdienst auf diesem Gebiet hat sich P. Dutoit in Lausanne erworben. Sowohl für Neutralisations- wie für Fällungsreaktionen hat er die Methode eingehend ausgearbeitet. (Vgl. übrigens die zitierte Monographie von Kolthoff.) Wenn man zu einer Elektrolytlösung eine andere hinzufügt, ohne das Volumen der Lösung praktisch zu ändern, nimmt die Leitfähigkeit zu — sofern beide Elektrolyte nicht miteinander reagieren. Verbindet sich jedoch ein Ion des einen Elektrolyten mit einem Ion des andern zu einer wenig dissoziierten oder unlöslichen Substanz, oder ändert sich durch einen Oxydations- bzw. Reduktionsvorgang die totale Ionenkonzentration, dann bestehen beim Zusatz des zweiten Elektrolyten drei Möglichkeiten:

a) Das Leitvermögen nimmt ab.

b) Das Leitvermögen bleibt ungeändert.

c) Das Leitvermögen nimmt zu.

Wenn das Reaktionsprodukt wenig dissoziiert oder schwer löslich ist, können wir die statthabende Reaktion in folgende Gleichung fassen:

$$B^{\cdot} + A' + C^{\cdot} + D' \rightarrow BD + A' + C^{\cdot}$$

<table>
<tr><td>↓</td><td>Reagens</td><td>↓</td></tr>
<tr><td>Zu bestim-
mendes Ion</td><td></td><td>wenig dissoziiert
oder schwer löslich</td></tr>
</table>

Die unbeteiligten A-Ionen bleiben also in der Lösung; die B-Ionen dagegen gehen in die wenig dissoziierte oder schwer lösliche Verbindung BD ein, werden also gleichsam von den C-Ionen verdrängt.

Wir setzen der Übersichtlichkeit wegen voraus, daß das Reagens gegenüber der ursprünglichen Lösung so konzentriert ist, daß sich deren Volumen während der Titration nicht ändert.

Nunmehr können wir sofort entscheiden, unter welchen Bedingungen Fall a), b) oder c) eintreten wird.

a) Ist die Beweglichkeit der B-Ionen (λ_B) größer als λ_C, dann muß die Leitfähigkeit der BA-Lösung auf Zusatz von CD abnehmen. Dies geschieht z. B. beim Neutralisieren starker Säuren mit starken Basen. Die Wasserstoffionen sind etwa 5mal schneller beweglich als die bestleitenden anderen Kationen. Wenn die Wasserstoffionen sich also während der Titration mit den Hydroxylionen unter Bildung des praktisch nicht dissoziierten Wassers verbinden, so wird die Leitfähigkeit abnehmen, bis der Äquivalenzpunkt erreicht ist. Die Lösung enthält dann die der anfänglichen Säuremenge äquivalente Konzentration an Neutralsalz. Bei weiterem Laugenzusatz wird das Leitvermögen wieder stark anwachsen. Messen wir nun im Verlauf der Titration nach bestimmten Zusätzen der Titerlösung jedesmal die Leitfähigkeit, und tragen wir deren Werte graphisch in Abhängigkeit des Reagensverbrauches auf, so erhalten wir zwei Gerade, die einander ganz scharf im Äquivalenzpunkt schneiden. In diesem Punkt hat die Leitfähigkeit ein Minimum.

Kurve I (Abb. 20) stellt den Gang der Leitfähigkeit bei der Titration einer starken Säure mit einer starken Base graphisch dar.

b) Der Fall b liegt vor, wenn λ_B und λ_C gleich sind. Die Leitfähigkeit bleibt bis zum Äquivalenzpunkt unverändert, um von dort ab erst zuzunehmen. Bei der Titration von Silbernitrat mit Bariumchlorid tritt an Stelle des Silberions mit $\lambda_{Ag} = 54{,}3$ das Bariumion mit $\lambda_{Ba} = 55$. Würde man mit Natriumchlorid titrieren, so müßte die Leitfähigkeit bis zum Äquivalenzpunkt ein wenig sinken, weil λ_{Na} nur 43,5 ist; mit Kaliumchlorid würde sie etwas zunehmen, da λ_K gleich 64,6 (alles auf 18° C bezogen). Während einer Fällungsanalyse ändert sich die Leitfähigkeit des Systems im allgemeinen also nur wenig, bis der Äquivalenzpunkt erreicht ist, um sodann anzuwachsen.

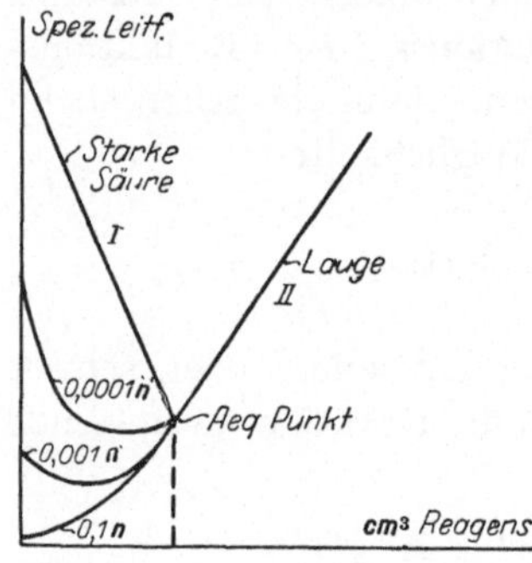

Abb. 20. Leitfähigkeitstitration einer starken Säure und einer schwachen in verschiedenen Verdünnungen.

Man erhält auch hier wieder zwei Gerade, die einander im Äquivalenzpunkt schneiden. Gewöhnlich mißt man die Leitfähigkeit in der Nähe dieses Punktes etwas größer, als dem Verlauf der beiden Geraden entspricht. Hier kommen nämlich die Löslichkeit des gebildeten Salzes oder die Dissoziation der wenig dissoziierten Verbindung hinzu, die wir bisher außer acht ließen. Je größer diese oder jene ist, um so mehr weicht die praktische Titrierkurve von den beiden zum Schnittpunkt verlängerten Geraden ab, und so ungenauer fällt das Resultat aus (betr. Fehlerquellen vgl. KOLTHOFF, l. c. S. 53).

c) Der Fall c tritt allgemein bei der Neutralisation einer schwachen Säure mit einer starken Base und umgekehrt auf. Falls die zu titrierende Säure besonders schwach ist, wie Borsäure oder Cyanwasserstoff, nimmt die Leitfähigkeit schon von Beginn der Titration an zu.

Ist die Säure etwas stärker dissoziiert, so sinkt die Leitfähigkeit zunächst, weil die rasch beweglichen Wasserstoffionen verschwinden, geht dann langsam durch ein Minimum, das analytisch keine Bedeutung hat, um dann erst anzusteigen. Je verdünnter die Säurelösung, um so mehr verschiebt sich das gesamte Minimum nach dem Äquivalenzpunkt hin. Sobald dieser erreicht ist, wächst die Leitfähigkeit wieder stärker an, indem die Hydroxylionen eine größere Beweglichkeit als die Anionen der titrierten Säure haben.

Mit zunehmender Stärke der zu titrierenden Säure oder Base geht Fall c allmählich in Fall a über.

Zur Veranschaulichung bringen wir in Abb. 20 einige konduktometrische Titrationskurven einer schwachen Säure in verschiedenen Konzentrationsbereichen.

Im allgemeinen wird man die Leitfähigkeitstitration dort anwenden, wo die Indikatorenmethode versagt: etwa bei stark gefärbten Flüssigkeiten und in Fällen, wo wir keine geeigneten Indikatoren zur Hand haben (Ba$^{..}$ mit SO$_4''$), oder auch dann, wenn die Indikatorenmethode an Genauigkeit der konduktometrischen Titration nachsteht (z. B. Titration von sehr schwachen Säuren und Basen, wie Borsäure, Anilin u. a.). Andererseits darf nicht verschwiegen werden, daß die Anwesenheit fremder, an der Reaktion unbeteiligter Elektrolyte die Genauigkeit der Methode stark beeinträchtigt. Die Bestimmung eines einzelnen Ions neben großen Mengen anderer Elektrolyten auf konduktometrischem Wege führt zu keinem sicheren Ergebnis.

Die potentiometrischen Titrationen[1]. Während die konduktometrischen Bestimmungen uns kein direktes Maß für die Ionenkonzentration des zu bestimmenden Stoffes bzw. der hinzugekommenen Titerlösung geben, zeigen uns die potentiometrischen Messungen unmittelbar den Verlauf der Ionenkonzentration wäh-

---

[1] Vgl. Erich Müller: Die elektrometrische Maßanalyse, 4. Aufl. Dresden: Th. Steinkopf 1926. — J. M. Kolthoff und N. H. Furman: Potentiometric titrations. New York: Wiley & Sons 1926.

rend der Titration an. Die Elektrode, deren Potential wir bei der Titration messend verfolgen, spielt gleichsam die Rolle eines Indikators; die Potentialänderung am Äquivalenzpunkt ist eine Funktion der wechselnden Ionenkonzentration, wie in einem früheren Kapitel bereits rechnerisch abgeleitet wurde. Sobald wir die Genauigkeit der Potentialmessung kennen,. läßt sich auch der Titrierfehler ermitteln, ähnlich wie wir es früher für die gewöhnlichen Indikatoren gezeigt haben. W. BÖTTGER (1897) hat als erster die Wasserstoffelektrode auf die Neutralisationsanalyse angewandt. Seit dem Erscheinen einer sehr interessanten Arbeit von J. H. HILDEBRAND[1] (1913), der auch für Titrationszwecke der Wasserstoffelektrode eine vereinfachte, wenn auch weniger geeignete Form gab, erfreuen sich die potentiometrischen Methoden eines regen Interesses. Um die potentiometrische Titration bei Ionenkombinationsreaktionen (Neutralisations-, Fällungs- und Komplexbildungsanalysen) benutzen zu können, ist eine Elektrode erforderlich, die auf eines der reagierenden Ionen anspricht.

Eine Metallelektrode stellt sich in Berührung mit einer Lösung ihrer Ionen auf ein bestimmtes Potential ein, dessen Abhängigkeit von den jeweiligen Versuchsbedingungen durch die NERNSTsche Formel wiedergegeben wird:

$$E = \frac{RT}{n_\varepsilon F} \ln \frac{P}{p} \,.$$

E bedeutet hierbei das Elektrodenpotential gegen die Flüssigkeit (bzw. die Potentialdifferenz Elektrode-Lösung), R die Gaskonstante, T die absolute Temperatur, n_ε die Wertigkeit des elektromotorisch wirksamen Ions; F die in Faraday ($= 96\,500$ Coulomb) gemessene Ladung eines Grammäquivalentes der Ionen, ln ist bekanntlich der natürliche Logarithmus, während P eine für jede Elektrode konstante Größe, die sogenannte elektrolytische Lösungstension, und p den osmotischen Druck der Ionen angibt. Wie bekannt, ist in verdünnter Lösung der osmotische Druck der Ionen proportional ihrer Konzentration c_I:

$$p = c_I \cdot K \,.$$

Weiter können wir in die Nernstsche Formel die gebräuchlichen Werte für R und F einführen und ln auf dekadischen

---

[1] HILDEBRAND: J. amer. chem. Soc. Bd. 35, S. 869. 1913.

Logarithmus umstellen. Wir erhalten dann:

$$E = \frac{0,0001983}{n_\varepsilon}\, T \log \frac{P}{c_\mathrm{I} \cdot K}\,.$$

Handelt es sich um einwertige Ionen und arbeiten wir bei 18^0, so gilt:

$$E = 0,0577 \log \frac{K}{c_\mathrm{I}}\,.$$

Wenn schließlich c_I gleich 1 ist, so wird

$$E = 0,0577 \log K = \varepsilon_0\,.$$

Diesen Potentialwert bei der Ionenkonzentration $= 1$ nennt man das **Normalpotential** oder **elektrolytische Potential ε_0** (bezogen auf die Normal-Wasserstoffelektrode).

Allgemein wird also

$$E = \varepsilon_0 - \frac{0,0577}{n_\varepsilon} \log c_\mathrm{I}\,. \tag{18^0}$$

An Stelle von $-\log c$ führen wir den Ionenexponenten p_I ein, dann gilt:

$$E = \varepsilon_0 + \frac{0,0577}{n_\varepsilon}\, p_\mathrm{I}\,. \tag{18^0}$$

Eine Änderung in p_I von eins entspricht einer 10fachen Änderung der Ionenkonzentration. Bei einwertigen Metallen und Metalloiden führt dies theoretisch zu Potentialsprüngen von 0,0577 Volt (bei 18^0); bei mehrwertigen (n-wertigen) Elementen von $\dfrac{0,0577}{n_\varepsilon}$ Volt. Je nach Art des zu titrierenden Ions gebraucht man verschiedene Elektroden; so für die Bestimmung von Wasserstoffionen (auch Hydroxylionen) eine Wasserstoffelektrode, in der der Wasserstoff gleichsam als Metall elektromotorisch wirkt, für Silberionen (auch für Halogenionen u. a.) eine Silberelektrode.

Etwas anders verfährt man bei Oxydations- und Reduktionsvorgängen. Eine in die Lösung eines Oxydationsmittels getauchte blanke Platin- (Gold- oder Palladium-)Elektrode zeigt auch ein bestimmtes Potential an, an dessen Zustandekommen das Elektrodenmetall freilich nicht selbst beteiligt ist. Vielmehr gibt die Elektrode als „Potentialvermittler" das in der Lösung herrschende Oxydations- bzw. Reduktionspotential wieder.

Wenn wir die Beziehung zwischen der oxydierten und reduzierten Form einer Substanz durch die Gleichung wiedergeben:

$$Ox + n\,e \leftrightarrows Red$$

(Ox = oxydierte Form; e = ein Elektron, n = die Anzahl Elektronen, welche das Ox bei seiner Reduktion aufnimmt; und Red = reduzierte Form), so wird das Potential der Elektrode ausgedrückt durch:

$$E = \frac{RT}{nF} \ln \frac{[Ox]\,K}{[Red]}$$

oder in vereinfachter Form:

$$E = \varepsilon_0 + \frac{0{,}0577}{n} \log \frac{[Ox]}{[Red]} \,.$$

[Ox] und [Red] bedeuten die Konzentrationen beider Oxydationsstufen, ε_0 wieder das Normalpotential, also dasjenige einer Lösung, wo [Ox] = [Red]. Das Elektrodenpotential wird mithin nur vom Verhältnis [Ox] : [Red] bedingt.

Ebenso, wie sich bei Ionenkombinationsreaktionen im Äquivalenzpunkt die Ionenkonzentration am stärksten ändert, zeigt bei potentiometrischer Indikation der Verlauf des Potentiales, das ja nach obenstehender Ableitung ein Maß der Ionenkonzentration ist, dort einen starken Sprung. Mit demjenigen kleinen Zusatz an Titerlösung, der die relativ größte Potentialänderung hervorruft, ist der Endpunkt der Bestimmung erreicht; und er läßt sich um so genauer feststellen, je beträchtlicher, auf den gleichen Zusatz gerechnet, diese Potentialänderung ist.

Sehr anschaulich ist eine graphische Darstellung des Potentialverlaufs in Abhängigkeit des Verbrauches an Maßflüssigkeit. Der Äquivalenzpunkt gibt sich in einem Wendepunkt der Potentialkurve zu erkennen. In Kapitel 2 haben wir die theoretischen Titrationskurven berechnet und die p_H- oder p_J-Werte als Funktionen des prozentischen Umsatzes (bzw. der verbrauchten Titerlösung) aufgetragen. Da nun bei Ionenkombinationsreaktionen die Potentiale in linearer Abhängigkeit von p_J, den negativen Logarithmen der Ionenkonzentration stehen, fallen die früher betrachteten theoretischen Titrierkurven mit den entsprechenden empirisch aufgenommenen Potentialkurven bei passender Wahl der Koordinateneinheit vollkommen zusammen.

Da bei Oxydations-Reduktionsreaktionen das Verhältnis

[Ox] : [Red] die größte Änderung im Äquivalenzpunkt erfährt, muß dort sich auch das an einer unangreifbaren Elektrode gemessene Potential, weil es eine Funktion der Größe [Ox] : [Red] ist, sprunghaft ändern. Mit der kleinen Menge, sagen wir mit dem Tropfen, der dem größten Potentialsprung bewirkt, ist man darum auch am Äquivalenzpunkt angelangt.

Um praktisch den Gang der Einzelpotentiale der Indikatorelektrode messen zu können, schaltet man diese gegen eine Vergleichselektrode von konstantem Potentialwert und ermittelt während der Titration die EMK des so gebildeten galvanischen Elements. Diese EMK ist bekanntlich gleich der algebraischen Summe der Potentiale beider Elektroden oder Halbelemente; von diesen bleibt das Potential der Bezugselektrode konstant, so daß die Änderung der EMK als direktes Maß für den Potentialverlauf der Indikator- oder Titrierelektrode angesehen werden darf.

Nicht die Absolutwerte, sondern die relativen Änderungen des indizierenden Potentials interessieren uns bei der Verfolgung einer Titration; daher erübrigt sich jede weitere Umrechnung.

Falls man aber die Potentialdifferenz zwischen Bezugs- und Titrierelektrode im Äquivalenzpunkt kennt, kann man nach der Kompensationsmethode die entsprechende EMK gegenschalten und auf den Punkt, wo die Kette stromlos geworden ist, mit andern Worten: auf einen bestimmten „Titrierexponenten" titrieren.

Man kann sogar als Bezugselektrode eine solche von der Art der Titrierelektrode wählen, die in eine Lösung genau derjenigen Konzentrationsverhältnisse taucht, wie sie im Äquivalenzpunkt anzustreben ist. Sobald dann beide Elektroden gleiche Potentialwerte zeigen und die EMK der Kette dadurch Null wird, ist der Endpunkt erreicht. Dies Verfahren ist der Indikatortitration unter Benutzung einer „Vergleichslösung" ähnlich.

Auf die praktische Ausführung und die Genauigkeit der potentiometrischen Titrationen wollen wir hier nicht näher eingehen; darüber finden sich ausführliche Angaben in den genannten Büchern von ERICH MÜLLER und KOLTHOFF-FURMAN.

Weniger gebräuchliche Methoden: Die meisten physikalischen Kriterien einer der Titration unterworfenen Lösung werden im Äquivalenzpunkt Sprünge oder Unstetigkeiten (Knickpunkte) zeigen.

Die kryoskopische Methode: E. Cornec[1] hat die Gefrierpunkte an Mischungen von Säuren und Basen in verschiedenen Verhältnissen studiert und fand, daß die Kurven der ermittelten Werte deutliche Knicke am Äquivalenzpunkt aufweisen. Im Gegensatz zu den konduktometrischen Titrationen, bei denen die individuellen Beweglichkeiten der Ionen von Fall zu Fall den Verlauf der Messungen bedingen, hängt bei der kryoskopischen Titration die Ausprägung des Sprunges nur von der Änderung der totalen Ionenkonzentration ab.

Die kryoskopische Methode ist sehr zeitraubend und wird daher bei praktischen Analysen nie verwendet werden. Nur für spezielle physikalisch-chemische Untersuchungen kann sie in Frage kommen.

Die refraktometrische Methode: Reagieren im Verlauf einer Titration Ionen miteinander, so ändern sich die physikalischen Größen der ursprünglichen Lösung. So hat z. B. die Refraktion (der Brechungskoeffizient) einer Säure- oder Basenlösung ein Minimum im Äquivalenzpunkt. Das gleiche gilt für die Fällung von Chlorion mit Silber usw. Die gebräuchlichen Refraktometer sind zu unempfindlich, um die geringen Änderungen der Refraktion mit genügender Genauigkeit zu messen. Von E. Cornec ist die refraktometrische Methode für vereinzelte Sonderzwecke benutzt worden. Seit E. Berl und L. Ranis[2] aber gezeigt haben, daß das Flüssigkeits-Interferometer nach Löwe für den Zweck geeignet ist, scheint die interferometrische Methode auch praktisch-analytische Bedeutung zu erlangen. Berl und Ranis bestimmten die Interferometerwerte bei der Neutralisation von Säuren mit Basen und bei einigen Ionenfällungen und fanden, daß in der graphischen Wiedergabe die Zahlengrößen auf zwei Geraden liegen, die sich im Äquivalenzpunkt schneiden. Man erhält so Kurven, welche zu gewissem Grade an diejenigen der Leitfähigkeitstitrationen erinnern. Selbstverständlich sind die theoretischen Voraussetzungen solcher refraktometrischen Verfahren ganz wesensverschieden von denen der konduktometrischen Methoden (vgl. besonders E. Berl und L. Ranis[3]).

---

[1] Cornec, E.: Ann. chim. phys. [8] Bd. 29, S. 491; Bd. 30, S. 63. 1913.

[2] Berl, E. und L. Ranis: Ber. Bd. 61, S. 92. 1928.

[3] Berl, E. und L. Ranis: Die Anwendung der Interferometrie in Wissenschaft und Technik Bd. 19, H. 7. 1928.

Die kalorimetrische oder thermometrische Methode: Hier mißt man mittels eines Thermometers den Temperaturanstieg und damit in roher Annäherung die Wärmetönung einer maßanalytischen Reaktion. Bis zum Endpunkt entsprechen die wechselnden Temperaturablesungen der verbrauchten oder entbundenen Reaktionswärme; von da ab bleibt die Temperatur nahezu konstant. Diese Methode ist von P. Dutoit und E. Grobet[1] ausgearbeitet worden. Sie gibt weniger genaue Resultate als die konduktometrischen oder potentiometrischen Titrationen, läßt jedoch feinere konstitutionelle Unterschiede erkennen.

In den letzten Jahren haben P. M. Dean und O. O. Watts[2] dies Verfahren bei der Sulfatbestimmung mit Bariumlösung, und Dean und E. Newcomber[2] für die Bestimmung von Chlorid mit Silbernitrat angewandt.

Eine eingehende Untersuchung über die Anwendung der calorimetrischen (thermometrischen) Titrationsmethode haben C. Mayr und J. Fisch[3] geliefert. Für die Sulfat- und Chloridbestimmung erscheint das Verfahren ungeeignet, dagegen können Calcium, Strontium, Mercuro sowie Mercuri und Blei mit Ammoniumoxalat bestimmt werden. Auch für Oxydations- (bzw. Reduktions-)Verfahren scheint die Methode brauchbar zu sein. So bestimmten Mayr und Fisch Hypochlorit und Hypobromit mit arseniger Säure, ebenso Bromat bei bestimmter Säurekonzentration; Oxalsäure, Wasserstoffsuperoxyd, Ferrosulfat sowie Ferrocyankalium können genau mit Permanganat titriert werden. Wegen Einzelheiten verweisen wir auf die Originalarbeit[4].

Die viscosimetrische Methode: Die Viscosität verschiedener Emulsoide ist stark von der Wasserstoffionenkonzentration abhängig. Bei den Eiweißsubstanzen erreicht sie ein Maximum im isoelektrischen Punkt, der durch ein bestimmtes p_H gekennzeichnet ist. Durch Viscositätsmessungen bei Zusatz von Säure oder Lauge kann man diesen Punkt also bestimmen[5].

---

[1] Dutoit, P. und E. Grobet: J. chim. phys. Bd. 19, S. 324. 1922.

[2] Dean, P. M. und O. O. Watts: J. amer. chem. Soc. Bd. 46, S. 855. 1924; Dean und Newcomber: J. amer. chem. Soc. Bd. 47, S. 64. 1925.

[3] Mayr, C. und J. Fisch: Z. anal. Chem. Bd. 76, S. 418. 1929.

[4] Vgl. weiterhin Somiya, T.: J. Soc. Chem. Ind. Japan (Suppl.), Bd. 32, S. 490 1929; J. Soc. chem. Ind. Bd. 48, 76 J—77 J, Jg. 1929. Vgl. Zentralblatt 1928, II, S. 2080 u. 2081.

[5] Vgl. u. a. J. Loeb: Proteins and the theorie of colloidal behavior.

Auch dies Verfahren spielt in der analytischen Praxis nur eine ganz vereinzelte und untergeordnete Rolle.

Die physiologische Methode: Der Vollständigkeit dieser Übersicht halber wollen wir noch erwähnen, daß RICHARDS starke Säure so lange mit Lauge titrierte, bis der saure Geschmack nicht mehr wahrnehmbar war.

3. Die physikalisch-chemischen Methoden zur Endpunktsbestimmung mit Indikatoren.

Die spektroskopische Methode: In den Fällen, wo das Auge den Indikatorumschlag infolge einer Eigenfärbung der Flüssigkeit nicht genau mehr zu erkennen vermag, kann die spektroskopische Verfolgung des Indikators, d. h. die Aufnahme seines Absorptionsspektrums den Umschlag noch in ziemlicher Schärfe feststellen. TINGLE[1] hat darüber verschiedene Untersuchungen ausgeführt. R. H. MÜLLER und H. M. PARTRIDGE[2] haben eine automatische Titriervorrichtung beschrieben. Die zu titrierende Lösung wird während der Titration von einer starken Lampe durchleuchtet; das austretende Licht trifft auf eine photoelektrische Zelle. Der Photostrom wird durch eine Elektronenröhre verstärkt und bedient ein Relais, mit dessen Hilfe automatisch der Zufluß aus der Bürette geregelt wird.

Die stalagmometrische Methode (Messung der Oberflächenspannung).

Lösungen von Substanzen, welche die Oberflächenspannung des Wassers stark erniedrigen, haben beim Schütteln oft die Neigung, stark zu schäumen. Dies Phänomen beruht auf einer starken Adsorption der capillaraktiven Substanz an der Grenzfläche: Wasser—Luft.

Analytisch hat schon CLARK (1841) von dieser Erscheinung zur Härtebestimmung des Wassers Gebrauch gemacht; er verwendet Seifenlösung, die ja mit Calcium und Magnesium unlösliche Salze bildet. Solange diese Ionen noch frei in Lösung sind, liefern sie beim Titrieren mit Seifenlösung einen Niederschlag;

(Deutsche Übersetzung 1925.) Besonders für die Maßanalyse L. J. SIMON: C. r. Acad. Sci. Paris Bd. 178, S. 1076. 1924; Bd. 181, S. 862. 1925.

[1] TINGLE: J. amer. chem. Soc. Bd. 40, S. 873. 1918.

[2] MÜLLER und PARTRIDGE: Ind. Engin. Chem. Bd. 20, S. 423. 1928.

beim Schütteln bildet sich momentan ein Schaum, der aber schnell zusammenfällt. Sobald jedoch die Erdalkalien ausgefällt sind, führt wenig überschüssige Seifenlösung bereits zu einem bleibenden Schaum, an dem man den Endpunkt der Titration erkennt. Analytisch besehen ist diese Seifenmethode leider sehr ungenau; wie Schoorl (1913) nachgewiesen hat, beeinflussen Alkalisalze das Resultat sehr beträchtlich. So fand er in einer Calciumchloridlösung mit einer Stärke von 10,4 D.H.^{0} bei Anwesenheit von 0,1% KCl eine Stärke von 10,0 D.H.^{0}, von 1% KCl 7,7 D.H.^{0}, 1% NaCl 6,0^0, 1% NH_4 Cl 5,8^0. Kolloidchemisch sind diese interessanten Erscheinungen noch nicht aufgeklärt worden. Größere Mengen Magnesiumsalz machen die Methode ganz unbrauchbar. Eine wesentliche Verbesserung hat L. W. Winkler[1] eingeführt, indem er in Gegenwart von viel Seignettesalz nur die Kalkhärte bestimmt. Er titriert mit Kaliumoleatlösung, bis beim Schütteln ein feinblasiger beständiger Schaum bleibt. Die Methode erfordert ziemlich viel Erfahrung, ehe man brauchbare Resultate erhält. Weil wir über einfachere und bessere Methoden verfügen, hat die Winklersche Vorschrift nur geringe praktische Bedeutung.

Für Titrationszwecke maß Dubrisay[2] an der Trennungsschicht von Wasser und Petroleumkohlenwasserstoffen die Oberflächenspannung. Nach Donnan wird letztere durch eine Spur Alkali außerordentlich stark vermindert, wenn der Kohlenwasserstoff eine Fettsäure (Stearinsäure, Ölsäure) gelöst enthält. J. Traube und R. Somogyi[3] vereinfachen die Methode und maßen die Oberflächenspannung an der Grenzfläche Lösung—Luft. Dabei benutzten sie folgendes Prinzip:

Wenn man zu einer capillarinaktiven Lösung eines Salzes einer capillaraktiven schwachen Säure eine stärkere capillarinaktive Säure fügt, so wird die schwache capillaraktive Säure in Freiheit gesetzt und man erhält eine Verminderung der Oberflächenspannung. Diese Verminderung nimmt zu, bis alle schwache Säure in Freiheit gesetzt ist. Umgekehrt kann man auch das capillarinaktive Salz einer capillaraktiven schwachen Base verwenden (wie z. B. Chininmonochlorid). Bei Zusatz einer stärkeren capillar-

---

[1] Winkler, L. W.: Z. anal. Chem. Bd. 53, S. 414. 1914.

[2] Dubrisay: C. r. Acad. Sci. Paris Bd. 156, S. 894 u. 1902. 1913.

[3] Traube, J. und R. Somogyi: Internat. Z. physik. Chem. u. Biol. Bd. 1.

inaktiven Base wird dann die capillaraktive Base entbunden, und es tritt auch eine Oberflächenspannungsverminderung ein.

Die capillaraktiven Lösungen der schwachen Säuren oder Basen sind also Indikatoren auf Wasserstoff- bzw. Hydroxylionen. Die große Änderung der Oberflächenspannung findet in dem p_H-Bereich statt, wo der größere Teil der capillaraktiven Säure bzw. Base in Freiheit gesetzt wird. Ebenso wie bei den Farbindikatoren können wir hier also auch von einem Umwandlungsintervall der capillaraktiven Indikatoren sprechen.

J. TRAUBE und R. SOMOGYI (l. c.) verwandten Natriumisovalerianat als Indikator. Nach der TRAUBEschen[1] Regel nimmt nun die Erniedrigung der Oberflächenspannung stark und regelmäßig mit dem Anstieg in der homologen Reihe zu. Besonders für die niedrigeren Fettsäuren, von der Ameisensäure bis zur Nonylsäure, ist diese Regel von FORCH[2] bestätigt worden.

W. WINDISCH und W. DIETRICH[3] suchten geeignete Indikatoren und empfahlen das Natriumundecylat. Die Indikatorlösung wurde in folgender Weise hergestellt: 0,0744 g Undecylsäure wurden mit 4 cm³ 0,1 n-Lauge neutralisiert, sodann wurde mit Wasser auf 200 cm³ aufgefüllt. Bei Zusatz von Säure nimmt die Oberflächenspannung stark ab. Die folgenden Werte sind von WINDISCH und DIETRICH mit dem Viscostagonometer bei 18—20° gemessen worden. Der Wasserwert entspricht 114,5 Teilstrichen für einen Tropfen.

Einwirkung 0,1 n-Salzsäure auf Natriumundecylat
5 cm³ Na-Undecylat mit 50 cm³ Wasser.

0,1 n-Salzsäure in Tropfen	0	1	2	3
1 Tropfen Lösung entspricht Teilstrichen	113,3	91,2	60,3	51,0 .

Die Oberflächenspannung fällt also sehr stark bei Zusatz einer Spur Salzsäure. Beim dritten Tropfen tritt eine Trübung durch die schwer lösliche freie Undecylsäure auf (gesättigte Lösung etwa $\frac{1}{9000}$ n; 1 Tropfen entspricht 64,6 Teilstrichen). Daß man hier wohl von einem Umwandlungsintervall des Indikators sprechen darf, zeigen deutlich eine Reihe Messungen von WINDISCH und DIETRICH in Phosphatpufferlösungen (l. c. S. 153).

---

[1] Vgl. J. TRAUBE: Liebigs Ann. Bd. 265, S. 27. 1891.
[2] FORCH: Ann. Physik [4] Bd. 17, S. 744. 1905.
[3] WINDISCH, W. und W. DIETRICH: Biochem. Z. Bd. 97, S. 135. 1919.

Als Salz einer capillaraktiven Base hatten TRAUBE und
SOMOGYI Chininchlorid als Indikator ausgewählt. Auf Vorschlag
von TRAUBE untersuchten WINDISCH und DIETRICH[1] auch Salze
anderer Basen und fanden besonders im Eucipindichlorhydrat
(Isoamylhydrocupreinbichlorid) einen empfindlichen Indikator.
Jedoch bemerken sie, daß mit diesem bedeutend unangenehmer
zu arbeiten ist als mit den Fettsäuren. Die Lösungen, in denen
aus dem Salz durch Alkalien Eucipinbase in Freiheit gesetzt ist,
sind ziemlich instabil und zeigen schwankende Oberflächen-
spannungswerte. Nach jedem Zusatz von Reagens muß stets
etwa 5 Minuten gewartet werden, bevor abgelesen werden kann.
Diese Erscheinung tritt erst dann ein, wenn der Indikator umzuschlagen beginnt.

WINDISCH und DIETRICH[2] haben verschiedentlich Ober-
flächenspannungsindikatoren in der Brauereichemie angewandt.

Wo uns jetzt gute Apparaturen zur Messung von Oberflächen-
spannungen zur Verfügung stehen, wird diese Titriermethode
wohl immer größere Bedeutung und Benutzung erlangen.

Dabei macht es sich als große Schwierigkeit geltend, daß die
Anwesenheit stark capillaraktiver Begleitsubstanzen die Bestimmungen mehr oder weniger unbrauchbar werden läßt (z. B. bei
vielen physiologischen Flüssigkeiten). Der Anwendungsbereich
ist also ziemlich beschränkt.

Auch sei hier bemerkt, daß für diese Titrationen, bei denen die
Erniedrigung der Oberflächenspannung verfolgt wird, noch keine
allgemeine Theorie entwickelt worden ist. Dabei wäre es erwünscht, über eine größere Reihe von Indikatoren mit verschiedenem Umwandlungsintervall verfügen zu können. Man müßte
zu diesem Zweck nach capillaraktiven Säuren und Basen mit
verschiedenen Dissoziationskonstanten suchen.

Eine besondere Frage besteht dann noch nach der geeigneten
Indikatorkonzentration in der Lösung.

Eine theoretisch gut begründete Formel, die den Zusammen-

---

[1] WINDISCH, W. und W. DIETRICH: Biochem. Z. Bd. 100, S. 130. 1919.

[2] WINDISCH, W. und W. DIETRICH: Biochem. Z. Bd. 101, S. 82. 1919;
Bd. 102, S. 141. 1920; Bd. 103, S. 142. 1920; Bd. 105, S. 96. 1920; Bd. 106,
S. 92. 1920; Bd. 107, S. 172. 1920; auch W. WINDISCH und P. OSSWALD:
Z. physik. Chem. Bd. 90, S. 172. 1921.

hang zwischen der Oberflächenspannung und der Konzentration wiedergibt, kennen wir noch nicht.

In gewisser Annäherung gilt jedoch nach FREUNDLICH:

$$\Delta = \frac{\sigma_M - \sigma_L}{\sigma_M} = a\, c^{\frac{1}{n}}.$$

σ_M ist die Oberflächenspannung des Lösungsmittels, σ_L die der Lösung, Δ gibt also die relative Erniedrigung der Oberflächenspannung an; a und $\frac{1}{n}$ sind Konstanten, während c die Konzentration bedeutet. Die Variation der relativen Oberflächenspannungserniedrigung mit der Konzentration ist daher in sehr verdünnten Lösungen am größten. Es steht zu erwarten, daß sich die „Empfindlichkeit" der Indikatoren für Wasserstoffionen durch geeignete Änderung der Indikatorkonzentration verschieben läßt.

Weiter müssen auch die Bedingungen geklärt werden, unter denen das Maximum in der Veränderung von Δ (bezogen auf dieselbe Menge Reagens) dem Äquivalenzpunkt entspricht.

Bei der praktischen Prüfung hat man besonders darauf zu achten, daß die Oberflächenspannung einer capillaraktiven Lösung nicht sofort konstant ist, sondern zuerst abnimmt, in einigen Fällen durch ein Minimum geht, um so dann wieder etwas zuzunehmen[1].

Die Capillaritätsmethoden werden sich in der Maßanalyse nie allgemein einbürgern. Ihre Durchführung ist ziemlich langwierig, verschiedene Faktoren beeinflussen das Resultat. Für bestimmte (besonders physiologische) Zwecke können sie jedoch einigen Nutzen haben.

Mit allem Bisherigen sind die wichtigsten theoretischen Grundfragen der Maßanalyse beleuchtet worden. Der zweite Teil dieses Werkes: Die Praxis der Maßanalyse, auf den schon verschiedentlich hingewiesen wurde, ist auf diesen Grundlagen abgefaßt worden. Verschiedene praktische Fragen, die im vorliegenden Teil nur kurze Erwähnung finden konnten, werden dort ausführlich behandelt.

---

[1] Für Nonylsäure vgl. z. B. W. HARKINS und KING: Kansas State Agr.-Coll. Publ. 1920; für Natriumpalmitat WILSON und RIES: Colloid Symposion Monograph Bd. 1, S. 163. 1923; BIGELOW, S. L. und E. R. WASHBURN: J. physic. Chem. Bd. 32, S. 321. 1928.

Anhang.

Tabelle 1.

Ionenprodukt k_w des Wassers bei verschiedenen Temperaturen

$$p_{\mathrm{H}} + p_{\mathrm{OH}} = - \log k_W = p_W,$$
$$[\mathrm{H}^{\cdot}][\mathrm{OH}'] = k_W.$$

Temp.	k_W	p_W	Temp.	k_W	p_W
0^0	$0,12 \cdot 10^{-14}$	14,92	60^0	$12,6 \cdot 10^{-14}$	12,90
10^0	$0,3 \ \cdot 10^{-14}$	14,52	70^0	$21,2 \cdot 10^{-14}$	12,67
18^0	$0,7 \ \cdot 10^{-14}$	14,16	80^0	$35 \ \cdot 10^{-14}$	12,46
25^0	$1,2 \ \cdot 10^{-14}$	13,92	90^0	$53 \ \cdot 10^{-14}$	12,28
30^0	$1,8 \ \cdot 10^{-14}$	13,75	100^0	$73 \ \cdot 10^{-14}$	12,14
50^0	$8 \ \ \cdot 10^{-14}$	13,10			

Tabelle 2. Dissoziationskonstante wichtiger Säuren und Basen bei Zimmertemperatur (ca. 20° C)

$$\frac{[\mathrm{H}^{\cdot}][\mathrm{A}']}{[\mathrm{HA}]} = K_s$$
$$- \log K_s = p_s.$$

Anorganische Säuren.

Name	K_s	$p_s = - \log K_s$
Arsenige Säure	$6 \ \cdot 10^{-10}$	9,22
Arsensäure k_1	$5 \ \cdot 10^{-3}$	2,30
k_2	$8,3 \cdot 10^{-8}$	7,08
Borsäure	$6 \ \cdot 10^{-10}$	9,22
Flußsäure	$1,7 \cdot 10^{-5}$	4,77
Kohlensäure k_1	$3 \ \cdot 10^{-7}$	6,52
k_2	$4,5 \cdot 10^{-11}$	10,35
Phosphorsäure k_1	$8,0 \cdot 10^{-3}$	2,10
k_2	$7,5 \cdot 10^{-8}$	7,13
k_3	$5 \ \cdot 10^{-13}$	12,30
Pyrophosphorsäure k_1	$1,4 \cdot 10^{-1}$	0,85
k_2	$1,1 \cdot 10^{-2}$	1,96
k_3	$2,1 \cdot 10^{-7}$	6,68
k_4	$4 \ \cdot 10^{-10}$	9,40
Salpetrige Säure	$4 \ \cdot 10^{-4}$	3,40
Schwefelsäure k_2	$1,7 \cdot 10^{-2}$	1,77
Schweflige Säure k_1	$1,7 \cdot 10^{-2}$	1,77
k_2	$1,0 \cdot 10^{-7}$	7,00
Schwefelwasserstoff k_1	$5,7 \cdot 10^{-8}$	7,24
k_2	$1,2 \cdot 10^{-15}$	14,92

Organische Säuren.
Aliphatische Säuren.

Name	K_s	$p_s = -\log K_s$
Ameisensäure	$2 \cdot 10^{-4}$	3,70
Bernsteinsäure	$6,5 \cdot 10^{-5}$	4,18
2. Stufe	$2,7 \cdot 10^{-6}$	5,57
Citronensäure	$8 \cdot 10^{-4}$	3,10
2. Stufe	$1,77 \cdot 10^{-5}$	4,75
3. „	$3,9 \cdot 10^{-7}$	6,41
Cyanwasserstoff	$7 \cdot 10^{-10}$	9,14
Essigsäure	$1,86 \cdot 10^{-5}$	4,73
Glycerophosphorsäure	$3,4 \cdot 10^{-2}$	1,37
2. Stufe	$6,4 \cdot 10^{-7}$	6,2
Glykokoll	$3,4 \cdot 10^{-10}$	9,37
Glykolsäure	$1,5 \cdot 10^{-4}$	3,82
Milchsäure	$1,5 \cdot 10^{-4}$	3,82
Oxalsäure	$5,7 \cdot 10^{-2}$	1,24
2. Stufe	$6,1 \cdot 10^{-5}$	4,21
Trichloressigsäure	$1,3 \cdot 10^{-1}$	0,88
Weinsäure	$9,7 \cdot 10^{-4}$	3,01
2. Stufe	$2,8 \cdot 10^{-5}$	4,55

Aromatische Säuren.

Name	K_s	$p_s = -\log K_s$
Benzoesäure	$6,86 \cdot 10^{-5}$	4,16
Diäthylbartitursäure	$3,7 \cdot 10^{-8}$	7,43
Gallussäure	$4 \cdot 10^{-5}$	4,40
Kamphersäure	$2,7 \cdot 10^{-5}$	4,57
2. Stufe	$8 \cdot 10^{-6}$	5,10
Phenol	$1,3 \cdot 10^{-10}$	9,89
o-Phthalsäure	$1,3 \cdot 10^{-3}$	2,88
2. Stufe	$3,9 \cdot 10^{-6}$	5,41
Pikrinsäure	$1,6 \cdot 10^{-1}$	0,80
Saccharin	$2,5 \cdot 10^{-2}$	1,40
Salicylsäure	$1,06 \cdot 10^{-3}$	2,97
Sulfanilsäure	$6,3 \cdot 10^{-4}$	3,20
Zimtsäure	$3,7 \cdot 10^{-5}$	4,43

Anorganische Basen.

Name	K_b	$p_b = -\log K_b$
Ammoniak	$1,75 \cdot 10^{-5}$	4,76
Hydrazin	$3 \cdot 10^{-6}$	5,52
Hydroxylamin	$1,0 \cdot 10^{-8}$	8,00

Organische Basen.
Aliphatische Basen.

Name	K_b	$p_b = -\log K_b$
Äthylamin	$5,6 \cdot 10^{-4}$	3,25
Diäthylamin	$1,3 \cdot 10^{-3}$	2,90
Glykokoll	$2,7 \cdot 10^{-12}$	11,57
Triäthylamin	$6,4 \cdot 10^{-4}$	3,19

Aromatische Basen.

Name	K_b	$p_b = -\log K_b$
Anilin	$4,6\cdot10^{-10}$	9,34
Benzidin	$9,3\cdot10^{-10}$	9,03
2. Stufe	$5,6\cdot10^{-11}$	10,25
Chinolin	$3\ \cdot10^{-10}$	9,50
Novocain	$7\ \cdot10^{-6}$	5,15
p-Phenetidin	$2,2\cdot10^{-9}$	8,66
p-Phenylendiamin	$1,1\cdot10^{-8}$	7,96
2. Stufe	$3,5\cdot10^{-12}$	11,46
Pyridin	$1,4\cdot10^{-9}$	8,85

Alkaloide.

Name	K_b	$p_b = -\log K_b$
Aconitin	$1,3\cdot10^{-6}$	5,88
Apomorphin	$1,0\cdot10^{-7}$	7,00
Brucin	$9\ \cdot10^{-7}$	6,04
2. Stufe	$2\ \cdot10^{-12}$	11,7
Cevadin	$7\ \cdot10^{-6}$	5,15
Chinidin	$3,5\cdot10^{-6}$	5,43
2. Stufe	$1,0\cdot10^{-10}$	10,0
Chinin	$1\ \cdot10^{-6}$	6,0
2. Stufe	$1,3\cdot10^{-10}$	9,89
Cinchonin	$1,4\cdot10^{-6}$	5,85
2. Stufe	$1,1\cdot10^{-10}$	9,92
Cinchonidin	$1,6\cdot10^{-6}$	5,80
2. Stufe	$8,4\cdot10^{-11}$	10,08
Cocain	$2,6\cdot10^{-6}$	5,6
Codein	$9\ \cdot10^{-7}$	6,05
Coniin	$1\ \cdot10^{-3}$	3,0
Colchicin	$4,5\cdot10^{-13}$	12,35
Emetin	$1,7\cdot10^{-6}$	5,77
2. Stufe	$2,3\cdot10^{-7}$	6,64
Hydrastin	$1,7\cdot10^{-8}$	7,77
Hydrochinin	$4,7\cdot10^{-6}$	5,33
Morphin	$7,4\cdot10^{-7}$	6,13
Narcein	$2\ \cdot10^{-11}$	10,7
Narkotin	$1,5\cdot10^{-8}$	7,83
Nicotin	$7\ \cdot10^{-7}$	6,16
2. Stufe	$1,4\cdot10^{-11}$	6,86
Papaverin	$8\ \cdot10^{-9}$	8,1
Physostigmin	$7,6\cdot10^{-7}$	6,12
2. Stufe	$5,7\cdot10^{-13}$	12,24
Piperazin	$6,4\cdot10^{-5}$	4,19
2. Stufe	$3,7\cdot10^{-9}$	8,43
Piperidin	$1,6\cdot10^{-3}$	2,80
Piperin	$1,0\cdot10^{-14}$	14,0
Pilocarpin	$7\ \cdot10^{-8}$	7,15
2. Stufe	$2\ \cdot10^{-13}$	12,7
Solanin	$2,2\cdot10^{-7}$	6,66
Spartein	$5,7\cdot10^{-3}$	2,24
2. Stufe	$1\ \cdot10^{-6}$	6,0
Strychnin	$1,0\cdot10^{-6}$	6,0
2. Stufe	$2\ \cdot10^{-12}$	11,7
Thebain	$9\ \cdot10^{-7}$	6,05

Tabelle 3. Löslichkeitsprodukte L einiger Salze bei Zimmertemperatur (ca. 20° C).
(Angegeben sind Mittelwerte aus den in der Literatur verzeichneten.)

Salz		L	$p_L = -\log L$
Ag-Salze:	anorganische:		
	Silberbromid	$4 \cdot 10^{-13}$	12,4
	Silberbromat	$5 \cdot 10^{-5}$	4,3
	Silbercarbonat	$5 \cdot 10^{-12}$	11,3
	Silberchlorid	$1,1 \cdot 10^{-10}$	9,96
	Silberchromat	$2 \cdot 10^{-12}$	11,7
	Silbercyanid	$2 \cdot 10^{-12}$	11,7
	Silberdichromat	$2 \cdot 10^{-7}$	6,7
	Silberhydroxyd	$2 \cdot 10^{-8}$	7,7
	Silberjodat	$2 \cdot 10^{-8}$	7,7
	Silberjodid	$1 \cdot 10^{-16}$	16,0
	Silbersulfid	$1,6 \cdot 10^{-49}$	48,8
	Silbersulfocyanid	$1 \cdot 10^{-12}$	12,0
	organische:		
	Silberbenzoat	$9,3 \cdot 10^{-5}$	4,03
	Silberoxalat	$5 \cdot 10^{-12}$	11,3
	Silbersalicylat	$1,4 \cdot 10^{-5}$	4,85
	Silbervalerianat	$8 \cdot 10^{-5}$	4,1
Ba-Salze:	Bariumcarbonat	$7 \cdot 10^{-9}$	8,16
	Bariumchromat	$2 \cdot 10^{-10}$	9,7
	Bariumjodat	$6 \cdot 10^{-10}$	9,22
	Bariumoxalat	$1,7 \cdot 10^{-7}$	6,77
	Bariumsulfat	$1 \cdot 10^{-10}$	10,0
Ca-Salze:	Calciumcarbonat	$1,2 \cdot 10^{-8}$	7,92
	Calciumfluorid	$3,5 \cdot 10^{-11}$	10,46
	Calciumjodat	$6,5 \cdot 10^{-7}$	6,19
	Calciumsulfat	$6,1 \cdot 10^{-5}$	4,22
	Calciumoxalat	$2 \cdot 10^{-9}$	8,7
	Calciumtartrat	$7,7 \cdot 10^{-7}$	6,11
Cd-Salze:	Cadmiumoxalat	$1,1 \cdot 10^{-8}$	7,96
	Cadmiumsulfid	$4 \cdot 10^{-29}$	28,4
Ce-Salze:	Ceriumjodat	$3,5 \cdot 10^{-10}$	9,46
	Ceriumoxalat	$2,6 \cdot 10^{-29}$	28,39
	Ceriumtartrat	$9,7 \cdot 10^{-20}$	19,01
Cu-Salze:	Cuprobromid	$4,1 \cdot 10^{-8}$	7,39
	Cuprochlorid	$1 \cdot 10^{-6}$	6,0
	Cuprojodid	$5 \cdot 10^{-12}$	11,3
	Cuprosulfid	$2 \cdot 10^{-47}$	46,7
	Cuprorhodanid	$1,6 \cdot 10^{-11}$?	10,80 ?
	Cuprijodat	$1,4 \cdot 10^{-7}$	6,85
	Cuprisulfid	$8,5 \cdot 10^{-45}$	44,07
	Cuprioxalat	$2,9 \cdot 10^{-8}$	7,54
Hg-Salze:	Mercurobromid[1]	$1,3 \cdot 10^{-21}$	20,89

[1] Nach A. E. Brodsky und J. M. Scherschewer: Z. Elektrochem. Bd. 32, S. 1. 1926, ist für Hg_2Cl_2 $L = 6 \cdot 10^{-19}$ Hg_2Br_2 $L = 3 \cdot 10^{-23}$.

Tabelle 3 (Fortsetzung).

Salz	L	$p_L = - \log L$
Hg-Salze: Mercurochlorid	$3,1 \cdot 10^{-18}$	17,5
Mercurojodid	$1,2 \cdot 10^{-28}$	27,92
Mercurioxyd	$1,4 \cdot 10^{-26}$	25,9
Mercurisulfid	$4 \cdot 10^{-53}$	52,4
K-Salze: Kaliumbitartrat.	$3 \cdot 10^{-4}$	3,5
La-Salze: Lanthaniumjodat	$5,9 \cdot 10^{-10}$	9,23
Lanthaniumoxalat. . . .	$2 \cdot 10^{-28}$	27,7
Lanthaniumtartrat . . .	$2 \cdot 10^{-19}$	18,7
Mg-Salze: Magnesiumcarbonat . . .	$2 \cdot 10^{-4}$	3,7
Magnesiumfluorid	$7 \cdot 10^{-9}$	8,16
Magnesiumhydroxyd. . .	$1,2 \cdot 10^{-11}$	10,92
Magnesiumammonium phosphat.	$2,5 \cdot 10^{-13}$	12,6
Magnesiumoxalat	$8,6 \cdot 10^{-5}$	4,07
Pb-Salze: Bleicarbonat	$3,3 \cdot 10^{-14}$	13,48
Bleichromat	$1,8 \cdot 10^{-14}$	13,75
Bleifluorid	$7 \cdot 10^{-9}$	7,5
Bleijodat[1]	$1,2 \cdot 10^{-13}$	12,92
Bleijodid.	$1,3 \cdot 10^{-8}$	7,5
Bleisulfat.	$1 \cdot 10^{-8}$	8,0
Bleisulfid.	$1 \cdot 10^{-29}$	29,0
Bleioxalat	$3,4 \cdot 10^{-11}$	10,47
Sr-Salze: Strontiumcarbonat . . .	$1,6 \cdot 10^{-9}$	8,80
Strontiumsulfat.	$2,8 \cdot 10^{-7}$	6,56
Strontiumoxalat	$5 \cdot 10^{-8}$	7,3
Tl-Salze: Thallobromid	$2 \cdot 10^{-6}$	5,7
Thallobromat.	$8,5 \cdot 10^{-5}$	4,07
Thallochlorid	$1,5 \cdot 10^{-4}$	3,82
Thallojodat.	$2,2 \cdot 10^{-6}$	5,66
Thallojodid.	$2,8 \cdot 10^{-8}$	7,55
Thallosulfid.	$4,5 \cdot 10^{-23}$	22,35

Tabelle 4. Löslichkeitsprodukte einiger Alkaloide.

(Nach eigenen Bestimmungen: Biochem. Z. Bd. 162, S. 289. 1925.)

(Vgl. auch Tabelle 2, deren Dissoziationskonstanten.)

Name	L	p_L
Aconitin	$5 \cdot 10^{-10}$	9,30
Apomorphin	$4 \cdot 10^{-11}$	10,4
Atropin	$2,5 \cdot 10^{-7}$	6,6
Brucin.	$1,2 \cdot 10^{-9}$	8,92
Cevadin	$6 \cdot 10^{-8}$	7,22
Cocain	$1 \cdot 10^{-8}$	8,0

[1] Nach W. GEILMAN und R. HÖLTJE (Z. anorg. u. allg. Chem. Bd. 152, S. 59. 1926) ist für Bleijodat $L = 3 \cdot 10^{-13}$.

Tabelle 4 (Fortsetzung).

Name	L	p_L
Chinidin	$2,5 \cdot 10^{-9}$	8,6
Chinin	$4,5 \cdot 10^{-9}$	8,35
Cinchonin	$6 \cdot 10^{-11}$	10,4
Cinchonidin	$1,4 \cdot 10^{-9}$	8,85
Emetin	$3,75 \cdot 10^{-9}$	8,43
Hydrastin	$1,4 \cdot 10^{-11}$	10,85
Hydrochinin	$5 \cdot 10^{-9}$	8,30
Morphin	$3,1 \cdot 10^{-10}$	9,51
Narcotin	$6 \cdot 10^{-13}$	12,22
Narcein	$2,6 \cdot 10^{-14}$	13,49
Solanin	$6,4 \cdot 10^{-12}$	11,20
Strychnin	$4 \cdot 10^{-10}$	9,4
Thebain	$2 \cdot 10^{-9}$	8,70
Tropacocain	$8 \cdot 10^{-8}$	7,1

Tabelle 5. Einige Komplexzerfallskonstanten.

	K		K
$\dfrac{[Ag^{\cdot}]\,[NH_3]^2}{[Ag(NH_3)_2^{\cdot}]}$	$6,8 \cdot 10^{-8}$	$\dfrac{[Hg^{\cdot\cdot}]\,[Cl']^4}{[HgCl_4'']}$	$6 \cdot 10^{-17}$
$\dfrac{[Ag^{\cdot}]\,[NO_2']^2}{[Ag(NO_2)_2']}$	$1,5 \cdot 10^{-3}$	$\dfrac{[Hg^{\cdot\cdot}]\,[Br'']^4}{[HgBr_4'']}$	$2,2 \cdot 10^{-22}$
$\dfrac{[Ag^{\cdot}]\,[S_2O_3'']}{[AgS_2O_3']}$	$1 \cdot 10^{-13}$	$\dfrac{[Hg^{\cdot\cdot}]\,[J']^4}{[HgJ_4'']}$	$5 \cdot 10^{-31}$
$\dfrac{[Ag^{\cdot}]\,[CN']^2}{[Ag(CN)_2']}$	$1 \cdot 10^{-21}$	$\dfrac{[Hg^{\cdot\cdot}]\,[CN']^4}{[Hg(CN)_4'']}$	$4 \cdot 10^{-41}$
$\dfrac{[Cu^{\cdot}]\,[CN']^4}{[Cu(CN)_4''']}$	$5 \cdot 10^{-28}$	$\dfrac{[Hg^{\cdot\cdot}]\,[SCN']^4}{[Hg(SCN)_4'']}$	$1 \cdot 10^{-22}$
$\dfrac{[HgCl_2]\,[Cl']^2}{[HgCl_4'']}$	$1 \cdot 10^{-2}$		

Tabelle 6. Normalpotentiale einiger Oxydations- und Reduktionsmittel, die für die Maßanalyse von Interesse sind. (Die Werte sind der Abh. d. Dtsch. Bunsenges. 1915, Nr. 8, entnommen; sie geben, wie üblich, den Ladungssinn der Elektrode an und beziehen sich auf das Potential der Normalwasserstoffelektrode E_H.)

Vorgang	E_H in Volt
$Zn \rightleftarrows Zn^{\cdot\cdot} + 2\,e$	$-\ 0,76$
$Cr \rightleftarrows Cr^{\cdot\cdot} + 2\,e$	$-\ 0,6$
$S'' \rightleftarrows S + 2\,e$	$-\ 0,55$

Tabelle 6 (Fortsetzung).

Vorgang	E_H in Volt
$HS' + OH' \rightleftarrows S_{fest} + H_2O + 2\,e$	$-0,51$
$Ag + 2\,CN' \rightleftarrows Ag(CN)_2' + e$	$-0,51$
$Fe \rightleftarrows Fe^{\cdot\cdot} + 2\,e$	$-0,43$
$Cd \rightleftarrows Cd^{\cdot\cdot} + 2\,e$	$-0,40$
$2\,Cu + 2\,OH' \rightleftarrows Cu_2O + H_2O + 2\,e$	$-0,35$
$Tl \rightleftarrows Tl^{\cdot} + e$	$-0,33$
$Ni \rightleftarrows Ni^{\cdot\cdot} + 2\,e$	$-0,22$
$Cu + J' \rightleftarrows CuJ + e$	$-0,17$
$Ag + J' \rightleftarrows AgJ + e$	$-0,14$
$Pb \rightleftarrows Pb^{\cdot\cdot} + 2\,e$	$-0,12$
$Sn \rightleftarrows Sn^{\cdot\cdot} + 2\,e$	$-0,10$
$Fe \rightleftarrows Fe^{\cdot\cdot\cdot} + 3\,e$	$-0,04$
$Ti^{\cdot\cdot\cdot} \rightleftarrows Ti^{\cdot\cdot\cdot\cdot} + e$	$-0,04$
$H_2 \rightleftarrows 2\,H^{\cdot} + 2\,e$	$0,00$
$Sn \rightleftarrows Sn^{\cdot\cdot\cdot\cdot} + 4\,e$	$+0,05$
$Cu^{\cdot} \rightleftarrows Cu^{\cdot\cdot} + e$	$+0,18$
$Sn^{\cdot\cdot} \rightleftarrows Sn^{\cdot\cdot\cdot\cdot} + 2\,e$	$+0,20$
$2\,Hg + 2\,Cl' \rightleftarrows Hg_2Cl_2 + 2\,e$	$+0,27$
$Cu \rightleftarrows Cu^{\cdot\cdot} + 2\,e$	$+0,34$
$2\,Ag^{\cdot} + 2\,OH' \rightleftarrows Ag_2O + H_2O + 2\,e$	$+0,35$
$Fe(CN_6'''') \rightleftarrows Fe(CN)_6''' + e$	$+0,40$
$4\,OH' \rightleftarrows O_2 + 2\,H_2O + 4\,e$	$+0,41$
$Co \rightleftarrows Co^{\cdot\cdot\cdot} + 3\,e$	$+0,42$
$Cu \rightleftarrows Cu^{\cdot} + e$	$+0,52$
$2\,J' \rightleftarrows J_2 + 2\,e$	$+0,54$
$Tl \rightleftarrows Tl^{\cdot\cdot\cdot} + 3\,e$	$+0,72$
$Fe^{\cdot\cdot} \rightleftarrows Fe^{\cdot\cdot\cdot} + e$	$+0,75$
$2\,Hg \rightleftarrows Hg_2^{\cdot\cdot} + 2\,e$	$+0,75$
$Ag \rightleftarrows Ag^{\cdot} + e$	$+0,80$
$Hg \rightleftarrows Hg^{\cdot\cdot} + 2\,e$	$+0,86$
$Hg_2^{\cdot\cdot} \rightleftarrows 2\,Hg^{\cdot\cdot} + 2\,e$	$+0,92$
$NO + 2\,H_2O \rightleftarrows NO_3' + 4\,H^{\cdot} + 3\,e$	$+0,95$
$2\,OH' \rightleftarrows H_2O_2 + 2\,e$	$+1,0$
$2\,Br' \rightleftarrows Br_2 + 2\,e$	$+1,08$
$2\,H_2O \rightleftarrows O_2 + 4\,H^{\cdot} + 4\,e$	$+1,23$
$Tl^{\cdot} \rightleftarrows Tl^{\cdot\cdot\cdot} + 2\,e$	$+1,24$
$Au \rightleftarrows Au^{\cdot\cdot\cdot} + 3\,e$	$+1,3$
$Cr^{\cdot\cdot\cdot} + 4\,H_2O \rightleftarrows HCrO_4' + 7\,H^{\cdot} + 3\,e$	$+1,3$
$Mn^{\cdot\cdot} + 2\,H_2O \rightleftarrows MnO_2 + 4\,H^{\cdot} + 2\,e$	$+1,35$
$Cl_2 \rightleftarrows 2\,Cl' + 2\,e$	$+1,36$
$Cl' + 3\,H_2O \rightleftarrows ClO_3' + 6\,H^{\cdot} + 6\,e$	$+1,44$
$Pb^{\cdot\cdot} + 2\,H_2O \rightleftarrows PbO_2 + 4\,H^{\cdot} + 2\,e$	$+1,44$
$Au \rightleftarrows Au^{\cdot} + e$	$+1,5$
$Mn^{\cdot\cdot} + 4\,H_2O \rightleftarrows MnO_4' + 8\,H^{\cdot} + 5\,e$	$+1,52$
$MnO_2 + 2\,H_2O \rightleftarrows MnO_4' + 4\,H^{\cdot} + 3\,e$	$+1,63$